新视野单片机教程
（汇编＋C语言）

庄俊华　史晓霞　等编著

机械工业出版社

本书以 MCS-51 单片机为背景机，从应用角度出发，系统地讲解了单片机的组成原理，各功能模块的使用方法及扩展方法。全书共分为 9 章，内容包括单片机种类、功能及用途；当今较为流行的 Keil C51 编译器及其应用；MCS-51 单片机的指令系统及汇编程序设计方法；C 语言编程在单片机编程中的使用方法；单片机内部各种功能部件的工作原理及使用方法；单片机扩展和接口技术，包括存储器扩展、I/O 接口扩展、人机交互接口扩展、模拟通道扩展及流行器件的接口技术。

本书既可作为电子、计算机、控制等行业研发人员的自学教材，也可作为高等学校、高职高专院校相关专业单片机原理、微机原理课程的教材或参考书，还可作为工程技术人员的参考资料。

图书在版编目（CIP）数据

新视野单片机教程：汇编 + C 语言/庄俊华等编著 .—北京：机械工业出版社，2010.4
ISBN 978-7-111-30445-6

Ⅰ.①新…　Ⅱ.①庄…　Ⅲ.①单片微型计算机 – C 语言 – 程序设计②单片微型计算机 – 汇编语言 – 程序设计　Ⅳ.①TP368.1②TP31

中国版本图书馆 CIP 数据核字（2010）第 070405 号

机械工业出版社（北京市百万庄大街 22 号　邮政编码 100037）
策划编辑：靳　平　责任编辑：王　欢　版式设计：张世琴
责任校对：李秋荣　封面设计：赵颖喆　责任印制：乔　宇
北京机工印刷厂印刷（三河市南杨庄国丰装订厂装订）
2010 年 5 月第 1 版第 1 次印刷
184mm×260mm · 15.25 印张 · 373 千字
0 001—3 000 册
标准书号：ISBN 978-7-111-30445-6
定价：36.00 元

前　言

随着电子技术的迅猛发展，单片机技术已渗透到航天、国防、工业、农业、日常生活等各个领域，成为当今世界科技现代化不可缺少的重要工具。用单片机研制的各种智能化测量控制仪表的采样周期短、成本低，在仪器、仪表与机电一体化产品的设计中具有明显的优势。MCS-51 系列的单片机以其特有的简单、易学、易用、应用技术成熟、结构典型等特点，成为初学单片机时的首选机型。

本书以理论与实践相结合为主线，能够使读者轻松快捷地掌握单片机的基础知识，并使读者朋友具有初步开发设计单片机产品的能力。本书讲解风格通俗易懂、条理清晰、实例丰富，本书特点如下：

（1）工程性强

全书以"学以致用"为指导思想，重在实践，将工程与开发相统一。另外，本书介绍了大量的应用实例，使读者具有初步开发和设计单片机的能力。

（2）通俗易懂

本书部分章节安排的实验内容，对于一般院校或个人都有条件来完成，可以进行"任务驱动式"的教学或自学，并且讲解由浅入深，适合初学者学习。

（3）汇编语言与 C 语言相结合

本书介绍了两种编程语言，即汇编语言和 C 语言。

汇编语言：硬件电路都可用汇编语言描述，具有直观性。

C 语言：可读性好，用户可以不了解硬件资源分配情况，只要掌握一两个编程实例就可仿效。

（4）便于教学

除第 2 章外都附有习题，既便于教学，也便于自学者自测。

本书主要由庄俊华和史晓霞编写，庄俊华主要编写了第 1、2、6、7、9 章及附录，史晓霞主要编写了第 3、4、5、8 章，参与部分内容编写的人员还有王开然、杨建峰、王磊、吴忠强、黄飞腾、杨林、陈雷雷、黄伟明、马玲芳、张琼妮、吴彦来、杨靖、周小燕、李明、何伟、徐简。

由于作者水平有限，书中不足之处在所难免，敬请读者批评指正。

作　者

目　　录

第1章 初识单片机

科技的进步与技术的不断提升相辅相成。以往庞大而复杂的模拟电路需要花费巨大的精力，繁多的元器件增加了很多成本。而现在，只需要一块很小的单片机，写入简单的程序，就可以使以往的电路大大简化。相信在使用并掌握了单片机技术后，不管是在今后研发或是其他工作中，一定会得到意想不到的惊喜。

1.1 什么是单片机及单片机发展历史

1.1.1 通用微机和单片机

单片机是单片微型计算机（Single Chip Microcomputer）的简称。它是一种芯片级计算机，在这个计算机内，将通用计算机的 CPU、ROM、RAM、串行 I/O 接口、并行 I/O 接口、定时器/计数器、中断控制器、系统时钟和系统总线等集成在一块芯片上。单片机的另一个名称是微控制器（Microcontroller）或微控制单元（Microcontroller Unit，MCU），这突出反映了单片机的主要功能是控制而不是运算。近年来，由于单片机能直接应用于各种控制领域，成为系统的一部分，人们又把单片机称为嵌入式微控制器（Embedded Microcontroller），以单片机为控制核心的自动控制系统又称为嵌入式系统（Embedded System）。

通用微机和单片机是当代微型计算机发展的两大分支，它们有各自的应用领域，不能互换。以 IBM—PC 为代表的通用微机，追求高速运行程序、大存储容量，采用了高速缓冲存储（Cache）技术、虚拟存储技术、流水线作业技术、乱序执行技术等一系列当代计算机新技术，数据处理的位数也达 64 位，从而广泛应用在科学计算、图像处理、文字处理、数学建模、系统仿真、数据批量处理等领域。以数据检测、实时控制为目的的单片机体积小、功能全，成为智能系统中一个必不可少的环节。单片机在智能家用电器、机器人、智能玩具、智能检测、智能仪器仪表中，以及在制约生产环节的温度、压力、流量测量等方面，均具有得天独厚的优势。

1.1.2 单片机的发展历史

第一代：20 世纪 70 年代后期，逻辑控制器件从 4 位发展到 8 位。使用 N 沟道金属氧化物半导体（N-channel Metal Oride Semiconductor，NMOS）工艺（速度低，功耗大、集成度低）。代表产品有 MC6800、Intel 8048。

第二代：20 世纪 80 年代初，采用互补金属-氧化物-半导体（Complementary Metal Oxide Semiconductor，CMOS）工艺，并逐渐被高速低功耗的高速金属氧化物半导体（High-speed Metal Oxide Semiconductor，HMOS）工艺代替。代表产品有 MC146805、Intel 8051。

第三代：近些年来，单片机的发展出现了许多新特点：

1）在技术上，由可扩展总线型向纯单片型发展，即只能工作在单片方式。

2）单片机的扩展方式，从并行总线型发展出各种串行总线。

3）将多个 CPU 集成到一个 MCU（Multi-Chip Unit，多芯片单元）中。

4）在降低功耗、提高可靠性方面，MCU 的工作电压已降至 3.3V。

第四代：闪速存储器的使用，使单片机技术进入了第四代。

1.2 单片机的应用特点

单片机的应用具有三个明显的特征。

（1）由于控制对象涉及机械动作（如机器人）或场效应（如温度的变化、流体的流动），因此片面追求单片机的高速度本身没有什么特别意义。单片机的工作频率一般为 6MHz、12MHz、24MHz、33MHz 或 40MHz，远低于通用微机。频率低有利于降低成本，取得较好的效益。

（2）单片机字长有 4 位、8 位、16 位、32 位之分，数据位数的选择以够用为原则，不是越长越好。由于 8 位机已能满足大多数控制系统的要求，因此 8 位机是单片机的主流机型，这种情况在今后相当长的时间都不会改变。

（3）单片机内的存储容量有逐渐增大的趋势，这不仅是增加 RAM、ROM 的容量，而是改用一些新型的存储器。美国 ATMEL 公司开发的 AT89 系列 8 位单片机就是在 MCS-51 内集成了闪速存储器（Flash Memory）。由于芯片内带有闪速可编程、可擦除只读存储器（Flash Programmable and Erasable ROM，FPEROM），使得 89C51 和 89C52 单片机能在掉电后保存已写入的数据。

根据单片机的三个应用特点，决定了单片机较之通用微机有不同的发展应用方向。

（1）工业生产的环境通常比较恶劣，甚至存在有毒、有害、有腐蚀的气、液体场合，存在高温、高压、强电、磁辐射等，这就要求单片机具有极强的抗干扰能力。

（2）在人类不能涉足的场合工作，要求单片机具备较高的可靠性和稳定性，否则就不能达到令人满意的控制效果。

（3）要求单片机的指令系统简单，并且 I/O 接口和存储器统一编址。

1976 年问世的 MCS-48 系列单片机的内部构造过于简单，以其典型产品 8048 为例，内部仅由 8 位 CPU、27 条 I/O 线、1 KB ROM、64 B RAM 和 1 个 8 位定时器/计数器组成，由于没有集成串行接口及中断控制，它的应用范围逐渐缩小。

1980 年诞生的 MCS-51 系列单片机，虽然也是 8 位机，但由于在内部结构上增加了通用异步接收/发送逻辑部件（Universal Asynchronous Receiver and Transmitter，UART），从而增强了定时/计数、中断处理功能，又设置了大批位操作指令，与片内位寻址空间一起构成独有的布尔操作系统，使得单片机成为名副其实的微控制器。它的使用长盛不衰，成为当今的主流机型。

1984 年由美国 Intel 公司推出的 MCS-96 系列单片机的特点是字长 16 位、运算速度快，但其应用范围不广，并没有形成气候。16 位 MCS-96 系列机（代表机型 8098）之所以取代不了 MCS-51 系列机，正是因为微控制领域多数场合下用不着 16 位字长，而且 MCS-96 系列机价格又普遍偏高。

目前，市场上较为流行的单片机产品除美国 Intel 公司的 MCS-51、MCS-96 系列外，还有美国 Motorola 公司的 68HC5、68HC11 系列；美国 Zilog 公司的 Z86EXXXPSC 系列；美国 Texas 公司的 MSP430FXX 系列；美国 Micro Chip 公司的 PIC16C 系列。

这些产品中，MCS-5l 系列产品所占市场份额最大。世界上许多知名生产厂家，如美国 Intel、AMD、ATMEL、Winbond、Temic 等公司，以及其他国家的 SIMENS、PHILIPS、NEC、LG 等各大公司，都生产 MCS-51 系列单片机产品。这些公司中，又以美国 Intel 公司生产的时间最悠久、品种最多、应用最广。该系列机的品种已达数百个，为此，MCS-51 不仅成为市场上的佼佼者，也成为高校教学的首选。

1.3　单片机的应用领域

作为一种芯片级的计算机，单片机具有集成度高、体积小、功耗低、性价比高、可靠性高、控制功能强、供电电压低等一系列优点，在微控制领域一枝独秀。单片机的应用领域大体有如下几个方面。

（1）智能控制。单片机适用于各种控制系统，如温度、压力、流量智能控制系统，能够实现可编程顺序控制、程序控制、实时控制、连续控制、离散控制、自适应控制、模糊控制等多种控制方案。控制对象涉及工业、农业、社会生活各个部门，如数控机床、加热炉、化工生产装置等。

（2）智能仪表。在各种仪器仪表中引入单片机，让单片机成为仪表的一部分，是单片机最为重要的用途之一，由此也产生了智能传感器、智能医疗器械、智能测量仪表、数字示波器等。

（3）办公自动化设备。在当代微机的键盘中装入一片单片机，能适时处理即时键入的字符，完成初步转换。具备如此智能处理功能的还有众多的办公自动化设备，如打印机、传真机、复印机、磁盘机、终端设备等。

（4）实时控制。在过程控制、过程监测、运动机械、遥控遥测、机器人等各种实时过程控制系统中，单片机能够使系统保持最佳工作状态、提高效率。例如汽车控制，从点火、换挡、防滑、倒车直至排气、最佳油气比等，都能使用单片机操控。又如航天领域的导航、制导、自动寻找目标、目标辨识等，也能使用单片机完成。

（5）日常生活。单片机可应用于智能建筑、洗衣机、电冰箱、微波炉、电视机、游戏机等产品中，使人们的生活更加舒适方便。

（6）商务用品。单片机可应用于商业领域的自动售货机、电子秤、电子收款机、自动收款机等产品中。

1.4　单片机的学习方法

1.4.1　加强相关知识的学习

目前，企业需要的是一专多能的人才。试问，单单学了一门单片机课程，能否胜任单片机开发工作呢？回答是否定的。当然，现在一般来说，所有的学校都会开设诸如模拟电子技术、数字电子技术、电力电子等一系列课程，这些课程或为基础课，为进一步学习打下基础，或为专业课，可能直接在工作中派上用场。除了学好这些课程，对于开发单片机所必须掌握的一些技能需要下功夫去学习掌握，如制作电路板时必须会使用 Protel 之类的各种软件。

1.4.2 怎么看书

有很多人看到关于单片机的一些介绍，会觉得这东西挺好、挺先进，找些资料看看又觉得自己好象没有什么基础，难免有些望而生畏。看了两天书更是郁闷，根本不知道在讲什么，互相之间有什么联系，不知道哪些是重点，脑中就四个字——一头雾水。好不容易学得有些进展，却又不知道该怎么提高、怎么发挥，似乎白学了一样。

单片机是一个整体，但又包含很多部分，各部分可以说是相互独立的却又都有联系。所以，初学时会觉得学了一个部分又一个部分，还是搞不懂它整体是个什么，就像盲人摸象一样。这时先别着急一定要先学习一遍，回头再看的时候就会有不一样的认识了。

第一遍学的时候，有些问题不需要弄得很清楚，并不是因为这个问题很难理解，也不要怀疑自己的智商，而是有些知识还没有学到。很多人总是觉得这也不太懂，那也不太懂，积攒多了，好象什么都没学懂，于是干脆就放弃，这样的学习方法不好。很多人都有这样的经验，有些电影必须看两遍才能看明白，第一遍看的时候总会有许多不明白的地方，不知道导演在拍什么，等到看第二遍的时候才发现，原来那些铺垫都是很有用的。

1.4.3 实践、实践、再实践

单片机开发绝不是上上课、看看书、研究研究论文就可以掌握的，必须通过实践来掌握必要的知识。作为一名成熟的工程技术人员，实践经验是非常重要的，经验只能通过多动手、多积累。建议读者应该多动手、多实验、多做项目。不会要一个只会考试但做不出实际东西来的人。在做实验、做项目的时候要常将一些经验教训记录下来，不断积累，相信你一定能成为一个很"抢手"的工程师。

对一个初学单片机的人来说，学习与实践结合是一个好方法，边学习、边演练，循序渐进，这样，用不了几次就能将所用到的指令理解、吃透、扎根于脑海，甚至"根深蒂固"。也就是说，当你学习完几条指令后（一次数量不求多，只求懂），接下去就该做实验了，通过实验，使你感受到刚才的指令产生的控制效果，眼睛看得见（灯光）、耳朵听得到（声音），更能深刻理解指令是怎样转化成信号去实现控制的。说句实在话，单片机与其说是学出来的，还不如说是做实验练出来的，何况做实验本身也是一种学习过程。因此边学边练的学习方法，效果特别好。

1.4.4 合理安排时间持之以恒

学习单片机不能"三天打鱼、两天晒网"，要有持之以恒的决心与毅力。学习完几条指令后，就应及时做实验，融会贯通，而不要等几天或几个星期之后再做实验，这样效果不好甚至前学后忘。另外，要有打"持久战"的心理准备，不要兴趣来时学上几天，无兴趣时凉上几星期。学习单片机很重要的一点就是持之以恒。

1.4.5 适当购买实验器材及书籍资料

单片机技术含金量高，一旦学会后，带来的效益当然也高，无论是应聘求职还是自起炉灶开办公司，其前景都光明无限。因此，在学习时要舍得适当投资购买必要的学习、实验器材。另外，还要经常去科技书店看看，购买一些适合自己学习、提高的书籍。考虑到学习成本，对初学者可采用"程序完成后软件仿真→单片机烧录程序→试验板通电实验"的方法（现在的快闪型单片机其程序可烧写 1000 次以上），这样整套实验器材（不包括 PC）只有几百元，大部分爱好者都有这个承受能力。而经济条件较好的读者可考虑使用在线仿真器（ICE）进行实验，这样学习时更加直观。

　　总之，这里所谈的是笔者的亲身体验，希望以最实用的方法，将初学者领进单片机世界的大门里，使稍懂硬件原理的人通过实践能理解软件的作用，知道在单片机组成的系统中硬件与软件的区分并不绝对，硬件能做的工作一般情况下软件也能完成，软件的功能也可用硬件替代。等初步学会了单片机软件设计后，可将通常由硬件完成的工作交由软件实现，这样，系统的体积、功耗、成本将大大降低，而功能得到提升与增强，使习惯于传统电路设计的人对单片机产生一种妙不可言、相见恨晚之感，真正感受、体会到现代单片微型计算机的强大作用，从而投身于单片机的领域中。只要你肯努力、下功夫、多实践，一定会成功的。

习　　题

1. 什么是单片机？
2. 单片机的主要特点是什么？
3. 指明单片机的主要应用领域。

第2章　Keil C51 μVision2 集成开发环境

Keil C51 μVision2 集成开发环境是德国 Keil 公司针对 51 系列单片机推出的基于 32 位 Windows 环境的，以 51 系列单片机为开发目标的，以高效率的 C 语言为基础的集成开发平台。Keil C51 从最初的 v5.20 版本一直发展到较新的 v7.20 版本，主要包括 C51 交叉编译器、A51 宏汇编器、BL51 连接定位器等工具和 Windows 集成编译环境 μVision 以及单片机软件仿真器 Dscope 51。Keil C51 的 v6.0 版本以后，编译和仿真软件统称为 μVision2，即通常所说的 μV2。这是一个非常优秀的 51 单片机开发平台，对 C 语言的编译支持几乎达到了完美的程度，当然它也同样支持 A51 宏汇编。同时，它内嵌的仿真调试软件可以让用户采用模拟仿真和实时在线仿真两种方式对目标系统进行开发。软件仿真时，除了可以模拟单片机的 I/O 接口、定时器、中断外，甚至可以仿真单片机的串行通信。

2.1　Keil C51 μVision2 的窗口组成

Keil C51 μVision2 集成程度高、应用方便，它主要由菜单栏、工具栏、源文件编辑窗口、工程窗口和输出窗口五部分组成，如图 2-1 所示。工具栏为一组快捷工具图标，主要包括基本文件工具档、建造工具档和排错（DEBUG/调试）工具档。基本文件工具档位于第 1、2 栏，包括新建、打开、复制、粘贴等基本操作；建造工具栏在第 3 栏，主要包括文件

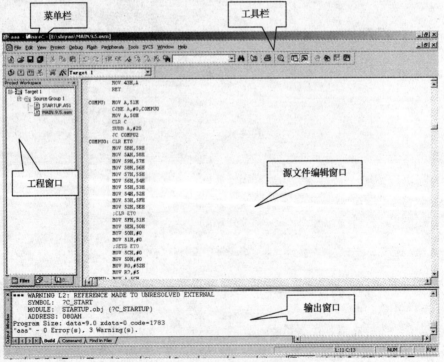

图 2-1　Keil C51 μVision2 的界面

编译、目标文件编译链接、所有目标文件编译链接、目标选项和一个目标选择窗口；排错（DEBUG/调试）工具栏位于最后，主要包括一些仿真调试源程序的基本操作，如单步、复位、全速运行等，将在后文中详细介绍它们的用法。在工具栏下，有三个默认窗口。工程窗口包含一个工程的目标（Target）、组（Group）和项目文件。一个组里可以包含多个项目文件，项目文件是汇编语言或 C 语言编写的源文件。编辑窗口实质上就是一个文件编辑器，可以在这个窗口里对源文件进行各种编辑，如移动、修改、复制、粘贴等。文件编辑完成后，可以对源文件编译链接，编译之后的结果显示在输出窗口里。如果文件在编译链接中出现错误，将出现错误提示，包括错误类型及行号。如果没有错误将生成后缀为“.HEX”的目标文件，用于仿真或烧录芯片。

2.2 Keil C51 μVision2 的设置

首先，建立一个项目，如图 2-2 所示。启动 Keil C51 μVision2 之后，单击“Project 菜单/New Project”选项。从弹出的窗口中，选择要保存项目的路径，并输入项目文件名“hello. uv2”，然后点击保存按钮，如图 2-3 所示。

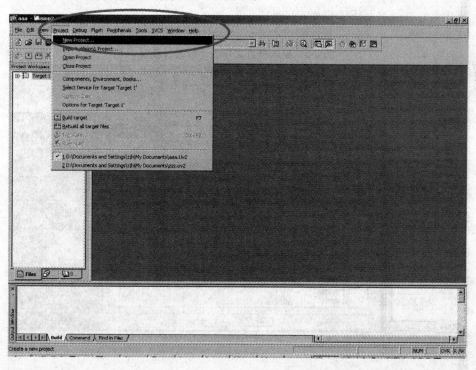

图 2-2 建立一个项目

这时会弹出一个选择 CPU 型号的对话框，可以根据所使用的单片机来选择，如图 2-4 所示选择美国 ATEML 公司的 AT89C52。选定 CPU 型号之后从窗口右边一栏可以看到对这个单片机的基本说明，然后点击确定按钮。

接下来要创建程序文件，单击“File 菜单/New...”选项，在弹出的编辑窗口中输入 C51 源程序，程序输入完成后，单击“File 菜单/Save as...”选项。从弹出的窗口中，选择

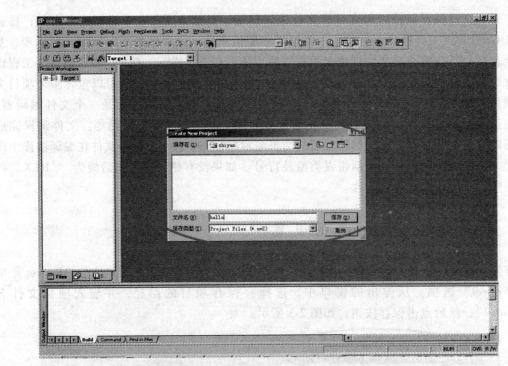

图 2-3 输入项目文件名"hello. uv2"

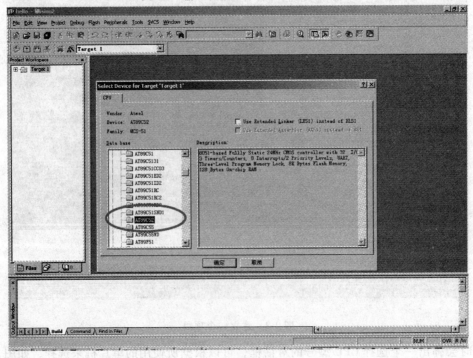

图 2-4 选择单片机型号

要保存程序文件的路径，并输入程序文件名"hello. c"，然后点击保存按钮。如果输入汇编程序，则可输入程序文件名"hello. asm"。当然此处的源文件名可不必与项目名一致。

接着需要将刚才创建的程序文件添加到项目中去。先用鼠标左键点击 Target 1 前面的

"＋"号，展开里面的内容 "Source Group 1"，然后将鼠标指向 "Source Group 1" 并单击右键，弹出一个菜单，单击菜单中的 "Add Files to Group 'Source Group 1'" 选项，如图 2-5 所示。

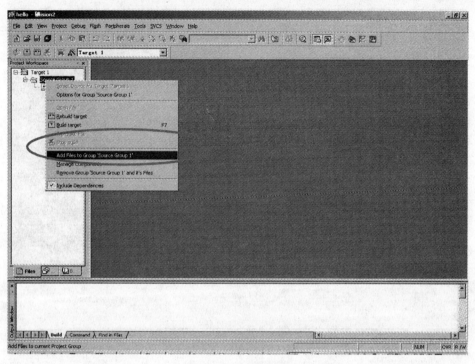

图 2-5　添加程序文件

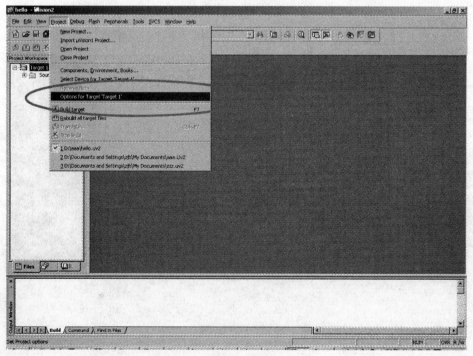

图 2-6　进入目标板的参数设置

注意，这里还需要添加位于 "Keil \ C51 \ lib" 的 "STARTUP. A51"。

程序文件添加完毕后，将鼠标指向 "Target 1" 并单击右键，再从弹出的菜单中单击 "Options for Target'Target 1'" 选项，如图 2-6 所示。

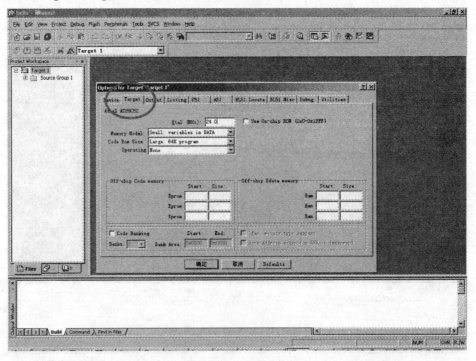

图 2-7　目标板的参数设置

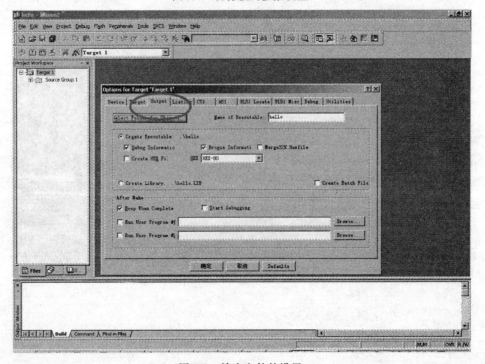

图 2-8　输出文件的设置

从弹出的"Options"窗口中选择"Target"标签栏（见图 2-7），并设置其中各项。

从弹出的"Options"窗口中选择"Output"标签栏（见图 2-8），并设置其中各项。

从弹出的"Options"窗口中选择"C51"标签栏（见图 2-9），并设置其中各项。

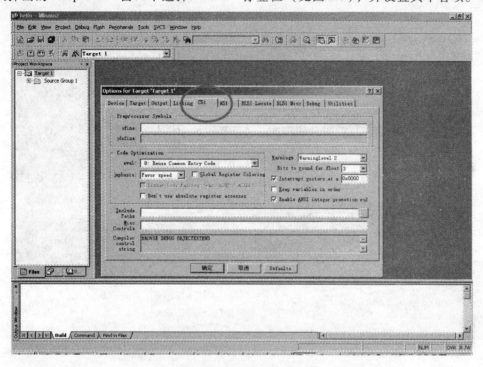

图 2-9　C51 编译程序的设置

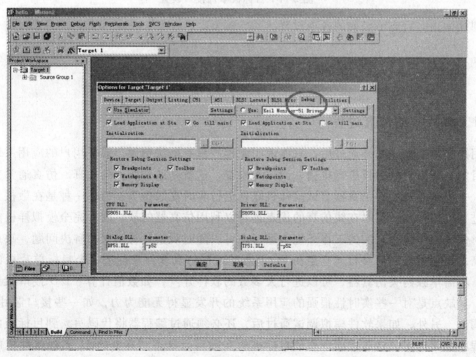

图 2-10　调试（Debug）的设置

　　从弹出的"Options"窗口中选择"Debug"标签栏（见图 2-10），并设置其中各项。

　　从弹出的"Options"窗口中的"Debug"窗口中选择"Settings"标签栏（见图 2-11），并设置其中各项。

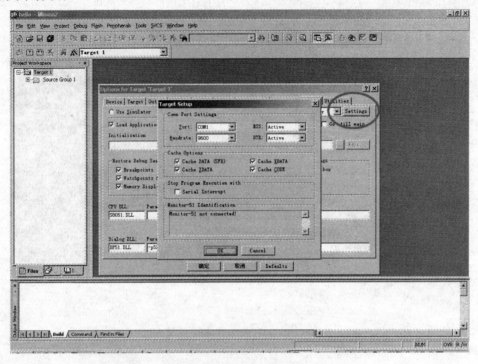

图 2-11　目标板串行接口设置

　　到此为止，完成了必要的各项设置。

2.3　Keil C51 μVision2 集成开发环境的使用

2.3.1　单片机的仿真过程

　　用户编写的程序编译通过后，只能说明源程序没有语法错误。要使用户的应用系统达到设计目的，还要对目标板进行排错、调试和检查。这就是通常所说的仿真。仿真通常有两种方式：一种是通过硬件仿真器与试验样机联机进行实时在线仿真；另外一种是在微机上通过软件进行模拟仿真。实时在线仿真的优点是可以利用仿真器的软、硬件完全模拟样机的工作状态，使试验样机在真实的工作环境中运行，可以随时观察运行结果和解决问题，缺点是成本较高。模拟仿真简单易行，它是在 PC 上通过运行仿真软件来创造一个目标单片机的模拟环境，不需单独购买仿真器，可以进行大多数的软件开发，如数值计算、I/O 接口状态的变化等。其缺点是对一些实时性很强的应用系统的开发显得无能为力，如一些接口芯片的软、硬件调试。另外，如果软件模拟调试通过后，还必须通过编程器将代码写入到目标板的单片机或程序存储器中，这时才能观察到目标板的实际运行状态。典型的 51 系列单片机的模拟仿真软件有 SIM 8051 和 Keil 51 的 Dscope 51。Keil 51 的 Dscope51 软件仿真器则是其中的佼佼者。Keil 51 不但内含功能强大的软件仿真器，而且还可以通过计算机串行接口方便地和硬件仿真器相连。这种硬件仿真器依托 Keil 51 强大的集成仿真功能，可以实现单片机应用系统的在线仿真调试。这种硬件仿真器又称为 MONITOR-51，即在我国单片机爱好者中广为流行的 MON51。MON51 造价便宜、制作简单、源代码公开，并且可以实现高档仿真器的大多数功能，因此深受单片机爱好者喜爱。我国许多公司都开发了类似产品，虽然型号不同，但功能和用法是相同的。

2.3.2　第一个实验

应用 Keil C51 μVision2 进行单片机软件调试的过程有以下步骤：

1）建立一个工程项目，选择芯片，确定选项；

2）建立汇编源文件或 C 源文件；

3）用项目管理器生成各种应用文件；

4）检查并修改源文件中的错误；

5）编译链接通过后进行模拟仿真；

6）编程操作；

7）应用。

不管一个应用程序多复杂，其排错、调试过程都是由上述 7 步构成，只不过是程序的复杂程度不同、开发者经验不同、所需的反复次数多少不同而已。下面通过一个简单的程序实例来说明一个程序的调试过程。

（1）点击"Project"菜单，选择弹出的下拉式菜单中的"New Project"，如图 2-12 所示。接着弹出一个标准 Windows 文件对话窗口，如图 2-13 所示。在"文件名"中输入第一个实验项目名称，这里使用"test"（使用其他符合 Windows 文件规则的文件名都行）。保存后的文件扩展名为 uv2，这是 Keil C51 μVision2 项目文件扩展名，以后可以直接点击此文件打开已有项目。

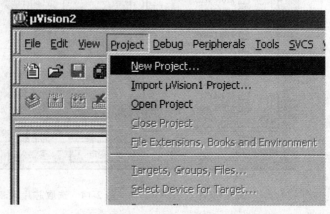

图 2-12　New Project 菜单

（2）选择所要的单片机，这里选择常用的美国 ATEML 公司的 AT89C51，如图 2-14 所示。AT89C51 的功能、特点在图中右边有简单的介绍。完成上述步骤后，就可以进行程序编写了。

（3）首先，在项目中创建新的程序文件或加入旧程序文件。如果没有现成的程序，那么就要新建一个程序文件。在 Keil 软件中有一些 Demo 程序，在这里以一个 C 程序为例介绍如何进行新建和如何添加到第一个实验项目中。点击图 2-15 中①所示的新建文件的快捷按钮，出现②所示的一个新的文字编辑窗口，这个操作也可以通过菜单"File/New"或快捷键"Ctrl + N"来实现。好了，现在可以编写程序了，光标已出现在文本编辑窗口中，等待输入

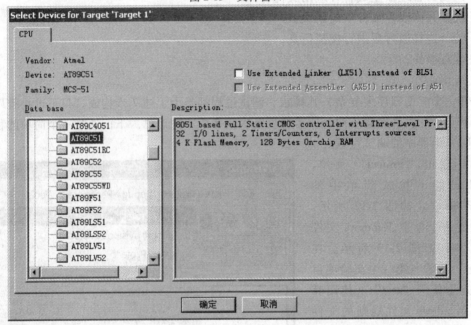

图 2-13　文件窗口

图 2-14　选取芯片

程序了。这第一个程序嘛，就写一个简单明了的吧。

```
#include < reg51. h >
#include < stdio. h >

void main (void)
{
    SCON = 0x50;        /* 串行接口方式 1, 允许接收 */
    TMOD = 0x20;        /* 定时器 1 定时方式 2 */
    TCON = 0x40;        /* 设定时器 1 开始计数 */
    TH1  = 0xE8;        /* 11. 0592MHz 1200 */
```

```
TL1  = 0xE8;
TI  = 1;
TR1  = 1;                        /*启动定时器*/

while（1）
   {
   printf（"Hello World! \ n"）；   /*显示 Hello World!  */
   }
}
```

这段程序的功能是不断从串行接口输出"Hello World!"字符，先不管程序的语法和意思，看看如何把它加入到项目中和如何编译试运行。

（4）点击图 2-15 中③所示的保存快捷键来保存新建的程序，也可以用菜单"File/Save"或快捷键"Ctrl + S"进行保存。因是新文件所以保存时会弹出类似图 2-13 所示的文件操作窗口，把第一个程序命名为 test1. c，保存在项目所在的目录中。这时程序单词有了不同的颜色，说明 Keil 的 C 语法检查生效了。如图 2-16 所示用鼠标在屏幕左边的"Source Group1"文件夹图标上右击弹出菜单，在这里可以做在项目中增加或减少文件等操作。点

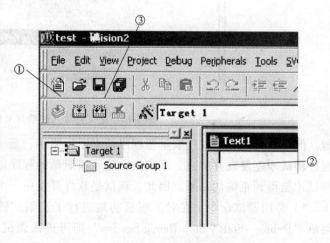

图 2-15　新建程序文件

击"Add Files to Group 'Source Group 1'"弹出文件窗口，选择刚刚保存的文件，按"ADD"按钮，关闭文件窗，程序文件即已加到项目中。这时在"Source Group1"文件夹图标左边出现了一个"＋"号，这说明文件组中有了文件，点击它可以展开查看。

（5）C 程序文件已被加到了项目中了，下面就要进行编译运行了。这个项目只是用做学习新建程序项目和编译运行仿真的基本方法，所以使用软件默认的编译设置，它不会生成用于芯片烧写的 HEX 文件，如何设置生成 HEX 文件请看下面的章节。先来看如图 2-17 所示的编译界面。图中①、②、③都是编译按钮，不同之处是①是用于编译单个文件，②是编译当前项目。如果先前编译过一次之后文件没有做动编辑，这时再点击是不会再次重新编译的。③是重新编译，每点击一次就会再次编译链接一次而不管程序是否有改动。在③右边的是停止编译按钮，只有点击了前三个按钮中的任一个，停止按钮才会生效。⑤是菜单中与①～③三个按钮对应的选项，使用起来不如①、②、③那么方便。这个项目只有一个源文件可以编译，编译速度是很快的。在④中可以看到编译的错误信息和使用的系统资源情况等，以后要查错就靠它了。⑥是有一个小放大镜的按钮，这就是开启/关闭调试模式的按钮，也可以使用下拉菜单"Debug→Start \ Stop Debug Session"选项，快捷键为"Ctrl + F5"。

（6）调试。上述内容介绍了如何建立工程、汇编以及链接工程，并获得目标代码的过

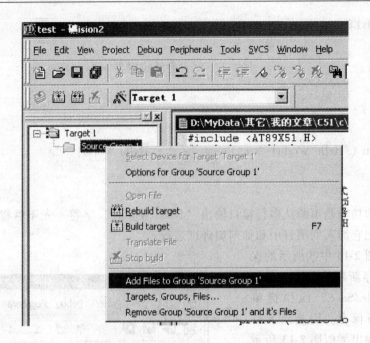

图 2-16 把文件加入到项目文件组中

程。但是做到这一步仅仅表示源程序没有语法错误，至于源程序中存在着的其他错误，必须通过调试才能发现并解决。事实上，除了极简单的程序以外，绝大部分的程序都要通过反复调试才能得到正确的结果。因此，调试是软件开发中一个重要的环节。

1）常用调试命令 在对工程成功地进行了汇编、链接以后，按"Ctrl＋F5"或者使用菜单"Debug→Start \ Stop Debug Session"即可进入调试状态。Keil 内建了一个仿真 CPU 用来模拟执行程序，该仿真 CPU 功能强大，可以在没有硬件和仿真器的情况下进行程序的调试，下面将要介绍该模拟调试功能。

进入调试状态后，界面与编辑状态相比有明显的变化，Debug 菜单项中原来不能用的命令现在已可以使用了，工具栏会多出一个用于运行和调试的工具条，如图 2-18 所示。Debug 菜单上的大部分命令可以在此找到对应的快捷按钮，从左到右依次是复位、运行、暂停、单步、过程单步、执行完当前子程序、运行到当前行、下一状态、打开跟踪、观察跟踪、反汇编窗口、观察窗口、代码作用范围分析、1#串行窗口、内存窗口、性能分析、工具按钮等命令。

学习程序调试，必须明确两个重要的概念，即单步执行与全速运行。全速执行是指一行指令执行完以后紧接着执行下一行指令，

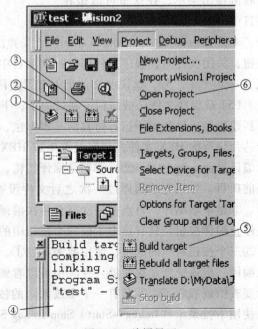

图 2-17 编译界面

图 2-18　调试工具条

中间不停止，这样程序执行的速度很快，并可以看到该段程序执行的总体效果，即最终结果是正确还是错误。但如果程序有错，则难以确认错误出现在哪些程序行。单步执行是指每次执行一行指令，执行完该行指令以后即停止，等待命令执行下一行指令，此时可以观察该行指令执行完以后得到的结果是否与写该行指令所想要得到的结果相同，借此可以找到程序中问题所在。这两种运行方式在程序调试中都会用到。

使用菜单 STEP 或相应的命令按钮或使用快捷键 F11 可以单步执行程序，使用菜单 STEP OVER 或功能键 F10 可以以过程单步形式执行命令。所谓过程单步，是指将汇编语言中的子程序或高级语言中的函数作为一个语句来全速执行。

按下 F11，可以看到源程序窗口的左边出现了一个调试箭头，指向源程序的第一行。每按一次 F11，即执行该箭头所指程序行，然后箭头指向下一行，如图 2-19 所示。

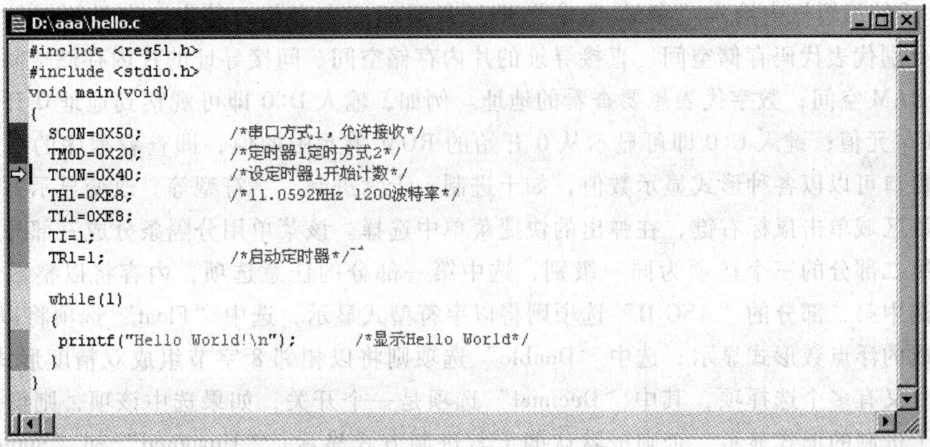

```
D:\aaa\hello.c

#include <reg51.h>
#include <stdio.h>
void main(void)
{
    SCON=0X50;            /*串口方式1,允许接收*/
    TMOD=0X20;            /*定时器1定时方式2*/
    TCON=0X40;            /*设定定时器1开始计数*/
    TH1=0XE8;             /*11.0592MHz 1200波特率*/
    TL1=0XE8;
    TI=1;
    TR1=1;               /*启动定时器*/

    while(1)
    {
    printf("Hello World!\n");      /*显示Hello World*/
    }
}
```

图 2-19　调试窗口

2）断点设置　调试程序时，一些指令必须满足一定的条件才能被执行到（如指令中某变量达到一定值、按键被按下、串行接口接收到数据、有中断产生等）。这些条件往往是异步发生或难以预先设定的，这类问题使用单步执行的方法是很难调试的。另外，对于软件延时程序如果使用单步执行会耗费大量的时间甚至无法进行单步执行。这时就要用到程序调试中的另一种非常重要的方法——断点设置。断点设置的方法有很多种，常用的是在某一指令行设置断点。

设置好断点后可以全速运行程序，一旦执行到该指令行即停止，可在此观察有关变量值，以确定问题所在。在指令行设置/移除断点的方法是将光标定位于需要设置断点的指令行，使用菜单 "Debug→Insert/Remove Breakpoint" 选项设置或移除断点（也可以用鼠标在该行双击，实现同样的功能）；"Debug→Enable/Disable Breakpoint" 选项可以开启或暂停光标所在行的断点功能；"Debug→Disable All Breakpoint" 选项可以暂停所有断点；"Debug→Kill All Breakpoint" 选项可以清除所有的断点设置。这些功能也可以用工具条上的快捷按钮进行设置。

（7）Keil 软件程序调试窗口　Keil 软件在调试程序时提供了多个窗口，主要包括输出窗口（Output Windows）、观察窗口（Watch & Call Stack Windows）、存储器窗口（Memory Window）、反汇编窗口（Disassembly Window）、串行窗口（Serial Window）等。进入调试模式后，可以通过菜单 View 下的相应命令打开或关闭这些窗口。

图 2-20 所示是输出窗口、观察窗口和存储器窗口，各窗口的大小可以使用鼠标调整。进入调试程序后，输出窗口自动切换到 Command 页。该页用于输入调试命令和输出调试信息。对于初学者，可以暂不学习调试命令的使用方法。

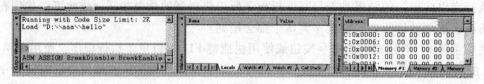

图 2-20　输出窗口、观察窗口和存储器窗口

1）存储器窗口　如图 2-21 所示，存储器窗口中可以显示系统中各内存中的值。通过在 Address 后的编辑框内输入"字母: 数字"即可显示相应内存值。其中，字母可以是 C、D、I、X，分别代表代码存储空间、直接寻址的片内存储空间、间接寻址的片内存储空间、扩展的外部 RAM 空间；数字代表想要查看的地址。例如，输入 D:0 即可观察到地址 0 开始的片内 RAM 单元值；键入 C:0 即可显示从 0 开始的 ROM 单元中的值，即查看程序的二进制代码。该窗口可以以各种形式显示数值，如十进制、十六进制、字符型等。改变显示方式的方法是在该区域单击鼠标右键，在弹出的快捷菜单中选择。该菜单用分隔条分成三部分，第一部分与第二部分的三个选项为同一级别，选中第一部分的任意选项，内容将以整数形式显示；而选中第二部分的"ASC II"选项则将以字符型式显示，选中"Float"选项将以相邻 4 字节组成的浮点数形式显示，选中"Double"选项则将以相邻 8 字节组成双精度形式显示。第一部分又有多个选择项，其中"Decimal"选项是一个开关，如果选中该项，则窗口中的值将以十进制的形式显示，否则按默认的十六进制方式显示。"Unsigned"和"Signed"后分别有三个选项——"Char"、"Int"、"Long"，分别代表以单字节方式显示、将相邻双字节组成整型数方式显示、将相邻 4 字节组成长整型方式显示，而 Unsigned 和 Signed 分别代表的是无符号形式和有符号形式。究竟从哪一个单元开始的相邻单元则与设置有关，下面以整型为例说明。如果输入的是 I:0，那么 00H 和 01H 单元的内容将会组成一个整型数；而如果输入的是 I:1，01H 和 02H 单元的内容会组成一个整型数，以此类推。有关数据格式与 C 语言规定相同，请参考相关 C 语言书籍，默认以无符号单字节方式显示。第三部分的"Modify

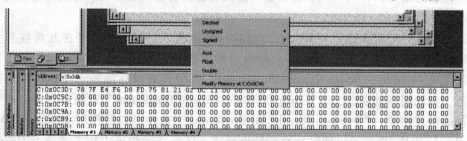

图 2-21　存储器数值显示方式选择

Memory at xxx"用于更改鼠标处的内存单元值，选中即可以在出现的对话框中输入要修改的内容。

2）工程窗口寄存器页　图 2-22 所示是工程窗口寄存器页，寄存器页包括了当前的工作寄存器组和系统寄存器组。系统寄存器组有一些是实际存在的寄存器，如 A、B、DPTR、SP、PSW 等；有一些是实际中并不存在或虽然存在却不能对其进行操作的，如 PC、Status 等。每当程序执行到对某寄存器进行操作时，该寄存器会以反色（蓝底白字）显示，用鼠标单击然后按下 F2 键，即可修改该值。

3）观察窗口　它是很重要的一个窗口，如图 2-23 所示。工程窗口中仅可以观察到工作寄存器和有限个寄存器，如 A、B、DPTR 等。如果需要观察其他寄存器的值或者在高级语言编程时需要直接观察变量，就要借助于观察窗口了。一般情况下，仅在单步执行时才对变量值的变化感兴趣，全速运行时，变量的值是不变的，只有在程序停下来之后，才会将这些值最新的变化反映出来。

至此，已初步学习了一些 Keil C51 μVision2 的项目文件创建、编译、运行和软件仿真的基本

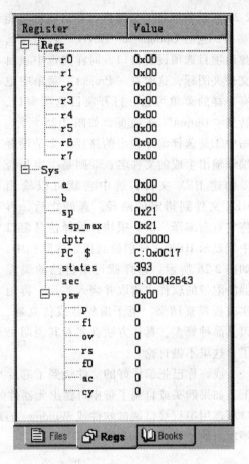

图 2-22　工程窗口寄存器页

操作方法。其中一直提到了一些功能的快捷键，的确在实际的开发应用中运用快捷键可以大大提高工作的效率，建议大家多多使用。还有就是对这里所讲的操作方法举一反三用于类似的操作中。

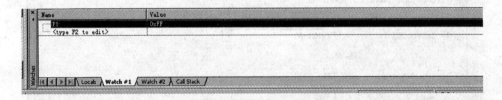

图 2-23　观察窗口

2.3.3　生成 HEX 文件和最小化系统

HEX 文件格式是美国 Intel 公司提出的按地址排列的数据信息，数据宽度为字节，所有数据使用十六进制数字表示，常用来保存单片机或其他处理器的目标程序代码。它保存物理程序存储区中的目标代码映像。一般的编程器都支持这种格式。首先，打开上面所做的第一项目，打开它所在的目录，找到 test. uv2 的文件就可以打开先前的项目了。然后，右击如图

2-24 所示的项目 1 文件夹，弹出项目功能菜单，选"Options for Target'Target1'"，弹出项目选项设置窗口，同样先选中项目文件夹图标，这时在"Project"菜单中也有一样的菜单可选。打开项目选项窗口，转到"Output"选项页，如图 2-25 所示。图中①是选择编译输出的路径；②是设置编译输出生成的文件名；③则是决定是否要创建 HEX 文件，选中它就可以输出 HEX 文件到指定的路径。选好之后，再将它重新编译一次，很快在编译信息窗口中就显示 HEX 文件创建到指定的路径中，如图 2-26 所示。这样就可用自己的编程器所附带的软件去读取并烧入芯片，再用实验板观察结果。至于编程器或仿真器，因其品种繁多，具体方法就要看其说明书了，这里不做讨论。

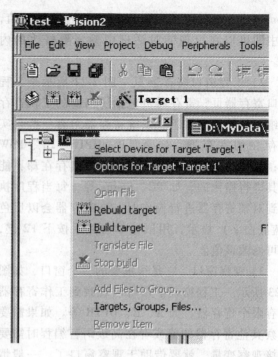

图 2-24　项目 1 功能菜单

　　或许你已把编译好的文件烧到了芯片上，如果购买或自制了带串口输出元器件的学习实验板，那就可以把串行接口和 PC 串行接口相连用串行接口调试软件或 Windows 的超级终端，将其波特率设为 1200，就可以看到不停输出的"Hello World!"字样。

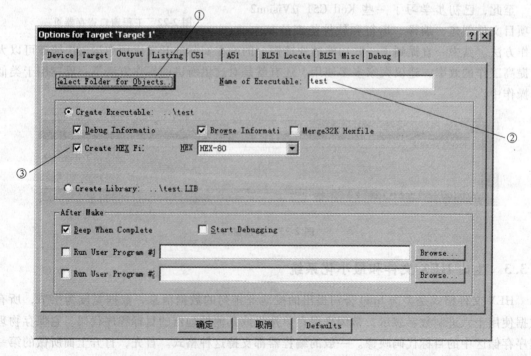

图 2-25　项目选项窗口

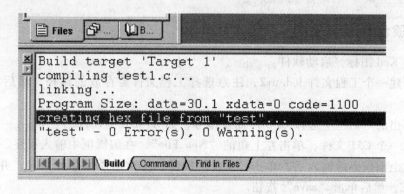

图 2-26　编译信息窗口

2.4　实验

2.4.1　LED 闪烁电路

简单的 LED 闪烁的电路，如图 2-27 所示。其中，80C51 单片机的 P1.0 上接上一个发光二极管，现在用 C51 编程实现此发光二极管 VL1 闪烁。

2.4.2　参考程序

```c
#include < reg51. h >
sbit Led = 0x90;
void Delay_xms ( unsigned int x)
{
        unsigned int i, j;
        for ( i = 0; i < x; i ++ )
        {
                for ( j = 0; j < 500; j ++ );
        }
}
void main ( )
{
        while ( 1)
        {
                Led = 0;
                Delay_xms ( 1000);
                Led = 1;
                Delay_xms ( 1000);
        }
}
```

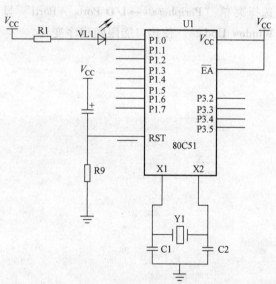

图 2-27　LED 闪烁电路

2.4.3 实验步骤（参考）

1）双击 Keil 图标，启动软件。

2）先新建一个工程文件 led. uv2，注意选择工程文件要存放的路径，然后单击"save"按钮。

3）在弹出的对话框中选择 CPU 厂商及型号，如 ATMEL AT89C51。

4）新建一个 C51 文件，单击左上角的"New File"，在编辑框中输入程序。

5）完成上面代码的输入后，单击"save"按钮，注意选择保存的路径，并输入保存的文件名 led. C，然后单击"save"按钮。

6）保存后把此文件加入到工程中（用鼠标在"Source Group1"上单击右键，然后再单击"Add Files to Group 'Source Group1'"）。

7）选择要加入的文件，找到 led. c 后，单击"add"按钮，然后单击"close"按钮。

8）到此便完成了工程项目的建立以及将文件加入工程。现在开始编译工程，若在输出窗口（Outputs Window）的 Build 页看到"0 Error（s）"则表示编译通过，可以进行程序的仿真运行。

9）进行程序仿真，单击"Start/Stop Debug Session"。现在可以利用 F10 快捷键进行单步调试，按 F5 快捷键全速运行，或用其他一些调试指令进行调试。如全速执行，可以通过选择菜单"Peripherals→I/O-Ports→Portl"显示 P1 接口的状态，并选中"View→Periodic Window Update"使接口能跟随程序变化。

第3章 MCS-51单片机基本结构

本章首先给出单片机的基本组成框图，然后分别介绍其各组成部分——CPU、存储器、I/O 接口，最后给出 MCS-51 单片机引脚信号及 CPU 时序。除中断系统、串行口和定时器在后面章节中介绍外，本章可使读者对 MCS-51 单片机的硬件结构及各部分的工作原理有一个基本的了解。

3.1 MCS-51 单片机内部结构

目前，有很多厂商生产 51 系列单片机，图 3-1 只是列出了几种比较常见的类型，它们从表面到内部资源不完全一样，但是它们的 MCU 结构却是一样的，即都采用了 8051 核。

图 3-1 目前比较常用的几种 51 系列单片机

一个基本的 MCS-51 单片机通常包括如下一些部件：中央处理器（CPU）、程序存储器（ROM）、数据存储器（RAM）、输入/输出（I/O）接口、定时器、串行接口 UART[⊖]、中断控制器、振荡电路等。其基本组成框图如图 3-2 所示。

并不是所有的 51 单片机都具有图 3-2 所示的所有部件，当然有的 51 单片机部件比这个更多。但是，图 3-2 所示的是个比较完整、具有代表性的结构。其中输入/输出（I/O）接口、定时器、串行接口、中断控制器等是外部功能部件。就程序的执行来讲，单片机最离不开的部件应该是中央处理器、程序存储器、数据存储器、振荡电路这几个部分。

⊖ UART：Universal Asynchronous Receiver/Transmitter，通用异步接收/发送装置。

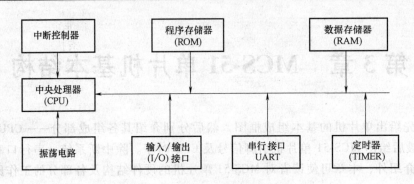

图 3-2　MCS-51 单片机基本组成框图

3.2　中央处理器

中央处理器（CPU）由运算器、控制器等组成。运算器是 CPU 进行运算的部件，运算内容包括算术运算、逻辑运算及移位运算。控制器是计算机的指挥中心，用以控制程序的运行。在运算器内部设有算术逻辑单元（ALU）、程序状态字（PSW）寄存器及有关寄存器。控制器内部设有程序计数器（PC）、PC 加 1 寄存器、指令寄存器等部件。其中与用户关系比较密切的是状态寄存器与程序计数器，这两个寄存器都可以通过程序读取它的数值，也可以通过程序对它赋值。

3.2.1　运算器

8051 的算术逻辑部件（ALU）是一个性能极强的运算器。它既可以进行加、减、乘、除四则运算，也可以进行与、或、非、异或等逻辑运算，有数据传送、移位、判断和程序转移等功能。同时，还具有独特的位处理功能，如置位、清 0、取反、转移、检测等。它为用户提供了丰富的指令系统和极快的指令执行速度，如振荡器频率为 12MHz 的情况下，大部分指令的执行时间为 1 μs，乘法指令执行时间可达 4 μs。

3.2.2　控制器

含指令寄存器、指令译码器、定时器及控制电路等部件，能根据不同的指令产生相应的操作时序和控制信号。

3.2.3　专用寄存器组

专用寄存器组主要用来指示当前要执行指令的内存地址、存放操作数和指示指令执行后的状态等。是任何一台计算机的 CPU 不可缺少的组成部件，其寄存器的数目因机器型号的不同而异。专用寄存器组主要包括程序计数器（PC）、累加器（A）、程序状态字（PSW）寄存器、堆栈指针（SP）、数据指针（DPTR）和寄存器（B）等。

1. 程序计数器

程序计数器（Program Counter，PC）是一个二进制 16 位的程序地址寄存器，专门用来存放下一条需要执行指令的内存地址，能自动加 1。CPU 执行指令时，是先根据程序计数器中的地址从存储器中取出当前需要执行的指令码，并把它传送给控制器分析执行，随后程序计数器中地址码自动加 1，以便为 CPU 取下一个需要执行的指令码作准备。当下一个指令码取出执行后，PC 又自动加 1。这样，PC 一次次加 1，指令就被一条条执行。所以需要执行程序的机器码必须在程序执行前预先一条条地按顺序存放到程序存储器中，并为程序计数器设置成程序第一条指令的内存地址。

8051 程序计数器由 16 个触发器构成，故它的编码范围为 0000H ~ FFFFH，共有 64KB。这就是说，8051 对程序存储器的寻址范围为 64KB。在实际应用中，64KB 的程序存储器就已足够。

2. 累加器

累加器（Accumulator，A 或 ACC），是一个具有特殊用途的二进制 8 位寄存器，专门用来存放操作数或运算结果。在 CPU 执行某种运算前，两个操作数中的一个通常应放在 A 中，运算完成后 A 中便可得到运算结果。例如，加法程序如下：

$$MOV\ A,\ \#03H\ ；A \leftarrow 3$$
$$ADD\ A,\ \#05H\ ；A \leftarrow A + 05H$$

第一条指令是把加数 3 预先送入累加器 A 中，为第二条加法指令的执行作了准备。第二条指令执行前 A 中为加数 3，执行后变为两数之和 8。

3. 寄存器

寄存器 B 是专门为乘法或除法设置的寄存器，也是一个二进制 8 位寄存器，由 8 个触发器组成。该寄存器在乘法或除法前，用来存放乘数或除数。在乘法或除法完成后，用于存放乘积的高 8 位或除法的余数。下面以乘法运算为例加以说明：

$$MOV\ A,\ \#05H\ ；A \leftarrow 5$$
$$MOV\ B,\ \#03H\ ；B \leftarrow 3$$
$$MUL\ AB\ \ ；AB \leftarrow A \times B = 5 \times 3$$

上述程序中，前面两条是传送指令，是进行乘法前的准备指令。因此，乘法指令执行前累加器 A 和寄存器 B 中分别存放了两个乘数，乘法指令执行完后，积的高 8 位自动在 B 中形成，积的低 8 位自动在 A 中形成。

4. 程序状态字

程序状态字（Program Status Word，PSW）寄存器是一个 8 位标志寄存器，用来存放指令执行后的有关状态。PSW 中各位状态通常是在指令执行过程中自动形成的，但也可以由用户根据需要采用传送指令加以改变。各标志位的含义如图 3-3 所示。

D7	D6	D5	D4	D3	D2	D1	D0
C	AC	F0	RS1	RS0	OV	X	P

图 3-3　程序状态字各标志位的含义

（1）进位标志位 C（PSW.7）。在执行某些算术操作类、逻辑操作类指令时，可由硬件或软件置位或清零。例如，进行 8 位加法运算时，若运算结果的最高位 D7 有进位，则 C = 1，否则 C = 0；又如进行 8 位减法运算时，若运算结果的最高位 D7 有借位，则 C = 1，否则 C = 0。半数以上的位操作类指令都与 C 有关，可见进行位处理时，它起着"位累加器"的作用。

（2）辅助进位标志位 AC（PSW.6）。进行 8 位加法运算时，如果低半字节的最高位 D3，有进位，则 AC＝1，否则 AC＝0；进行 8 位减法运算时，如果 D3 有借位，则 AC＝1，否则 AC＝0。

（3）软件标志位 F0（PSW.5）。这是用户定义的一个状态标志。可通过软件对它置位、清零。

（4）工作寄存器组选择位 RS1、RS0（PSW.4、PSW.3）。可通过软件置位或清零，以选定 4 个工作寄存器中的一个投入工作。详见本章 3.3.2 节。

（5）溢出标志位 OV（PSW.2）。进行有符号数加法、减法时，由硬件置位或清除，以指示运算结果是否溢出。运算结果应放回累加器，OV＝1 反映它已超出了累加器以补码形式表示一个有符号数的范围（－128～＋127）。在做加法时，如最高、次高两位之一有进位，或做减法时，最高、次高两位之一有借位，OV 将被置位。执行乘法指令 MUL AB 和除法指令 DIV AB，也会影响 OV。

（6）奇偶标志位 P（PSW.0）。每执行一条指令，单片机都能根据 A 中 1 的个数的奇偶自动令 P 置位或清零，奇为 1，偶为 0。此标志对串行通信的数据传输非常有用，通过奇偶校验可检验传输的可靠性。

[例 3-1]   试分析执行如下指令后，A、C、AC、OV、P 的内容是什么？

MOV A，#6EH

ADD A，#56H

解：上述加法指令执行时的人工算式为

$$
\begin{array}{r}
0110\ 1110\ (6EH) \\
+\quad 0101\ 0110\ (56H) \\
\hline
1100\ 0100\ (C4H)
\end{array}
$$

其和 C4H 又送回 A，故（A）＝C4H；由相加过程知 C＝0、AC＝1；现次高位有进位、最高位无进位，OV＝1（和大于 128）；执行第 1 条指令后 P＝1，执行第 2 条指令后 P＝0。

注意：对于同一条加法或减法指令，既可以认为是有符号数运算，又可以认为是无符号数运算，只是观察的角度、判断的标准不同而已。标识位 C 一般用于无符号数运算的进位、借位判断。对于有符号数，则使用 OV 判断其运算是否溢出。

5. 堆栈指针

堆栈指针（Stack Pointer，SP）是一个 8 位寄存器，能自动加 1 或减 1，专门用来存放堆栈的栈顶地址。MCS-51 单片机的堆栈按照"向上生长"的原则组织，即入栈时 SP 加 1，出栈时 SP 减 1。

6. 数据指针

数据指针（Data Pointer，DPTR）是一个 16 位寄存器，由两个 8 位寄存器 DPH 和 DPL 组成。其中，DPH 为 DPTR 的高 8 位，DPL 为 DPTR 的低 8 位。DPTR 可以用来存放片内 ROM 的地址，也可以用来存放片外 RAM 和片外 ROM 的地址。

3.2.4　振荡器和 CPU 时序

MCS-51 系列单片机片内含有一个高增益的反相放大器，通过 XTAL1、XTAL2 外接作为反馈元件的晶体振荡器后便成为自激振荡器，接法如图 3-4 所示。

晶体振荡器主要呈感性，与 C_1、C_2 构成并联谐振电路。振荡器的振荡频率主要取决于晶体振荡器；改变电容量的值对振荡频率有微调作用，通常取 30pF 左右。电容的安装位置应尽量靠近单片机芯片。

也可采用片外振荡器，按不同工艺制造的单片机芯片接法有所不同

MCS-51 单片机的每个机器周期包括 6 个状态周期（用字母 S 表示），每个状态周期划分为两个节拍，分别对应着两个节拍时钟的有效时间。因此，一个机器周期有 12 个振荡器周期，分别表示为 S1P1、S1P2、S2P1 …S6P1，如图 3-5a 所示。图 3-5b 所示为 MCS-51 的取指操作时序图。

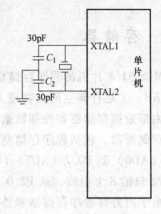

图 3-4 单片机外接晶体振荡器的接法

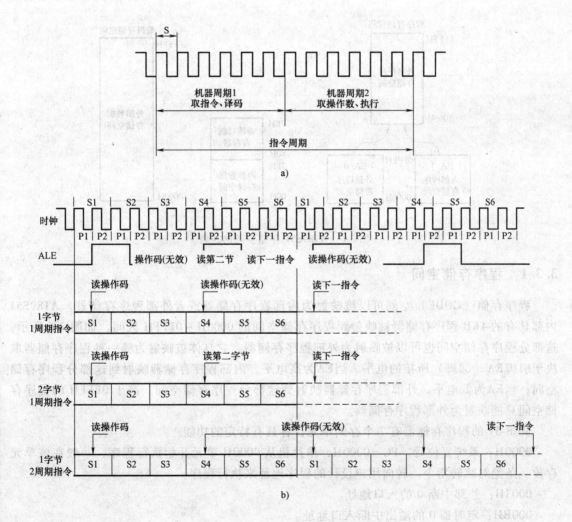

b)

图 3-5 MCS-51 单片机的取指/执行时序

a）时钟周期的定义 b）操作时序

3.3　存储器

　　MCS-51 单片机的程序存储空间和数据存储空间是分开的，每种存储空间的寻址范围都是 64KB。上述存储空间在物理上可以被映射到 4 个区域：内部程序存储器和外部程序存储器，内部数据存储器和外部数据存储器。存储空间的映射如图 3-6 所示。当存储空间映射为外部存储器时，包括程序存储空间和数据存储空间，MCS-51 单片机的 P0 口的 8 个引脚，从 P0.0（AD0）到 P0.7（AD7）（㊳~㉜脚），以时分方式被用作数据总线和地址总线的低 8 位；P2 口的 8 个引脚，从 P2.0（A8）到 P2.7（A15）（㉑~㉘脚），被用作地址总线的高 8 位。由于对外部程序存储器和外部数据存储器的访问都是通过 P0 口和 P2 口实现的，为了进行区分，外部程序存储器由 $\overline{PSEN}$ 引脚（㉙脚）的输出信号控制；外部数据存储器的写或读操作分别由 P3.6 引脚（$\overline{WR}$，⑯脚）和 P3.7 引脚（$\overline{RD}$，⑰脚）输出信号控制。

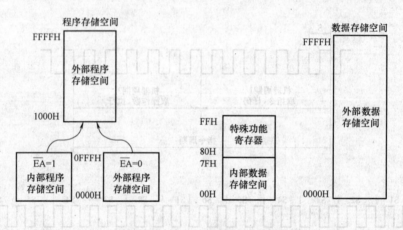

图 3-6　AT89S51 存储空间的映射

3.3.1　程序存储空间

　　程序存储（CODE）空间可以被映射为内部程序存储器或者外部程序存储器。AT89S51 内部具有的 4KB 程序存储器被映射到程序存储空间的 0000H~0FFFH 区间，如图 3-6 所示。这部分程序存储空间也可以被映射为外部程序存储器，它具体被映射为哪一种程序存储器取决于引脚 $\overline{EA}$（㉛脚）所接的电平。当 $\overline{EA}$ 为高电平，内部程序存储器映射到这部分程序存储空间；当 $\overline{EA}$ 为低电平，外部程序存储器映射到这部分程序存储空间。高于 0FFFH 的程序存储空间只能映射为外部程序存储器。

　　MCS-51 的程序存储器有 7 个存储单元，各具有特定的功能。

　　0000H：系统复位后，PC =0000H，单片机从 0000H 单元开始执行程序，一般在该单元存放一条绝对跳转指令，转向用户设计的程序地址来执行程序。

　　0003H：外部中断 0 的入口地址。

　　000BH：定时器 0 的溢出中断入口地址。

　　0013H：外部中断 1 的入口地址。

　　001BH：定时器 1 的溢出中断入口地址。

0023H：串行口中断入口地址。

002BH：定时器 2 溢出或 T2EX（P11）端负跳变时的入口地址（仅 8032/8052 所特有）。

使用时，通常在这些入口处放一条绝对跳转指令，使程序跳转到用户安排的中断程序起始地址，或者从 0000H 启动地址跳转到用户设计的初始程序入口处。

目前，美国 ATMEL 公司生产的 8051 兼容芯片具有多种容量的内部程序存储器的型号，例如 AT89S52 单片机具有 8KB 内部程序存储器；T89C51RD2 具有 64KB 内部程序存储器。鉴于通常可以采用具有足够内部程序存储器容量的单片机芯片，用户在使用中不需要再扩展外部程序存储器，这样在单片机应用电路中 $\overline{\text{EA}}$（㉛脚）可以总是接高电平。

3.3.2　数据存储空间

数据存储（DATA）空间也可以映射为内部数据（IDATA）存储器和外部数据（XDATA）存储器，如图 3-6 所示。进入不同的数据存储器是通过不同的指令来实现的，这点与程序存储器不同。

AT89S51 的内部数据存储器有 256B，它们被分为两部分：高 128B 和低 128B。低 128B 的内部数据存储器是真正的 RAM 区，可以被用来写入或读出数据。这一部分存储容量不是很大，但有很大的作用。它可以进一步被分为 3 部分，如图 3-7 所示。

在内部数据存储器低 128B 中，地址从 00H ~ 1FH 的最低 32B 组成 4 组工作寄存器，每组有 8 个工作寄存器。每组中的 8 个工作寄存器都被命名为从 R0 到 R7。在某一时刻，

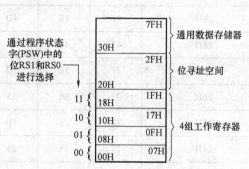

图 3-7　内部数据存储器低 128B

CPU 只能使用其中的一组工作寄存器。当前正在使用的工作寄存器组由位于高 128B 的程序状态字（PSW）寄存器中第 3 位（RS0）和第 4 位（RS1）的数据决定。程序状态字寄存器中的数据可以通过编程来改变，这种功能为保护工作寄存器的内容提供了很大的方便。如果用户程序中不需要使用全部 4 组工作寄存器，那么剩下的工作寄存器所对应的内部数据存储器也可以作为通用数据存储器使用。工作寄存器在内部数据存储器中的地址映射关系见表 3-1。

表 3-1　工作寄存器地址映射

RS1	RS0	组　　　号	R0 ~ R7 所占用单元的地址
0	0	0 组（BANK0）	00H ~ 07H
0	1	1 组（BANK1）	08H ~ 0FH
1	0	2 组（BANK2）	10H ~ 17H
1	1	3 组（BANK3）	18H ~ 1FH

在工作寄存器区上面，内部数据存储器的地址在 20H～2FH 的 16B 范围内，既可以通过字节寻址的方式进入，也可以通过位寻址的方式进入，位地址范围在 00H～7FH。字节地址与位地址的对应关系见表 3-2。

表 3-2　字节地址与位地址的对应关系

字节地址	位 地 址							
	D7	D6	D5	D4	D3	D2	D1	D0
2FH	7F	7E	7D	7C	7B	7A	79	78
2EH	77	76	75	74	73	72	71	70
2DH	6F	6E	6D	6C	6B	6A	69	68
2CH	67	66	65	64	63	62	61	60
2BH	5F	5E	5D	5C	5B	5A	59	58
2AH	57	56	55	54	53	52	51	50
29H	4F	4E	4D	4C	4B	4A	49	48
28H	47	46	45	44	43	42	41	40
27H	3F	3E	3D	3C	3B	3A	39	38
26H	37	36	35	34	33	32	31	30
25H	2F	2E	2D	2C	2B	2A	29	28
24H	27	26	25	24	23	22	21	20
23H	1F	1E	1D	1C	1B	1A	19	18
22H	17	16	15	14	13	12	11	10
21H	0F	0E	0D	0C	0B	0A	09	08
20H	07	06	05	04	03	02	01	00

地址在 30H～7FH 之间的内部数据存储器仅可以用作通用数据存储器。

内部数据存储器的高 128B 被称为特殊功能（SFR）寄存器区。特殊功能寄存器区被用作 CPU 和外围器件之间的接口，它们之间的关联框图如图 3-8 所示。

CPU 通过向相应的特殊功能寄存器写入数据来控制对应的外围器件的工作，从相应的特殊功能寄存器读出数据来读取对应的外围器件的工作结果。

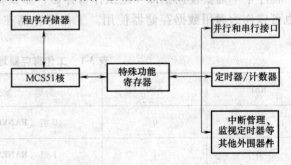

图 3-8　特殊功能寄存器（SFR）关联框图

在 AT89S51 中，包括前面提到的程序状态字（PSW）寄存器的特殊功能寄存器共有 26

个，它们离散地分布在 80H ~ FFH 的内部数据存储器地址空间范围内，见表 3-3。

表 3-3　AT89S51 单片机特殊功能寄存器地址映射

F8H									FFH
F0H	B								F7H
E8H									EFH
E0H	ACC								E7H
D8H									DFH
D0H	PSW								D7H
C8H									CFH
C0H									C7H
B8H	IP								BFH
B0H	P3								B7H
A8H	IE								AFH
A0H	P2		AUXR1				WDERST		A7H
98H	SCON	SBUF							9FH
90H	P1								97H
88H	TCON	TMOD	TL0	TL1	TH0	TH1	AUXR		8FH
80H	P0	SP	DP0L	DP0H	DP1L	DP1H		PCON	87H

在表 3-3 中没有定义的存储单元用户不能使用。如果向这些存储单元写入数据将产生不确定的效果，从它们读取数据将得到一个随机数。

对于字节地址低位为 8H 或者 FH 的特殊功能寄存器，既可以进行字节操作，也可以进行位操作。例如前面提到的用来确定当前工作寄存器组的程序状态字（PSW）寄存器，它的地址为 D0H，因此对它可以进行字节操作，也可以进行位操作。采用位操作可以直接控制程序状态字寄存器中的第 3 位（RS0）或第 4 位（RS1）数据，而不影响其他位的数据。低位地址不为 8H 或 FH 的特殊功能寄存器只可以进行字节操作，当需要修改这些特殊功能寄存器中的某些位时，对其他的位应注意保护。

外部数据存储空间可以被映射为数据存储器、扩展的输入/输出接口、模/数转换器和数/模转换器等。这些外围器件统一编址。所有外围器件的地址都占用数据存储空间的地址资源，因此 CPU 与外围器件进行数据交换时，可以使用与访问外部数据存储器相同的指令。CPU 通过向相应的外部数据存储器地址单元写入数据来控制对应的外围器件的工作，从相应的外部数据存储器地址单元读出数据来读取对应的外围器件的工作结果。

3.4　并行 I/O 接口

在单片机中，I/O 接口是集数据输入缓冲、数据输出驱动及锁存多项功能为一体的 I/O 电路。并行 I/O 接口是单片机硬件结构中的一个重要部分，承担着与外界信息交换的任务，并有第二功能端，系统扩展、接口电路都必须通过 I/O 接口进行。8051 共有 4 个双向的 8 位并行 I/O 接口，分别记作 P0、P1、P2、P3。

（1）这 4 个并行 I/O 接口均为准双向的输入/输出接口。

以 P1 的某一位为例，如图 3-9 所示，在执行输入操作时，如果锁存器原来寄存的数据 Q＝0。那么由 $\overline{Q}$＝1 将使 VT 导通，引脚被始终箝位在低电平上，不能输入高电平。为此，用作输入前，必须先用输出指令置 Q＝1，使 VT 夹断。正因为如此，P1 称为准双向接口。具体而言，在作输入前，必须先用指令给接口写"1"，如 MOV P1，#0FFH。

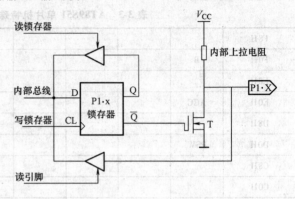

图 3-9　P1 的位结构

（2）P0 的输出驱动为漏极开路式，需要外接上拉电阻，阻值一般为 5 ~ 10kΩ。但当 P0 用作地址/数据线时，它可直接驱动 CMOS 电路而不必外加上拉电阻，这些在实际使用时都应予以注意。

（3）新型 51 系列单片机的 I/O 接口驱动能力有较大提高，如美国 ATMEL 公司的 89C51、89C52 等，其接口输出电流达到 20mA，可以直接驱动 LED 显示器。但也一定要注意若负载电流过大，必须设计驱动电路。

（4）P0 和 P2 还可用于扩展存储器。此时，P0 作为复用的地址低 8 位和数据总线，地址信号利用 ALE 引脚信号进行锁存；而 P2 作为地址的高 8 位。按照上述原则组成的 8031 最小系统如图 3-10 所示。

（5）P3 除了作为准双向通用 I/O 接口使用外，每一根线还具有第二种功能。

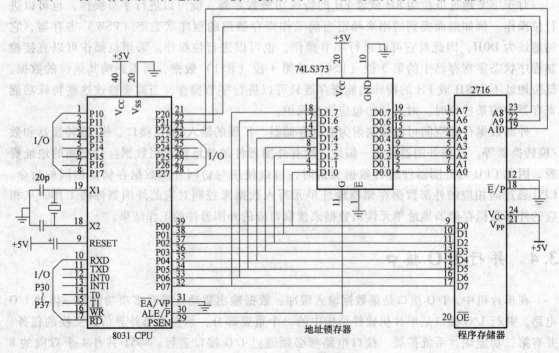

图 3-10　8031 最小系统

3.5　MCS-51 单片机的工作方式

3.5.1　复位方式

　　复位是单片机的初始化操作，其目的是使 CPU 及各专用寄存器处于一个确定的初始状态。8051 单片机复位操作后内部各寄存器的状态见表 3-4。其中，除了 P 接口锁存器、堆栈指针（SP）和串行数据缓冲器（SBUF）外的所有寄存器写入都为 0。P 接口初始化为 FFH，SP 为 07H，SBUF 不确定。内部 RAM 不受复位影响，但在单片机接通电源时，RAM 内容不确定。

表 3-4　单片机复位值

寄存器名称	复位值	寄存器名称	复位值
PC	0000H	TMOD	00H
ACC	00H	TCON	00H
B	00H	TH0	00H
PSW	00H	TL0	00H
SP	07H	TH1	00H
DPTR	0000H	TL1	00H
P0 ~ P3	FFH	SCON	00H
IP	XXX00000B	PCON（HMOS）	0XXXXXXXB
IE	0XX00000B	PCON（CHMOS）	0XXX0000B
		SBUF	不确定

　　单片机复位后（PC）= 0000H 指向程序存储器 0000H 地址单元，使 CPU 从首地址 0000H 单元开始重新执行程序。所以，单片机系统在运行出错或进入死循环时，可按复位键重新启动。欲使单元机进入复位状态，必须在 RST/V_{PD} 端保持两个机器周期（24 个时钟周期）以上的高电平。

　　常见的复位电路有上电按键手动复位和自动复位电路，如图 3-11 和图 3-12 所示。上电复位是利用 RC 充电来实现的。参数选取应保证复位高电平持续时间大于两个机器周期（图中参数适合 6MHz 晶体振荡器）。

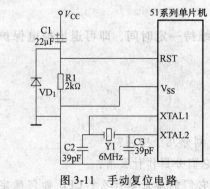

图 3-11　手动复位电路

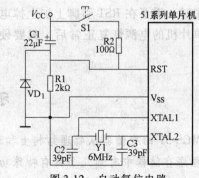

图 3-12　自动复位电路

3.5.2 程序执行方式

程序执行方式是单片机的基本工作方式。由于复位后（PC）＝0000H，因此程序的执行应该从0000H单元开始。但是，一般程序并不是从0000H单元开始存放的。因为MCS-51单片机系统中从0003H开始的若干个单元规定为中断服务程序的入口地址。通常，在0000H开始的3个单元中存放一条无条件转移指令，以便跳转到实际程序的入口去执行。

3.5.3 低功耗方式

MCS-51单片机系统有两种低功耗工作方式：待机方式和掉电保护方式。待机方式和掉电保护方式是由电源控制（PCON）寄存器的有关控制位控制的。PCON寄存器的格式如下：

	D7	D6	D5	D4	D3	D2	D1	D0
PCON	SMOD	—	—	—	GF1	GF0	PD	IDL

① SMOD：波特率倍增位，在串行口的工作方式1、2、3下，当SMOD＝1时，波特率倍增。

② D6～D4：保留位。

③ GF1和GF2：通用标志位，可由软件置位或清零。

④ PD：掉电方式控制位，当PD＝1时，进入掉电方式。

⑤ IDL：待机方式控制位，当IDL＝1时，进入待机方式。如果PD和IDL同时等于1，则先进入掉电方式。复位时PCON寄存器中有定义的位都清零。

（1）待机方式

当通过指令使IDL＝1，单片机进入待机方式。此时振荡器仍运行，向中断逻辑、串行口和定时器/计数器提供时钟，但向CPU提供时钟的电路被阻断，CPU停止工作。中断功能继续存在，特殊功能寄存器保持原状态不变。

当单片机进入待机方式时，使用中断的方法可使单片机退出该方式。

（2）掉电保护方式

当单片机检测到电源故障时，通过电源故障中断进入信息保护程序，将有关数据保护到单片机的内部RAM中。同时，在保护程序中使PD＝1，便进入掉电保护方式。在掉电保护方式工作时，需要在RST引脚上加上掉电保护电源。

当单片机的电源恢复正常后，只要硬件复位信号维持一定时间，即可退出掉电保护方式。

习 题

1. MCS-51的存储器从物理结构上和逻辑上分别可划分几个空间？

2. 程序存储器中有哪几个具有特殊功能的单元？它们分别作什么用？

3. 开机复位后，CPU使用的是哪组工作寄存器？它们的地址是什么？CPU如何确定和改变当前工作寄存器组？

4. MCS-51 的程序存储器和数据存储器共处同一地址空间，为什么不会发生总线冲突？

5. 程序状态字（PSW）寄存器的作用是什么？常用状态有哪些位？它们的作用是什么？

6. 说出 8051 芯片中下列引脚的功能：$\overline{EA}$、$\overline{PSEN}$、ALE、$\overline{RD}$、$\overline{WR}$。

7. 对于 8031 型单片机而言，当系统振荡频率为 12MHz 时，一个机器周期为多长时间？

8. MCS-51 指令周期包含几个机器周期？一个机器周期分成几个状态周期、几个振荡周期？若晶振频率为 6MHz，执行一条单机器周期指令需要多长时间？若晶体振荡器频率为 8MHz，执行一条双机器周期指令需要多长时间？

9. 决定程序执行顺序的寄存器是哪个？它的作用是什么？它是几位寄存器？它是不是特殊功能寄存器？

第 4 章　MCS-51 单片机的指令系统

指令是一种规定中央处理器执行某种特定操作的命令，通常一条指令对应一种基本操作，如 MOV 指令对应数据传送操作，ADD 指令对应数据加法操作等。计算机的 CPU 所能执行的全部指令的集合称为这个 CPU 的指令系统。指令系统功能的强弱决定了计算机性能的高低。

MCS-51 的指令系统由 111 条指令组成，具有执行时间短、指令编码字节少和位操作指令丰富的特点。本章将介绍 MCS-51 的指令系统中每条汇编指令的格式、功能、使用方法。

4.1　汇编指令的格式

汇编指令（符号指令）就是指令的助记符，是一种帮助计算机程序员记忆的符号，汇编指令是由标号、指令助记符、指令操作数、注解 4 部分组成，格式如下。

标号：指令助记符 指令操作数 ；注解

如：　　LOOP：MOV A，#03H；（A）←03H 为一条汇编指令。

指令中各项含义说明如下。

（1）标号用于表示指令地址，由字母与数字组成。如上例中 LOOP 为标号，表示 MOV 指令的地址位置。标号与指令助记符必须用冒号（:）分开。在汇编指令中，标号不是必需的，可根据需要设置。

（2）指令助记符用于说明指令将进行何种操作，如上例中 MOV 为指令助记符，MOV 表示进行传送操作，传送内容及地址由指令操作数给出。指令助记符与操作数用空格隔开。

（3）指令操作数通常格式为：目的操作数，源操作数。

目的操作数提供接收数据的地址单元，源操作数提供发送数据或数据地址。如在上例中，接收数据的目的操作数为累加器 A，而发送数据的源操作数为立即数 03H。但必须注意，指令操作数可能有 2 个或 3 个，也可能只有 1 个或没有。当读者学完本章自然会明白这一点。

（4）注解是对指令操作的说明，汇编时被忽略。书写注解的主要目的是便于阅读程序，因此，注解可有可无。注解与操作数之间用分号（;）作为分隔符。

在汇编指令中，最复杂的是指令操作数，指令操作数既可以是立即数或寄存器 R0～R7，也可以是地址为 00H～FFH 的存储器单元，还可以是位地址区的一位二进制数。要想正确地使用汇编指令编写程序，必须了解指令操作数的寻址方式。

4.2　寻址方式

指令执行中所需的指令操作数可以来自内存、寄存器或 I/O 接口，称它们为操作数的地址。访问这些指令操作数的方法称为寻址方式。显然寻址方式愈丰富，CPU 指令功能愈强，灵活性愈大，但结构将愈复杂。

单片机中采用了 7 种寻址方式，分述如下。

（1）立即寻址

立即寻址是指指令助记符后面跟的操作数是一个具体数字，这个数可以立即取得，所以称为立即数。用立即数的寻址方式称为立即寻址，例如指令

MOV   A，#44H   （对应机器码为 74 44）

这个指令表示将 44H 这个数送给 A，在 44H 前面加#（号）就表示它是一个立即数，传送过程如图 4-1 所示。

（2）直接寻址

操作数不是一个立即数，而是一个地址值，指令所需的数从该地址单元中获得，如图 4-2 所示。由于地址直接注明在指令上，所以称为直接寻址。

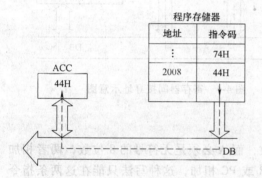
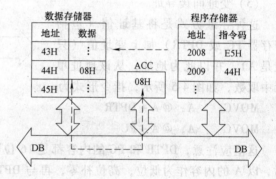

图 4-1　立即寻址示意图　　　　　　图 4-2　直接寻址示意图

应注意，如果指令上的数据前加"#"号，则该数为立即数，如果不加"#"号，就是指地址。例如，在地址 44H 的存储单元中存有数 08H，执行指令"MOV A，44H"时 A 中得到的数值不是 44H 而是 08H。

（3）寄存器寻址

操作数不是立即数，也不是地址，而是一个寄存器名称，则称为寄存器寻址，如图 4-3 所示。

寄存器寻址实际上也是一种直接寻址，因为寄存器名称与其地址一一对应。例如，当 RS1 = RS0 = 0 时，"MOV A，R1"和"MOV A，01H"两个指令作用完全一样，因为 R1 地址就等于 01H，用 R1（寄存器寻址）和用01H（直接寻址），其结果完全相同，没有任何区别。又例如，B 的具体地址为 0F0H，所以"MOV A，B"和"MOV A，0F0H"也是两条相同的指令。不过两相比较，还是用 B 比较好。

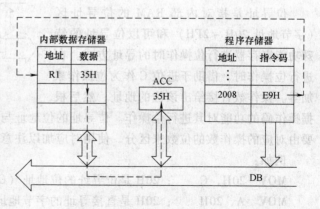

图 4-3　寄存器寻址示意图

（4）寄存器间接寻址

间接寻址是指指令所需的数，其地址不标明在指令上，而要从指令上所标明的寄存器中去找地址，如图4-4所示，所以称为间接寻址。

以"MOV A，@ R0"为例，间接寻址的第一步，先找出 R0 的内容，设 R0 的内容为 44H，表示存放数据的存储单元地址为 44H。第二步从地址为 44H 的存储单元中找出所存的内容，设 44H 单元内的数为 07H，07H 就是所要传送的数。第三步才是把 07H 传送给 A。

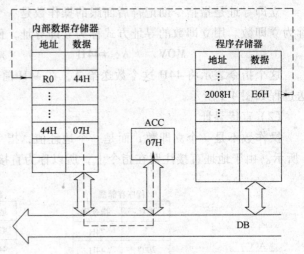

图 4-4　寄存器间接寻址示意图

（5）变址间接寻址

这种寻址方式是将基址值（包括寄存器 PC 或 DPTR）加上变址值（只能是 A），并以此为地址，从该地址单元中取数，如图 4-5 所示，指令形式为

MOVC　　A，@ A + DPTR

MOVC　　A，@ A + PC

这里应注意，DPTR 和 PC 的内容都是 16 位数，而 A 必须是无符号的 8 位数，两者相加时，以 A 的内容作为低位，高位补零，再与 DPTR 或 PC 相加，这种写法只能在这两条指令中使用，一般情况下，8 位数与 16 位数最好不要混写。

（6）相对寻址

相对寻址只限于转移类指令使用，它以 PC 当前值为基址，加上指令中给出的偏移量作为转移地址，指令上的偏移量必须是带符号的 8 位补码。

（7）位寻址方式

位寻址是指对内部 RAM 的位寻址区（字节地址 20H ~ 2FH）和可以位寻址的特殊功能寄存器进行位操作时的寻址方式。在进行位操作时，借助于进位 C 作为位操作累加器。操作数直接给出该位的地址，然后根据操作码的功能对其进行位操作。

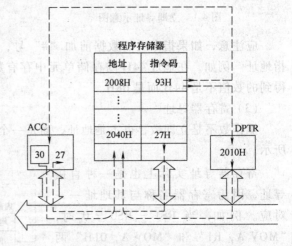

图 4-5　变址间接寻址示意图

位寻址的位地址与直接寻址的字节地址形式完全一样，主要由对应的操作数的位数来区分，使用时应加以注意。

例如：

MOV　20H，C　　；20H 是位寻址的位地址（C 是位累加器）

MOV　A，20H　　；20H 是直接寻址的字节地址（A 是字节累加器）

单片机的 7 种寻址方式中，每种寻址方式可涉及的存储器地址空间关系见表 4-1。

表 4-1　操作数寻址方式及有关地址空间

寻址方式	寻 址 的 地 址 空 间
立即寻址	程序存储器（ROM）
直接寻址	内部 RAM 低 128 字节，特殊功能寄存器（SFR）和内部（RAM）可位寻址的单元 20H～2FH
寄存器寻址	工作寄存器 R0～R7，A、B、C、DPTR
寄存器间接寻址	内部 RAM 低 128 字节（以@R0、@R1、SP（仅对 PUSH、POP 指令）；52 子系列单片机、89 系列单片机增加的 128 字节 RAM 区；片外 RAM（以@R0、@R1、@DPTR））
基址加变址寻址	程序存储器（以@A+PC、@A+DPTR）
相对寻址	程序存储器 256 字节范围（以 PC+偏移量）
位寻址	内部 RAM 的 20H～2FH 字节地址中的所有位和部分特殊功能寄存器（SFR）的位

4.3　指令系统

　　MCS-51 指令系统有 42 种助记符，代表了 33 种操作功能，这是因为有的功能可以有几种助记符（例如数据传送的助记符有 MOV、MOVC、MOVX）。指令功能助记符与操作数各种可能的寻址方式相结合，共构成 111 种指令。这 111 种指令中，如果按字节分类，单字节指令有 49 条，双字节指令有 45 条，三字节指令有 17 条。若从指令执行的时间看，单机器周期（12 个时钟周期）指令有 64 条，双机器周期指令有 45 条，四机器周期指令有 2 条（乘、除）。在 12MHz 晶体振荡器的条件下，单机器周期指令、双机器周期指令、四机器周期指令的执行时间分别为 1μs、2μs 和 4μs。由此可见，MCS-51 指令系统具有存储空间效率高和执行速度快的特点。

　　按指令的功能，MCS-51 指令系统可分为下列五类：

　　（1）数据传送类

　　（2）算术运算类

　　（3）逻辑操作类

　　（4）位操作类

　　（5）控制转移类

　　下面根据指令的功能特性分类介绍。在分类介绍之前，先对描述指令的一些符号进行简单说明。

　　● Rn：现行选定的寄存器区中的 8 个寄存器 R7～R0（$n=0～7$）。

　　● direct：8 位内部数据存储单元地址。它可以是一个内部数据 RAM 单元（0～127）或一个专用寄存器地址（即 I/O 接口、控制寄存器、状态字寄存器等（128～255））。

　　● @Ri：通过寄存器 R1 或 R0 间接寻址的 8 位内部数据 RAM 单元（0～255），i=0，1。

　　● #data：指令中的 8 位立即数。

　　● #data$_{16}$：指令中的 16 位立即数。

　　● Addr$_{16}$：16 位目标地址，用于 LCALL 和 LJMP 指令，可指向 64KB 程序存储器地址空间的任何地方。

- Addr$_{11}$：11 位目标地址，用于 ACALL 和 AJMP 指令，转向至下一条指令第 1 字节所在的同一个 2KB 程序存储器地址空间内。
- rel：带符号（2 的补码）的 8 位偏移量字节。用于 SJMP 和所有条件转移指令中。偏移字节是相对于下一条指令的第一字节计算的，在 $-128 \sim +127$ 范围内取值。
- bit：内部数据 RAM 或特殊功能寄存器里的直接寻址位。
- DPTR：数据指针，可用作 16 位地址寄存器。
- A：累加器。
- B：特殊功能寄存器，用于乘（MUL）和除（DIV）指令。
- C：进位标志或进位位。
- /bit：表示对该位操作数取反。
- （X）：X 中的内容。
- （（X））：由 X 所指出的单元中的内容。

4.3.1 数据传送类指令

数据传送指令一般的操作是把源操作数传送到指令所指定的目标地址。指令执行后，源操作数不变，目的操作数被源操作数代替。数据传送是一种最基本、最主要的操作，它是编制程序时使用最频繁的一类指令，数据传送的速度对整个程序的执行效率有很大的影响。在 MCS-51 指令系统中，数据传送指令非常灵活，它可以把数据方便地传送到数据存储器和 I/O 接口。

数据传送类指令用到的助记符有：MOV、MOVX、MOVC、XCH、XCHD、PUSH、POP。数据传送类指令源操作数和目的操作数的寻址方式及传送路径如图 4-6 所示。数据传送类指令见表 4-2。

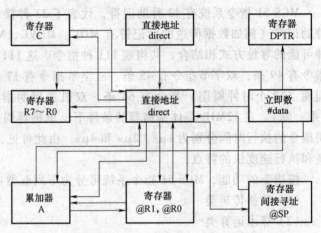

图 4-6　MCS-51 传送指令示意图

表 4-2　数据传送类指令

指令助记符 （包括寻址方式）	说　明	字节数	执行周期数 （机器周期数）
MOV A,Rn	A←Rn	1	1
MOV A,direct	A←(direct)	2	1
MOV A,@Ri	A←((Ri))	1	1
MOV A,#data	A←#data	2	1
MOV Rn,A	Rn←(A)	1	1
MOV Rn,direct	Rn←(direct)	2	2

（续）

指令助记符 （包括寻址方式）	说　明	字节数	执行周期数 （机器周期数）
MOV Rn,#data	Rn←#data	2	1
MOV direct,A	direct←(A)	2	1
MOV direct,Rn	direct←(Rn)	2	1
MOV direct1,direct2	direct1←direct2	3	2
MOV direct,@Ri	direct←((Ri))	2	2
MOV direct,#data	direct←#data	3	2
MOV @Ri,A	(Ri)←A	1	1
MOV @Ri,direct	(Ri)←(direct)	2	2
MOV @Ri,#data	(Ri)←#data	2	1
MOV DPTR,#data$_{16}$	DPTR←#data$_{16}$	3	2
MOVC A,@A+DPTR	A←((A)+(DPTR))	1	2
MOVC A,@A+PC	A←((A)+(PC))	1	2
MOVX A,@Ri	A←((Ri))	1	2
MOVX A,@DPTR	A←((DPTR))	1	2
MOVX @Ri,A	(Ri)←A	1	2
MOVX @DPTR,A	(DPTR)←A	1	2
PUSH direct	SP←(SP)+1,(SP)←(direct)	2	2
POP direct	direct←((SP)),(SP)←(SP)−1	2	2
XCH A,Rn	(A)←→(Rn)	1	1
XCH A,direct	(A)←→(direct)	2	1
XCH A,@Ri	(A)←→(Ri)	1	1
XCHD A,@Ri	(A)$_{3～0}$←→((Ri))$_{3～0}$	1	1

　　数据传送类指令比较简单，由图 4-6 和表 4-2 很容易理解各种指令的功能，故不做详细叙述，下面仅做一些必要的说明。

1. 源是立即数的传送指令

　　这类指令源操作数为 8 位立即数或 16 位立即数，目标则可以是累加器 A，也可以是直接地址 direct、间接地址@Ri.。但 16 位数只能送给 DPTR。

　　指令中，前面的操作数是目标，后面是源，箭矢表示传送方向，如"A←#data"，表示将#data 这个数送给 A。

　　[例 4-1]　将数 87H 送给地址为 45H 的片内存储单元。

　　由于传送指令比较丰富，实现这个任务可以任意选用一种方式，如可以用

MOV　45H，#87H

也可以用指令

$$MOV \quad R0, \#45H$$

$$MOV \quad @R0, \#87H$$

在"MOV @R0，#87H"这条指令中，87H 并不送给 R0，而是送给以 R0 的内容 45H 作为地址的存储单元。

2. 内部数据存储器的传送指令

在 8051 系列的单片机中，内部数据存储器是指地址为 00H ~ 0FFH 的所有内部存储单元，也包括工作寄存器 R0 ~ R7。要在内部数据存储器之间传送数据，可以用直接寻址，也可以用寄存器寻址或者寄存间接寻址。

（1）工作寄存器可以用寄存器符号 R0 ~ R7，也可以用具体地址。当系统复位时，R0 ~ R7 分别对应 00H ~ 07H 存储单元。所以指令"MOV R0，#03H"也可以写成"MOV 01H，#03H"，两者等效，只是 R0 ~ R7 在 PSW 寄存器中的 RS1、RS0 改变之后，它们所对应的地址也会随之变化。

[例 4-2] 将地址为 40H 的存储单元内容传送给 R0 和 14H。

上面任务可用以下指令完成

$$MOV \quad A, 40H$$

$$MOV \quad R0, A$$

$$MOV \quad 14H, A$$

也可以写成

MOV	R0, 40H	；此时 R0 = 00H
MOV	PSW, #10H	；使用 2 区，10H ~ 17H
MOV	R4, 40H	；此时 R4 = 14H

（2）特殊功能寄存器可以使用地址，也可以使用名称。例如，累加器 A 可以用名称 ACC 或 A，也可以用具体地址 0E0H；对于 P1 的传送指令，可以用名称 P1，也可以用地址 90H。"MOV P1，A"和"MOV 90H，A"这两种写法等效。但习惯上以使用名称较好。

3. 外部存储器的传送指令

在 8051 系列的单片机中，外部存储器包括外部数据存储器和外部程序存储器。向外部数据存储器传送数据，必须用助记符为 MOVX 的指令。而向程序存储器传送数据，则必须用助记符为 MOVC 的指令。所有这些指令，传送的一方都必须是累加器 A。

（1）因为内部存储器的地址都是用一个 8 位数表示（00H ~ 0FFH），所以前述向内部存储器进行数据传送的指令，用的都是 8 位地址。而外部存储器的地址规定为 16 位，因此向外部进行数据传送的指令就必须用 16 位地址，为此要用 DPTR 和 PC 两个 16 位寄存器，来表示源或目标地址。

（2）"MOVX A，@Ri"和"MOVX @Ri，A"两条指令也是向外部数据存储器传送数据的指令。因为 Ri 是 8 位寄存器，只能存 8 位地址值，而外部存储器用的是 16 位地址，规定 Ri 只存放地址的低 8 位，高 8 位由 P2 口负责传送。为此，在使用这两条指令前，必须先对 P2 赋值。

[例 4-3] 将数据 28H 传送给地址为 4516H 的外部数据存储单元。

```
                    MOV   DPTR, #4516H
                    MOV   A, #28H
                    MOVX  @DPTR, A
```

也可以用下面的程序

```
        MOV   P2, #45H              ; 送地址高 8 位
        MOV   R0, #16H
        MOV   A, #28H
        MOVX  @R0, A
```

（3）MOVC 类的指令只有两条读取指令，而没有写入指令，这意味着不能随意通过指令对程序存储器进行改写。

4. 内部数据存储器的交换指令

要把内部两个存储单元中的内容进行交换，传统的办法是设置一个暂存单元。先把其中一个，例如把甲单元内的数据先放在暂存单元中，等乙单元的数传送到甲单元后，再把暂存单元的数传送给乙单元，以达到交换的目的（见例 4-4）。但这种办法比较麻烦，如果使用交换指令直接进行交换，则简单得多。不过交换指令所指定的交换对象，必须有一方是 A。为此交换前要先把交换一方传送到 A 然后进行交换。

[**例 4-4**] 将 40H 和 41H 存储单元的内容进行交换。

交换前找一个存储单元作为暂存单元，设选用 50H 存储单元负责暂存，即

```
                    MOV   50H, 41H
                    MOV   41H, 40H
                    MOV   40H, 50H
```

也可以直接使用交换指令，但交换指令必须将其中一个数置于 A，即

```
                    MOV   A, 40H
                    XCH   A, 41H
                    MOV   40H, A
```

两种方法用的指令条数虽然相同，但第二种方法汇编成机器码时，所用的字节数比第一种方法少。

5. 堆栈操作指令

堆栈是在内部数据存储器中划定的一个区，它可以用来暂时保存一些需要重新使用的数据或地址。使用堆栈可以是在执行某些指令时自动完成，例如调用子程序时，把当前 PC 值保存于堆栈，以便返回时便用。这个工作就是由 CPU 自动完成的，但也可以用指令对堆栈进行操作。

[**例 4-5**] 设数据存储单元（44H）＝15H，（45H）＝30H，将它们的内容进行交换，即要求交换后（44H）＝30H，（45H）＝15H。

交换存储器可以用上面的传送指令、交换指令，但也可以用堆栈操作指令，设操作前堆栈指针 SP＝07H

```
PUSH  44H     ; (SP) = 08H  44H 中内容 15H 压入堆栈，压入后（08H）=15H
PUSH  45H     ; (SP) = 09H  45H 中内容 30H 压入堆栈，压入后（09H）=30H
POP   44H     ; (SP) = 09H  将(09H) = 30H 弹出给 44H 单元，弹出后（SP）=08H
```

POP 45H ；（SP）＝08H 将（08H）＝15H 弹出给45H单元，弹出后（SP）＝07H。

SP所指出的地址单元称为栈顶。从上面执行过程可以看出，栈顶不是空单元，而是最近一次操作时压入数据的单元，所以在（SP）＝07H，执行"PUSH 44H"时，44H内容不是压入07H而是压入08H单元。

初学者在学习数据传送指令时，可能会产生困惑，为什么计算机要把数据传来传去，数据已经存在一个存储单元中，为什么还要取出传走呢？这是因为CPU在某一时刻，只能进行一种操作，操作前需要从某个存储单元取出数据放在操作指令所需要的地方，才能操作。操作完成后又要选择一个地方把数据保存起来，这就是为什么要进行传送。

同时还要注意，数据从原地址传出去之后，不会因传出去而消失。例如，（A）＝01H，（B）＝02H执行"MOV B，A"之后（B）＝01H，但A的内容仍然为01H，并不会因传出而变0。这种特点有点类似于拷贝。要清除源地址的数据，不能靠传送指令把它传走，要清除必须向它送个0，即所谓清零，否则它永远保持传送前的数值。只有XCH和XCHD指令执行之后，交换双方内容才会同时改变。

所有传送指令都列在本书附录B中，其中还列出各条指令对程序状态字PSW各个标志位的影响，有"√"号标记的表示有影响，没有"√"号标记的，表示没有影响。这对于在以后要讲到的条件转移指令，在需要这些标志作为条件时是十分重要的。

4.3.2 算术运算类指令

在MCS-51指令系统中，具有单字节的加、减、乘、除法指令（见表4-3），其运算功能比较强。

表4-3 算术运算类指令

指令助记符 （包括寻址方式）	说　　明	字节数	执行周期数 （机器周期数）
ADD A，Rn	A←（A）＋（Rn）	1	1
ADD A，direct	A←（A）＋（direct）	2	1
ADD A，@Ri	A←（A）＋（（Ri））	1	1
ADD A，#data	A←（A）＋data	2	1
ADDC A，Rn	A←（A）＋（Rn）＋C_Y	1	1
ADDC A，direct	A←（A）＋（direct）＋C_Y	2	1
ADDC A，@Ri	A←（A）＋（（Ri））＋C_Y	1	1
ADDC A，#data	A←（A）＋data＋C_Y	2	1
SUBB A，Rn	A←（A）－（Rn）－C_Y	2	1
SUBB A，direct	A←（A）－（direct）－C_Y	2	1
SUBB A，@Ri	A←（A）－（（Ri））－C_Y	1	1
SUBB A，#data	A←（A）－data－C_Y	2	1
INC A	A←（A）＋1	1	1
INC Rn	（Rn）←（Rn）＋1	1	1

（续）

指令助记符 （包括寻址方式）	说 明	字节数	执行周期数 （机器周期数）
INC direct	direct← （direct） +1	2	1
INC @ Ri	（Ri） ← （ （Ri）） +1	1	1
INC DPTR	DPTR← （DPTR） +1	1	2
DEC A	A← （A） −1	1	1
DEC Rn	Rn← （Rn） −1	1	1
DEC direct	direct← （direct） −1	2	1
DEC @ Ri	（Ri） ← （ （Ri）） −1	1	1
MUL AB	AB← （A） * （B）	1	4
DIV AB	AB← （A） / （B）	1	4
DAA	对 A 进行十进制调整	1	1

算术运算指令执行的结果将影响进位（C_Y）、辅助进位（A_C）和溢出标志位（OV）等，但是加 1 和减 1 指令不影响这些标志。对标志位有影响的所有指令见表 4-4，其中包括一些非算术运算的指令在内。注意，对于特殊功能寄存器（专用寄存器）字节地址、D0H 或位地址 D0H ~ D7H 进行操作也会影响标志位。

表 4-4 影响标志位的指令

指令	标志位			指令	标志位		
	C_Y	OV	A_C		C_Y	OV	A_C
ADD	×	×	×	CLR C	0		
ADDC	×	×	×	CPL C	×		
SUBB	×	×	×	ANL C, bit	×		
MUL	0	×		ANL C, /bit	×		
DIV	0	×		ORL C, bit	×		
DA	×			ORL C, /bit	×		
RRC	×			MOVC C, bit	×		
RLC	×			CJNE	×		
SETB C	1						

注："×"表示指令执行对标志位有影响（置位或复位）。

算术运算类指令可分为 8 组。

1. 加法指令

      助记符   机器码

ADD A, Rn   001010iii

ADD A, direct   00100101 + 直接地址

ADD A, @ Ri   001001li

ADD A, #data   00100100 + 立即数

这组加法指令的功能是把指出的字节变量加到累加器 A 上，其结果放在 A 中。相加过程中如果位 7（D_7）有进位（即 $C_7 =1$），则进位位 C_Y 置 1，否则清 0。如果位 3（D_3）有

进位，则辅助进位位 A_C 置 1，否则清 0。如果位 6（D_6）有进位输出（即 $C_6=1$）而位 7 没有或者位 7 有进位输出而位 6 没有，则溢出标志位 OV 置 1，否则清 0。源操作数有寄存器寻址、直接寻址、寄存器间接寻址和立即寻址等寻址方式。

[例 4-6]　（A）＝85H，（R0）＝20H，（20H）＝0AFH，执行下列指令：

ADD　A，@ R0

运算过程如下：

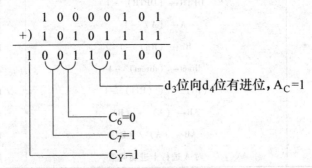

结果为：（A）＝34H，$C_Y=1$，$A_C=1$，OV＝1。

对于加法，溢出只能发生在两个加数符号相同的情况下。在进行带符号数的加法运算时，溢出标志位 OV 是一个重要的编程标志，利用它可以判断两个带符号数相加时，和数是否溢出（即和大于 +127 或小于 −128）。

2. 带进位加法指令

助记符		机器码
ADDC	A，Rn	00111iii
ADDC	A，direct	00110101 ＋ 直接地址
ADDC	A，@ Ri	0011011i
ADDC	A，#data	00110100 ＋ 立即数

这组带进位加法指令的功能是把所指出的字节变量、进位标志与累加器 A 内容相加，结果留在累加器中，如果位 7 有进位，则进位位 C_Y 置 1，否则清 0。如果位 3 有进位，则辅助进位位 A_C 置 1，否则清 0。如果位 6 有进位而位 7 没有或者位 7 有进位而位 6 没有，则溢出标志位 OV 置位，否则清 0。寻址方式和 ADD 指令相同。

[例 4-7]　（A）＝85H，（20H）＝0FFH，$C_Y=1$，执行下列指令：

ADDC　A，20H

运算过程如下：

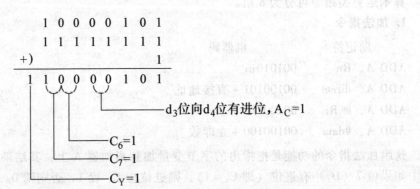

结果为：（A）= 85H，$C_Y = 1$，$A_C = 1$，OV = 0。

3. 增量指令

助记符	机器码
INC A	00000100
INC Rn	00001iii
INC direct	00000101 + 直接地址
INC @Ri	0000011i
INC DPTR	10100011

这组增量指令的功能是把所指出的变量加 1，若原来为 0FFH，将溢出为 00H，不影响任何标志位。操作数有寄存器寻址、直接寻址和寄存器间接寻址方式。

注意：当用本指令修改输出口 Pi（即指令中的 direct 为端口 P0 ~ P3，地址分别为 80H，90H，A0H，B0H）时，其功能是修改输出口的内容。指令执行过程中，首先读入端口的内容，然后在 CPU 中加 1，继而输出到端口。这里读入端口的内容来自端口的锁存器而不是端口的引脚。

［例 4-8］　（A）= 0FFH，（R3）= 0FH，（30H）= 0F0H，（R0）= 40H，（40H）= 00H，执行下列指令：

INC A	; A←（A）+ 1
INC R3	; R3←（R3）+ 1
INC 30H	; 30H←（30H）+ 1
INC @R0	; (R0) ←((R0)) + 1

结果为：（A）= 00H，（R3）= 10H，（30H）= 0F1H，（40H）= 01H，不改变 PSW 状态。

4. 十进制调整指令

助记符	机器码
DAA	11010100

这条指令对累加器参与的 BCD 码加法运算所获得的 8 位结果（在累加器中）进行十进制调整，使累加器中的内容调整为 2 位 BCD 码数。该指令执行的过程如图 4-7 所示。

［例 4-9］　（A）= 56H，（R5）= 67H，执行下列指令：

ADD A, R5

DAA

结果为：（A）= 23H，$C_Y = 1$。

5. 带进位减法指令

助记符		机器码
SUBB	A, Rn	10011iii
SUBB	A, direct	10010101 + 直接地址
SUBB	A, @Ri	1001011i
SUBB	A, #data	10010100 + 立即数

这组带进位减法指令的功能是从累加器中减去指定的变量和进位标志位，结果存放在累

加器中。进位减法过程中如果位 7 需借位，则 C_Y 置 1，否则 C_Y 清 0；如果位 3 需借位，则 A_c 置数，否则 A_c 清 0；如果位 6 需借位，而位 7 不需借位，或者位 7 需借位，而位 6 不需借位，则溢出标志位 OV 置 1，否则清 0。在带符号数运算时，只有当符号不相同的两数相减时才发生溢出。

6. 减 1 指令

助记符	机器码
DEC A	00010100
DEC Rn	00011iii
DEC direct	00010101 + 直接地址
DEC @ Ri	0001011i

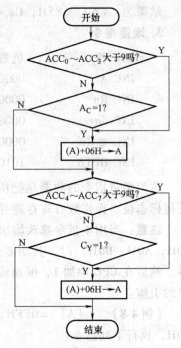

图 4-7　DAA 指令执行示意图

这组指令的功能是将指定的变量减 1。若原来为 00H，则减 1 后下溢为 0FFH，不影响标志位。

当指令中的直接地址 direct 为 P0 ~ P3（即 80H，90H，A0H，B0H）时，指令可用来修改一个输出口的内容，即是一条具有读—修改—写功能的指令。指令执行时，首先读入端口的原始数据，在 CPU 中执行减 1 操作，然后再送到端口。

注意：此时读入的数据来自端口的锁存器而不是引脚。

[例 4-10]　（A）＝0FH，（R7）＝19H，（30H）＝00H，（R1）＝40H，（40H）＝0FFH，执行下列指令：

```
DEC A          ; A← （A） －1
DEC R7         ; R7← （R7） －1
DEC 30H        ; 30H← （30H） －1
DEC @ R1       ; R1← （ （R1）） －1
```

结果为：（A）＝0EH，（R7）＝18H，（30H）＝0FFH，（40H）＝0FFH，不影响标志位。

7. 乘法指令

助记符	机器码
MUL AB	10100100

这条指令的功能是将累加器 A 和寄存器 B 中的无符号 8 位整数相乘，其 16 位积的低位字节存在累加器 A 中，高位字节存在寄存器 B 中。如果积大于 255（0FFH），则溢出标志位 OV 置位，否则 OV 清 0。进位标志总是清 0。

[例 4-11]　（A）＝50H，（B）＝0A0H，执行下列指令：

```
MUL AB
```

结果为：（B）＝32H，（A）＝00H（即积为 3200H），C_Y＝0，OV＝1。

8. 除法指令

助记符	机器码
DIV AB	10100100

这条指令的功能是把累加器 A 中的 8 位无符号整数除以寄存器 B 中的 8 位无符号整数，所得商的整数部分存放在累加器 A 中，余数部分存放在寄存器 B 中。进位位 C_Y 和溢出标志位 OV 清 0。如果原来 B 中的内容为 0（被零除），则结果 A 和 B 中内容不定，且溢出标志位 OV 置位。在任何情况下，都将 C_Y 清 0。

[例 4-12]　（A）= 0FBH，（B）= 12H，执行下列指令：

DIV AB

结果为：（A）= 0DH，（B）= 11H，$C_Y = 0$，OV = 0。

4.3.3　逻辑操作类指令

逻辑操作类指令见表 4-5。

表 4-5　逻辑操作类指令

指令助记符 （包括寻址方式）	说　明	字节数	执行周期数 （机器周期数）
ANL A, Rn	A←（A）∧（Rn）	1	1
ANL A, direct	A←（A）∧（direct）	2	1
ANL A, @Ri	A←（A）∧（（Ri））	1	1
ANL A, #data	A←（A）∧ data	2	1
ANL direct, A	direct←（direct）∧（A）	2	1
ANL direct, #data	direct←（direct）∧ data	3	1
ORL A, Rn	A←（A）∨（Rn）	1	1
ORL A, direct	A←（A）∨（direct）	2	1
ORL A, @Ri	A←（A）∨（（Ri））	1	1
ORL A, #data	A←（A）∨ data	2	1
ORL direct, A	direct←（direct）∨（A）	2	1
ORL direct, #data	direct←（direct）∨ data	3	1
XRL A, Rn	A←（A）⊕（Rn）	1	1
XRL A, direct	A←（A）⊕（direct）	2	1
XRL A, @Ri	A←（A）⊕（（Ri））	1	1
XRL A, #data	A←（A）⊕ data	2	1
XRL direct, A	direct←（direct）⊕（A）	2	1
XRL direct, #data	direct←（direct）⊕ data	3	1
CLR A	A←0	1	1
CPL A	A←（$\overline{A}$）	1	1
RL A	A 循环左移一位	1	1
RLC A	A 带进位循环左移一位	1	1
RR A	A 循环右移一位	1	1
RRC A	A 带进位循环右移一位	1	1
SWAP A	A 半字节交换	1	1

逻辑操作类指令共25条，见表4-5。

1. 逻辑运算指令

逻辑运算指令包括对两个数的"与"运算、"或"运算、"异或"运算，对一个数的"求反"运算，5条移位指令以及一条A半字节交换指令。逻辑运算指令执行后，对标志寄存器的标志位基本不影响；具体可参看本书附录B的指令表的标志栏。

在使用中，除了可以对两个数进行逻辑运算外，往往根据逻辑运算的特点，利用它完成一些特殊的操作。

（1）清零操作要将某存储单元清零，除了可以直接用零对它赋值（例如指令"MOV 40H，#00H"外），还可以使用数据本身进行异或运算的方法，达到清零的目的。如要将40H单元清零，可以用以下两条指令，即

```
MOV    A，40H
XRL    40H，A
```

也可以用该数据对零进行"与"运算达到清零目的

```
ANL    40H，#00H
```

（2）屏蔽操作将某一存储单元若干位清零，其他位保持不变。被屏蔽的位，原来的数值将被消除，而被零所代替。要对某个数的若干位进行屏蔽，可以选用一个适当的数与某个数进行"与"运算以达到屏蔽的目的。

［例4-13］ 将P2接口的低4位屏蔽，高4位不变，结果存在43H。

```
MOV    A，P2
ANL    A．#0F0H
MOV    43H，A
```

（3）置位操作将某一存储单元若干位置位，其他位保持不变，被置位的位，原来的数值将被1所代替。要对某个数的若干位进行屏蔽，可以选用一个适当的数与某个数进行"或"运算以达到屏蔽的目的。

［例4-14］ 将P2接口的低4位置位，高4位不变，结果存43H。

```
MOV    A，P2
ORL    A．#0FH
MOV    43H，A
```

（4）求反操作，任何数对1进行异或运算，其结果1将变为0，而0将变为1，利用这个特性可以对某一存储单元的内容求反。

［例4-15］ 将P2接口的高4位求反，同时保持低4位不变，结果存43H单元。

```
MOV    A，P2
XRL    A，#0F0H
MOV    43H，A
```

（5）MCS-51还专门提供了清零指令"CLR A"和求反指令"CPL A"，但这两条指令只对累加器A进行操作，要求被清零或求反的数据必须放在累加器A中，才能使用。

2. 移位操作指令

MCS-51指令系统的移位指令有5条，其中包括一条A半字节交换指令。在使用移位指令时，要求被移位的数据必须放在累加器A中。移位指令有时还可以实现乘2和除2运算。

移位操作示意如图 4-8 所示。

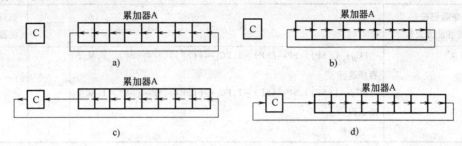

图 4-8　移位指令操作功能的示意图

a) RL A 指令　b) RR A 指令　c) RLC A 指令　d) RRC A 指令

4.3.4　控制转移类指令

程序通常是按顺序执行的，也就是 CPU 每读取一个字节的机器码，程序计数器 PC 便自动加 1，然后自动判别是否需要读取下一个机器码，直至取出一条完整指令为止。每次取出一条指令并执行完毕，就会按顺序执行下一条指令。PC 内容总是不断地给出下一条指令的地址。如果遇到转移指令，情况就不同了；转移指令将直接跳转到按指令所标明的转移地址去取指，然后执行该地址的指令，而不是按序执行。正因为这样，使得计算机的程序可以根据需要转移到不同的程序段，去执行不同的操作，好像计算机具有智能一样。这也是之所以转移指令在程序中重要的原因。MCS-51 的转移指令分为三大类，见表 4-6。

表 4-6　控制程序转移指令

指令助记符 （包括寻址方式）	说　　明	字节数	执行周期数 （机器周期数）
AJMP addr$_{11}$	PC$_{10}$ ~ PC$_0$←addr$_{11}$	2	2
LJMP adder$_{16}$	PC←addr$_{16}$	3	2
SJMP rel	PC←(PC) + rel	2	2
JMP @ A + DPTR	PC←(A) + (DPTR)	1	2
JZ rel	PC←(PC) + 2,若(A) = 0,则 PC←(PC) + rel	2	2
JNZ rel	PC←(PC) + 2,若(A)≠0,则 PC←(PC) + rel	2	2
CJNE A,direct,rel	PC←(PC) + 3,若(A)≠(direct),则 PC←(PC) + rel	3	2
CJNE A,#data,rel	PC←(PC) + 3,若(A)≠data,则 PC←(PC) + rel	3	2
CNJE Rn,#data,rel	PC←(PC) + 3,若(Rn)≠data,则 PC←(PC) + rel	3	2
CJNE @ Ri,#data,rel	PC←(PC) + 3,若(Ri)≠data,则 PC←(PC) + rel	3	2
DJNZ Rn,rel	PC←(PC) + 2,Rn←(Rn) - 1,若(Rn)≠0,则 PC←(PC) + rel	2	2
DJNZ direct,rel	PC←(PC) + 3,(direct)←(direct) - 1,若(direct)≠0,则 PC←(PC) + rel	3	3
ACALL addr$_{11}$	PC←(PC) + 2,SP←(SP) + 1,SP←(PC)$_L$,SP←(SP) + 1,SP←(PC)$_H$,PC$_{10}$ ~ PC$_0$←addr$_{11}$	2	2
LCALL addr$_{16}$	PC←(PC) + 3,SP←(SP) + 1,SP←(PC)$_L$,SP←(SP) + 1,SP←(PC)$_H$,PC←addr$_{16}$	3	2

（续）

指令助记符 （包括寻址方式）	说　明	字节数	执行周期数 （机器周期数）
RET	$PC_H \leftarrow ((SP)), SP \leftarrow (SP) - 1, PC_L \leftarrow ((SP)), SP \leftarrow (SP) - 1$, 从子程序返回	1	2
RETI	$PC_H \leftarrow ((SP)), SP \leftarrow (SP) - 1, PC_L \leftarrow ((SP)), SP \leftarrow (SP) - 1$, 从中断返回	1	2
NOP	空操作	1	1

注：如果第一操作数小于第二操作数，则 C_Y 置位，否则 C_Y 清 0。

1. 无条件转移指令

无条件转移指令共四条。

（1）长跳转指令

长跳转指令的目标地址是 16 位的直接地址，可以在 64KB 范围内跳转，所以称为长跳转。由于长跳转指令中的目标地址值一目了然，比较直观，便于阅读和书写。例如，"LJMP 2000H" 就表示程序要转移到 2000H 单元去。它的不足之处是，指令机器码需占用 3 字节空间，而且在修改程序时，插上或删除一条指令，都会造成插、删位置后面的指令地址向前或向后挪动，使得所有长跳转指令的目标地址要跟着做相应的修改。为此，编写有转移指令的程序时，尽量采用符号地址，不用具体数字。例如，使用 "LJMP NEXT"，这样尽管 NEXT 所代表的地址数值改变了，但只要符号本身不改变也就不需修改相应指令中的地址了。

（2）短跳转指令

短跳转指令是一条 2 字节的指令，所以占用空间较少。它的助记符也可以直接标以目标地址。例如，可写成 "AJMP LOOP" 其中 LOOP 就代表目标地址；也可写成 "AJMP 2300H"，2300H 则为所转移地址的具体数值。它所以称为短跳转，是因为其跳转的范围只有 2KB，不如长跳转指令转移范围为 64KB 那样大。

要把短跳转指令汇编成机器码的形式，指令操作数须根据目标地址的低 11 位填写。执行指令时，因为目标地址的高 5 位与指令本身当前所在地址的高 5 位相同。可以直接取自指令本身的当前地址中的高 5 位，只有另外的低 11 位从指令码中求取。如果拟跳转的目标地址的高 5 位与当前指令地址的高 5 位不同。就不能使用短跳转指令。

短跳转指令共两个字节，它的操作码为 00001，放在高字节的低 5 位，若将 16 位的目标地址的每个位用符号 a0 ~ a15 表示，指令中只能填写 11 位，即 a0 ~ a10，填写的位置为：

$$a10 \; a9 \; a8 \; \underline{0 \; 0 \; 0 \; 0 \; 1} \; a7 \; a6 \; a5 \; a4 \; a3 \; a2 \; a1 \; a0$$
$$\text{操 作 码}$$

其中，"0 0 0 0 1" 就是操作码。

[例 4-16]　用一条短跳转指令，使程序能从地址 2780H 跳转到 2300H，写出这条指令的助记符与机器码。

由于 2780H = 00100111 10000000，2300H = 0010001100000000 它们的高 5 位都是 00100，因此可以使用短跳转指令，即

指令助记符　　　AJMP 2300H

指令机器码　　　01100001 00000000 或写成 6100H

上述机器码从高位开始的"011"分别是目标地址的 a10、a9、a8，之后的"00001"是短跳转指令的操作码，后 8 位分别为目标地址的"a7 a6 a5 a4 a3 a2 a1 a0"。可见短跳转指令的机器码中，只有目标地址的低 11 位，跳转范围为 2KB。

（3）相对跳转指令

相对跳转指令也是一条 2 字节的指令，与长跳转指令相比，因为机器码短，所以占用程序空间少，而且它的目标地址是以相对偏移量表示。遇到修改程序时，只要目标地址与当前地址的相对位置不变，偏移量也不用改变。这样可以减少修改的工作量。但相对跳转指令的转移范围比短跳转指令还小，不能超过 1 个字节带符号补码所表示数值，即从 -128 ~ +127，如果目标地址离当前地址的范围超过这个值，显然就不能使用。例如要转移的目标地址为 1400H，当前地址为 1500H，目标与当前的距离超过规定范围，不能使用相对跳转指令，而应该改用"LJMP 1400H"或者"AJMP 1400H"。

相对跳转指令要写成机器码，则第一字节固定为操作码即 80H，第二字节为操作数 rel，rel 称为偏移量。由于执行本条指令时，程序计数器值已指向下一条指令的地址，所以偏移量补码的计算公式可简化为

$$rel = （目标地址）_{低8位} - （下一条指令地址）_{低8位}$$

或者写成

$$（目标地址）_{低8位} + rel = （下一条指令地址）_{低8位}$$

如果程序从当前地址往后跳，即目标地址大于当前地址，则 rel 为正。相反，若程序从当前地址往前跳，即目标地址小于当前地址，则 rel 为负。为此，规定相对跳转指令的偏移量 rel 必须用带符号二进制数，以区别正负，并用补码形式表示。由于往前跳转还是往后跳转体现在 rel 的正、负的符号中，CPU 求目标地址的时候，一律采用加法运算，即下一条指令地址等于目标地址加偏移量 rel。

[例 4-17] 设相对跳转指令的下一条指令地址为 1252H，欲转移的目标地址为 1270H，试求出相对跳转指令的偏移量 rel 和指令的机器码。

从 2352H 转移到 2370H，其偏移量没有超过 +127，可以使用相对跳转指令

$$rel = 1270H - 1252H = 1EH$$

相对跳转指令的机器码为 80 1E。

实际上要把汇编语言编写的程序转换为机器码，总是利用汇编软件自动生成，不需要进行人工计算。因此对编写者来讲，最重要的是如何在指令中标明目标地址，而不是偏移量。偏移量是由机器汇编时自动生成的，也就是说编写者在写相对跳转指令的助记符时必须使用目标地址，或使用地址标号，不能使用偏移量 rel。例如，从 SJMP 指令的下一条地址 3110H 转移到 311BH，且设 311BH 的标号为 HERE，助记符可以写成"SJMP 311BH"，也可以写成"SJMP HERE"。虽然可算出 rel = 0BH，但不要写成 SJMP 0BH，如果写成 SJMP 0BH，汇编程序会误认为目标地址是 0008H，虽然指令表上相对跳转指令标明为"SJMP rel"，但机器汇编用的助记符不能标 rel。

（4）散转指令

散转指令 JMP 的功能是把累加器 A 中的 8 位无符号数，与数据指针 DPTR 中的 16 位数中的低 8 位数相加，其结果送入 PC 寄存器，作为下一条要执行的指令地址。执行 JMP 指令后 A 和 DPTR 内容不变。散转指令可以根据累加器 A 的值，使程序转移到不同的地址。

2. 条件转移指令

条件转移指令附有规定的转移条件，只有在规定条件满足时，才允许程序转移到目标地址，如果条件不满足，仍然要按顺序执行下一条指令。根据所规定的条件不同可分为

（1）零条件转移指令

所谓零条件，在 MCS-51 指令系统中，是规定累加器 A 的内容是零还是非零，从而决定是否转移，如果被判别对象不是 A 则不能使用。

零条件转移也属于相对转移指令，它的偏移量 rel 计算以及助记符书写方法与无条件相对转移指令相同。

（2）比较转移指令

比较转移指令是通过对两个指定的操作数进行比较，看其是否相等。若相等则不转移，并顺序执行下一条指令；若不相等，则按相对偏移量 rel 实现转移，并根据不相等是大于或小于两种状态，改变 CY 值，为下一步继续判断准备条件。即

第 1 比较量 = 第 2 比较量，程序顺序执行。

第 1 比较量 > 第 2 比较量，$0 \rightarrow CY$ 并跳转到目标地址。

第 1 比较量 < 第 2 比较量，$1 \rightarrow CY$ 并跳转到目标地址。

例如，要求将 A 的内容与 50H 单元的内容进行比较，并按比较后可能产生的 3 种状态，分别进行处理，其程序为

```
        CJNE   A，50H，NOEQ
EQ：     LIMP …        ；A ＝ （50H）的处理程序
        ⋮
NOEQ：   JC SMAL
LARG：   LIMP …        ；A > （50H）的处理程序
        ⋮
SMAL：   LIMP …        ；A < （50H）的处理程序
        ⋮
```

比较转移指令需要 3 个操作数，第 1 个和第 2 个为比较量，第 3 个为相对偏移量 rel。偏移量 rel 计算以及助记符书写方法与前述相同，在助记符中可以直接写上目标地址。例如，“CJNE A，#00H，3500H”，其中 3500H 即目标地址。

比较转移指令的机器码为 3 字节指令，第 1 字节为操作码，第 2 字节为操作数，指明第 2 比较量。第 3 字节也是操作数指明偏移量。

（3）减 1 非零跳转指令

减 1 非零跳转指令在执行时，先将第一操作数减 1，并保存结果；若减 1 结果不为零，则按指令提供的偏移量实现转移；若减 1 结果为零，则按顺序执行程序的下一条指令。

减 1 非零跳转指令也是一种相对跳转指令，指令机器码为 2 字节，最后一个字节表示偏移量。跟其他相对转移指令一样，机器码的偏移量必须用带符号数的补码表示，转移范围、助记符书写方法以及偏移量 rel 计算都与无条件相对转移指令相同。例如，“DJNZ R0，2100H”，表示如果 R0 减 1 后不为零，跳转的目标地址为 2100H。

3. 子程序调用与返回指令

通常编制程序时，会出现几个地方都需要使用同样的程序段。这时可将这个程序段从程

序中分离出来，形成子程序模块，每次使用时，可通过调用子程序的指令，运行这段程序。在 MCS-51 指令系统中调用子程序指令分为长调用和短调用两种。它的特点和长跳转及短跳转指令相似。

　　长调用指令 LCALL 在操作码后面跟的是子程序的 16 位首地址，所以使用时比较直观，但它的机器码需要占用 3 个字节。短调用指令 ACALL 的机器码只有 2 字节，但机器码只注明子程序首地址的低 11 位，而子程序首地址的高 5 位与当前地址高 5 位相同。因此，子程序的位置要处于调用指令地址 2KB 范围之内，不能超过当前地址 2KB 的范围。在编写助记符时，LCALL 和 ACALL 后面跟的操作数，都可以用目标地址。

　　执行长调用子程序指令时，先把 PC 值，即下一条指令地址压入堆栈。压入时，先压低 8 位再压高 8 位，而后将子程序首地址置入 PC，转向执行子程序。子程序执行结束时，必须有一条返回指令 RET。通过执行 RET 指令把堆栈内容弹回 PC，继续执行调用子程序指令的下一条指令。

　　执行短跳转调用子程序指令的过程与长调用相同。

4. 空操作指令

　　CPU 遇到空操作指令 NOP 时，不进行任何操作。既然如此，为什么有时要在程序中设置 NOP 指令呢。这是因为 NOP 指令虽然不做工作，但执行它却需要一个机器周期，（主振为 12MHz 时，一个机器周期为 $1\mu s$），所以可利用它作为空耗时间的延时指令。

4.3.5　位操作类指令

　　8051 系列单片机内部有个按位操作的布尔处理机，它的操作对象不是一个字节或者是一个字，而是一个位。因为有的控制是按位进行的，有了位操作指令，程序编写就更加方便了。在 MCS-51 指令系统中属于位操作的指令有 17 条（见表 4-7），其中 5 条属于控制转移类，其余 12 条用于传送或运算。

表 4-7　位操作及位条件转移类指令

指令助记符 （包括寻址方式）	说　　　明	字节数	执行周期数 （机器周期数）
CLR C	$C_Y \leftarrow 0$	1	1
CLR bit	bit←0	2	1
SETB C	$C_Y \leftarrow 1$	1	1
SETB bit	bit←1	2	1
CPL C	$C_Y \leftarrow \overline{C_Y}$	1	1
CPL bit	bit←$\overline{\text{bit}}$	2	1
ANL C, bit	$C_Y \leftarrow (C_Y) \wedge (\text{bit})$	2	2
ANL C, /bit	$C_Y \leftarrow (C_Y) \wedge \overline{(\text{bit})}$	2	2
ORL C, bit	$C_Y \leftarrow (C_Y) \vee (\text{bit})$	2	2
ORL C, /bit	$C_Y \leftarrow (C_Y) \vee \overline{(\text{bit})}$	2	2
MOV C, bit	$C_Y \leftarrow (\text{bit})$	2	1
MOV bit, C	bit←C_Y	2	2

（续）

指令助记符 （包括寻址方式）	说　明	字节数	执行周期数 （机器周期数）
JNC rel	PC←（PC）+2，若（C_Y）=0，则 PC←（PC）+ rel	2	2
JB bit, rel	PC←（PC）+3，若（bit）=1，则 PC←（PC）+ rel	3	2
JC rel	PC←（PC）+2，若（C_Y）=1，则 PC←（PC）+ rel	2	2
JNB bit, rel	PC←（PC）+3，若（bit）=0，则 PC←（PC）+ rel	3	2
JBC bit, rel	PC←（PC）+3，若（bit）=1，则（bit）←0，PC←（PC）+ rel	3	2

1. 对进位位 C 进行操作的指令

在 MCS-51 指令系统中，执行有些指令操作时要有进位位 C 参与，例如"ADDC，SUBB，RLC A，RRC A"等。因此，在使用这些指令前，要先对进位位 C 做一些必要的处理，例如使之清 0、置 1 或取反。有了"CLR C、SETB C、CPL C"等指令，要进行这些操作，就比较方便。

2. 对具有位地址的空间进行操作的指令

当单片机用于控制时，往往只需对某字节的一个位进行操作。当然，可以通过对该字节进行置数的办法，保持字节的其他位不变，改变其中一个位的值来实现。例如，需要将 P1 的 0 位（即 P1.0）置 1，而 P1 的原来值为 0F0H，可以使用"MOV P1，#0F1H"，去改变 P1.0 的数值。也可以使用只针对 P1.0 的位操作指令，而不要涉及别的位，即用指令"SETB P1.0"将 P1.0 置 1，这样不但指令占用字节较少，而且执行时间也比较快。

对具有位地址的空间进行操作的指令，有清 0、置 1、取反以及与进位位 C 进行各种逻辑运算指令。

3. 位控制转移指令

位控制转移指令都是条件转移指令，它们分别以进位位 CY 或位单元内容作为是否转移的条件。若条件满足，则按偏移量转移；若条件不满足，程序仍按顺序继续执行下一条指令。其中，位控制转移指令"JBC bit，rel"还有位单元清零功能，它以指定的位单元内容是否等于 1 为条件。若为 1 即条件满足，按偏移量转移并能同时将位单元内容清零。若不为 1 则条件不满足，继续顺序执行下一条指令。

位控制转移指令的偏移量计算方法，与前述相对转移指令的计算方法相同。

使用位操作指令还应注意以下两点。

（1）位操作指令只限于在具有位地址的单元使用，位寻址范围为 00H ~ 0FFH。其中，00H ~ 7FH 位于内部字节地址为 20H ~ 2FH 的 16 个存储单元，每个单元有 8 位，共 128 位。为了避免混淆，把内部存储单元的地址称为字节地址，一个字节地址内容有 8 位，每一位又都赋予一个位地址，分别为 00H ~ 7FH。而位地址 7FH ~ 0FFH，则专指特殊功能寄存器中的可位寻址的单元。我们知道，特殊功能寄存器是分布在字节地址为 80H ~ 0FFH 空间内的部分单元，这个空间有的单元是没有定义的空单元，有定义的就是特殊功能寄存器。这些特殊功能寄存器并非都能位寻址，只有能为 8 整除的单元才是位寻址单元，为 8 整除的单元共 16 个 128 位，位地址定为 80H ~ 0FFH。

（2）由于 00H ~ 0FFH 既可以指字节地址又可以指位地址，CPU 只能根据它出现的场合进行判别。凡在位操作指令中，就认定为位地址，而在其他操作指令中，就认定为字节地址，因此，使用者自己要加以注意。

[例 4-18]　将内部 RAM 中地址为 10H 的单元清零。

正确程序应为

```
MOV     A, 10H
CLR     A
MOV     10H. A
```

若写为 CLR 10H，则被清零的将是 22H 的最低位，因为字节地址没有清零指令，在这个指令中 10H 只能被认定为位地址。

习　题

1. 程序状态字（PSW）中有哪几个状态位？哪几个控制位？

2. 分别指出下列指令中的目的操作数的寻址方式：

(1) MOV　　A, #64H

(2) MOV　　A, R3

(3) MOV　　A, 60H

(4) MOV　　A, @R1

(5) MOVX　A, @DPTR

(6) MOVC　A, @A + PC

3. 试述指令"MOV A, #50H"与"MOV A, 50H"的区别。

4. 若堆栈指针的初值为 60H，DPTR = 2000H。试问：

(1) 在执行"PUSH DPH"和"PUSH DPL"后，SP 值为什么？

(2) 在执行"POP ACC"又"POP ACC"后，ACC 的值是什么？

5. 设存储单元的内容为（20H）= 25H，（25H）= 10H，（P1）= 0F0H，执行下列指令后 (A) = ? (30H) = ? (R1) = ? (R0) = ? (B) = ? (P3) = ?

```
MOV     R1, #20H
MOV     30H, @R1
MOV     R0, 30H
MOV     B, @R0
MOV     A, P1
MOV     P3, A
```

6. 写出完成下列要求的指令。

(1) 将地址为 4000H 的外部数据存储单元内容送入地址为 30H 的内部数据存储单元中。

(2) 将地址为 4000H 的外部数据存储单元内容送入地址为 3000H 的外部数据存储单元中。

(3) 将地址为 0800H 的程序存储单元内容送入地址为 30H 的内部数据存储单元中。

(4) 将内部数据存储器中地址为 30H 与 40H 的单元内容交换。

(5) 将内部数据存储器中地址为 30H 单元的低 4 位与高 4 位交换。

7. 将30H、31H单元中的十进位数与38H、39H单元中的十进数作十进制加法，其和送入40H、41H单元中。

8. 将外部数据存储器的2600H单元与2610H单元中的数据作如下运算，和送入2620H单元中。

（1）作十六进制加法　　　（2）作十进制加法

9. 已知：（30H）＝55H，（31H）＝0AAH，分别写出完成下列要求的指令，并写出32H单元的内容。

（1）（30H）∧（31H）→（32H）

（2）（30H）∨（31H）→（32H）

（3）（30H）⊕（31H）→（32H）

10. 什么指令可以改变程序计数器PC的值？

11. 当8051没有外扩RAM时，什么指令将永远不会用到？为什么？

12. MCS-51指令系统中没有不带借位标志的减法指令，那么如何实现不带借位的减法呢？

第5章 汇编语言程序设计

学习了一种计算机的指令系统以后，便可开始尝试编写或练习剖析别人已编好的汇编语言程序。编程技巧应通过实践积累经验，并不断提高。在接触比较完整的程序以前，读者还须先知道汇编语言源程序的书写格式和伪指令。

5.1 汇编语言源程序的格式

汇编语言源程序是由一条条语句组成的，语句有一定的书写格式。一般自左到右按序至少包括下列四项内容：

标号：操作码　操作数；注释

标号在本书第4章已多处用到。它用来作为一条指令或一段程序的标记，实际又是这条指令或这段程序的符号地址。标记通常由 1~6 个字符组成，第一个字符必须是英文字母，之后的可以是英文字母或数字。它与指令的操作码之间必须用冒号分开。

没有必要每条指令都采用标号。为了便于编程、阅读或识别，在一段程序的入口处（起始位置）要给以标号，在作为转移指令转移目标地址的指令前面也应该给以标号。

操作码和操作数是语句的主体，这两项书写内容合在一起便是指令自身。

操作码用指令的英文缩写表示，这样便于辨识指令的功能，也便于记忆，称为助记符。

操作数是参与该指令操作的操作数或操作数所在的地点（寻址方式），有时，用一个表达式来表示一个操作数，例如 #TAB + 1。

在操作码与操作数之间应留有空格。

少数指令没有操作数（例如 NOP、RET、RETI），或只有 1 个操作数（如 A 操作指令、位取反、位清零、位置 1 指令、进栈出栈指令、调子指令、无条件转移指令、根据 A 内容或 C 内容判跳的条件转移指令、加 1 指令、减 1 指令等），或有 3 个操作数（CJNE 指令），但多数指令都是两个操作数。具有两个或两个以上操作数的，在操作数之间一定要用逗号分开。

操作数字段的内容是复杂多样的，它可能包括下列几项。

（1）工作寄存器名

由 PSW.3 和 PSW.4（RS0 和 RS1）规定的当前工作寄存器区中的 R0 ~ R7 都可以出现在操作数字段中，如

MOV R0, A

（2）特殊功能寄存器名

8051 中的 21 个特殊功能寄存器的名字都可以作为操作数使用，如

MOV　PSW, #18H
MOV　A, B

（3）标号名

可以在操作数字段中引用的标号名如下：

① 赋值标号，由汇编命令 EQU 等赋值的标号可以作为操作数；

② 指令标号，指令标号虽未给赋值，但这条指令的第一字节地址就是这个标号的值，在以后指令操作数字段中可以引用，如

$$CALCU：MOV\ A，\#0FH$$
$$\vdots$$
$$MOV\ DPTR，\#CALCU$$

（4）常数

为了方便用户，汇编语言指令允许以各种数制表示常数，亦即常数可以写成二进制、十进制或十六进制等形式。常数总是要以一个数字开头（若十六进制的第一个数为 A ~ F 字符的，前面要加零），而数字后要直接跟一个表明数制的字母（"B"表示二进制，"H"表示十六进制）。

（5）$

操作数字段中还可以使用一个专门符号"$"用来表示程序计数器的当前值。这个符号最常出现在转移指令中，如"JNB TF0，$"表示若 TF0 为零仍执行该指令，否则往下执行（它等效于"HERE：JNB TF0，HERE"）。

（6）表达式

汇编程序允许把表达式作为操作数使用。在汇编时，计算出表达式的值，并把该值填入目标码中，如

$$MOV\quad A，SUM+1$$

（7）注释

本章前面举例时已多处用到。必要的注释有助于程序的理解、阅读和交流。

在指令与注释之间一定要用分号隔开。汇编程序机译时见到分号将不再理会后面的内容而换行，即汇编程序对注释段将不作任何处理。要注意，分号必须是英文输入状态下输入的分号，不可在中文输入状态下输入。

除了上述项内容外，有的汇编语言程序在标号前面往往还有两项内容，自左到右依次为地址单元与机器码。

地址单元，用来指明每条指令在程序存贮器中的存放地址。遇到多字节指令时，写出的应是指令的首址。

机器码，即本行指令译出的机器码。有了机器码，便可方便地将程序键入计算机执行、送入开发装置调试或写入 EPROM。

遇到多字节指令时，在机器码的每两个字节间应留有空隙，这样比较清晰，也便于辨读。

5.2 伪指令

本书第 4 章介绍的 MCS-51 指令系统中的每一条指令都是用意义明确的助记符来表示的。这是因为现代计算机一般都配备汇编语言，每一条语句就是一条指令，命令 CPU 执行一定的操作，完成规定的功能。但是由汇编语言编写的源程序，计算机不能直接执行，这是

因为计算机只能识别机器指令（二进制编码）。因此，必须把汇编语言源程序通过汇编程序翻译成机器语言程序（称为目标程序），计算机才能执行，这个翻译过程称为汇编。汇编程序对用汇编语言写的源程序进行汇编时，还要提供一些汇编用的指令，例如要指定程序或数据存放的起始地址；要给一些连续存放的数据确定单元等。但是，这些指令在汇编时并不产生目标代码，不影响程序执行，所以称为伪指令。常用的伪指令有下列几种。

1. ORG——汇编起始命令

格式：ORG 16 位地址

其功能是规定该伪指令后面程序的汇编地址，即汇编后生成目标程序存放的起始地址，如

$$ORG \quad 4000H$$
$$START: \quad MOV \quad A, \#25H$$

其中，既规定了标号 START 的地址是 4000H，又规定了汇编后的第一条指令码从 4000H 开始存放。

ORG 可以多次出现在程序的任何地方，当它出现时，下一条指令的地址就由此重新定位。

2. END——汇编结束命令

END 命令通知汇编程序结束汇编。在 END 之后所有的汇编语言指令均不予以处理。

3. EQU——赋值命令

格式：字符名称 EQU 项（数或汇编符号）

EQU 命令是把"项"赋给"字符名称"。注意，这里的字符名称不等于标号（其后没有冒号）。其中的项可以是数，也可以是汇编符号。用 EQU 赋过值的符号名可以用作数据地址、代码地址、位地址或是一个立即数。因此，它可以是 8 位的，也可以是 16 位的。例如：

$$ABC \quad EQU \quad R0$$
$$MOV \quad A, ABC$$

这里 ABC 就代表了工作寄存器 R0，又如

$$A40 \quad EQU \quad 40H$$
$$DELAY \quad EQU \quad 07EBH$$
$$MOV \quad A, A40$$
$$LCALL \quad DELAY$$

这里 A10 当作内部 RAM 的一个直接地址，而 DELY 定义了一个 16 位地址，实际上它是一个子程序入口。

4. DATA——数据地址赋值命令

格式：字符名称 DATA 表达式

DATA 命令功能与 EQU 类似，但有以下差别。

1）EQU 定义的字符名必须先定义后使用，而 DATA 定义的字符名可以后定义先使用。

2）用 EQU 伪指令可以把一个汇编符号赋给一个名字，而 DATA 只能把数据赋给字符名。

3）DATA 语句中可以把一个表达式的值赋给字符名，其中的表达式应是可求值的。

DATA 伪指令常在程序中用来定义数据地址。

5. DB——定义字节命令

格式：DB 项或项表

项或项表可以是一个字节，用逗号隔开的字节串或括在单引号（''）中的 ASCII 字符串。它通知汇编程序从当前 ROM 地址开始，保留一个字节或字节串的存储单元，并存入 DB 后面的数据，如

$$ORG \quad 3000H$$
$$DB \quad 0E1H$$
$$LIST: \quad DB \quad 22H, 30H$$
$$STR: \quad DB \ 'ABC'$$

经汇编后，有

$$(3000H) = E1H$$
$$(3001H) = 22H$$
$$(3002H) = 30H$$
$$(3003H) = 41H$$
$$(3004H) = 42H$$
$$(3005H) = 43H$$

其中，41H、42H、43H 分别为 A、B、C 的 ASCII 编码值。

6. DW——定义字命令

格式：DW 16 位数据项或项表

该命令把 DW 后的 16 位数据项或项表从当前地址连续存放。每项数值为 16 位二进制数，低 8 位先存放，高 8 位后存放，即低字节放在低地址，高字节放在高地址，如

$$ORG \quad 1500H$$
$$TABLE: \quad DW \quad 7234H, 8AH, 10H$$

汇编后，有

$$(1500H) = 34H \qquad (1501H) = 72H$$
$$(1502H) = 8AH \qquad (1503H) = 00H$$
$$(1504H) = 10H \qquad (1505H) = 00H$$

7. DS——定义存储空间指令

格式：DS 表达式

在汇编时，从指定地址开始保留 DS 之后表达式的值所规定的存储单元以备后用，如

$$ORG \quad 1000H$$
$$DS \quad 08H$$
$$DB \ 30H, 8AH$$

汇编后，从 1000H 保留 8 个单元，然后从 1008H 开始按 DB 命令给内存赋值，即

$$(1008H) = 30H$$
$$(1009H) = 8AH$$

要注意的是，以上的 DB、DW、DS 伪指令都只对程序存储器起作用，它们不能对数据存储器进行初始化。

8. BIT——位地址符号命令

格式：字符名　BIT　位地址

其中，字符名不是标号，其后没有冒号，但它是必需的。其功能是把 BIT 之后的位地址值赋给字符名，例如

$$A1\quad BIT\quad P1.0$$
$$A2\quad BIT\quad 02H$$

这样，P1 接口第 0 位的位地址 90H 就赋给了 A1，而 A2 位地址则为 02H。

5.3　汇编语言程序的基本结构

汇编语言程序具有 4 种结构形式，即顺序结构、分支结构、循环结构和子程序结构。

5.3.1　顺序结构

顺序结构是最简单的程序结构，也称直线结构。这种结构中既无分支、循环，也不调用子程序，语句按顺序一条一条地执行指令。

[例 5-1]　　已知 16 位二进制数存放在 R1、R0 中，试求其补码，并将结果存放在 R3、R2 中。

程序如下：

```
MOV    A, R0        ;读低8位
CPL    A            ;取反
ADD    A, #1        ;加1
MOV    R2, A        ;存低8位
MOV    A, R1        ;读高8位
CPL    A            ;取反
ADDC   A, #0        ;加进位
MOV    20H, R1      ;高8位送入位寻址区
MOV    C, 07H       ;符号位送入C
MOV    ACC.7, C     ;恢复符号
MOV    R3, A        ;存高8位
SJMP   $            ;等待新的指令
```

5.3.2　分支结构

程序分支是通过条件转移指令实现的，即根据条件对程序的执行进行判断，满足条件则进行程序转移，不满足条件就顺序执行程序。

在 8051 指令系统中，通过条件判断实现单分支程序转移的指令有 JZ、JNZ、CJNE 和 DJNZ 等。此外，还有以位状态作为条件进行程序分支的指令，如 JC、.JNC、JB、JNB 和 JBC 等。使用这些指令，可以将 0 和 1、正和负以及相等和不相等作为条件判断依据进行程序转移。

分支结构又分为单分支结构和多分支结构。

[例 5-2]　　求单字节有符号数的二进制补码。

正数补码是其本身，负数补码是其反码加1。因此，程序应首先判断被转换数的符号，负数进行转换，正数本身即为补码。

设二进制数放在累加器 A 中，其补码放回到 A 中，程序框图如图5-1 所示。参考程序如下：

```
CMPT:    JNB    Acc.7, RETURN    ;（A）＞0，不需转换
         MOV    C, Acc.7         ;符号位保存
         CPL    A                ;（A）求反，加1
         ADD    A, #1
         MOV    Acc.7, C         ;符号位存在 A 的最高位
RETURN:  RET
```

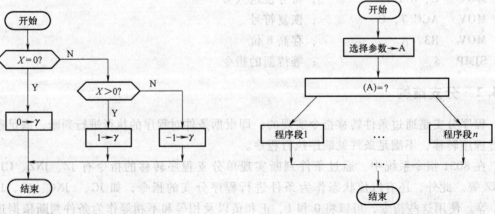

图 5-1　求单字节有符号二进制数补码的框图

［例5-3］　求符号函数的值。符号函数定义如下：

$$Y = \begin{cases} 1 & X > 0 \\ 0 & X = 0 \\ -1 & X < 0 \end{cases}$$

X 存放在 40H 单元，Y 存放在 41H 单元，程序框图如图5-2 所示。

参考程序如下：

```
SIGNFUC:  MOV    A, 40H
          CJNE   A, #00H, NZEAR
          AJMP   NEGT
NZEAR:    JB     Acc.7, POSI
          MOV    A, #01H
          AJMP   NEGT
POSI:     MOV    A, #81H
NEGT:     MOV    41H, A
          END
```

图 5-2　多分支选择结构 1

图 5-3　多分支选择结构 2

在实际应用中，经常遇到图5-3 所示结构形式的分支转移程序设计，即在不少应用场合，需根据某一单元的内容是 0，1，…，n 分别转向处理程序 0，处理程序 1，…，处理程

序 n。一个典型的例子就是当单片机系统中的键盘按下时，就会得到一个键值，根据不同的键值，跳向不同的键处理程序入口。此时，可用直接转移指令（LJMP 或 AJMP 指令）组成一个转移表，然后把该单元的内容读入累加器 A，转移表首地址放入 DPTR 中，再利用间接转移指令实现分支转移。

[**例 5-4**] 根据寄存器 R2 的内容，转向各个处理程序 PRGX（$X = 0 - n$）。

$$（R2）= 0，转 PRG0$$
$$（R2）= 1，转 PRG1$$
$$\vdots$$
$$（R2）= n，转 PRGn$$

参考程序如下：

```
JMP6:   MOV     DPTR，#TAB5        ; 转移表首地址送 DPTR
        MOV     A，R2             ; 分支转移参量送 A
        MOV     B，#03H           ; 乘数 3 送 B
        MUL     AB               ; 分支转移参量乘 3
        MOV     R6，A             ; 乘积的低 8 位暂存 R6 中
        MOV     A，B              ; 乘积的高 8 位送 A
        ADD     A，DPH            ; 乘积的高 8 位加到 DPH 中
        MOV     DPH，A
        MOV     A，R6
        JMP     @A+DPTR          ; 多分支转移选择
        ⋮
TAB5:   LJMP    PRG0             ; 多分支转移表
        LJMP    PRG1
        ⋮
        LJMP    PRGn
```

5.3.3 循环结构

循环结构是最常用的程序组织方式。在程序运行时，有时需要连续重复执行某段程序，这时可以使用循环结构。这种设计方法可大大地简化程序。

循环程序的结构一般包括下面几个部分。

1. 循环程序的结构

（1）置循环初值

对于循环过程中使用的工作单元，在循环开始时应置初值。例如，工作寄存器设置计数初值，累加器 A 清 0，以及设置地址指针、长度等。这是循环程序中的一个重要部分，不注意就很容易出错。

（2）循环体（循环工作部分）

重复执行的程序段部分，分为循环工作部分和循环控制部分。

循环控制部分每循环一次，检查结束条件。当满足条件时，就停止循环，往下继续执行其他程序。

（3）修改控制变量

在循环程序中，必须给出循环结束条件。常见的是计数循环，当循环了一定的次数后，就停止循环。在单片机中，一般用一个工作寄存器 Rn 作为计数器，对该计数器赋初值作为循环次数。每循环一次，计数器的值减 1，即修改循环控制变量。当计数器的值减为 0 时，就停止循环。

（4）循环控制部分

根据循环结束条件判断是否结束循环。8051 可采用 DJNZ 指令来自动修改控制变量并能结束循环。

上述 4 个部分有两种组织方式，如图 5-4a 和 b 所示。

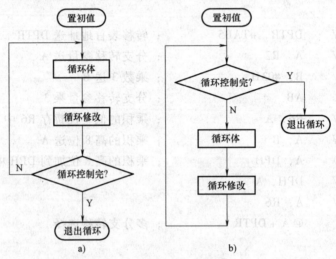

图 5-4　循环组织方式流程图

a）循环结构的组织方式之一　　b）循环结构的组织方式之二

2. 循环结构的控制

（1）计数循环控制结构

计数循环控制结构是依据计数器的值来决定循环次数的，一般为减"1"计数器。当计数器减到"0"时，结束循环。计数器的初值是在初始化时设定的。

MCS-51 指令系统提供了功能极强的循环控制指令：

DJNZ　Rn, rel　　　　　　　　　；以工作寄存器作控制计数器

DJNZ　direct, rel　　　　　　　；以直接寻址单元作控制计数器

例如，计算 n 个数据的和，计算公式为

$$y = \sum_{i=1}^{n} x_i$$

如果直接按这个公式编写程序，则 n = 100 时，需编写连续的 100 次加法。这样程序将太长，并且 n 可变时，将无法编写出顺序程序。可见，这个公式要改写为易于实现的形式，如下：

$$\begin{cases} y_i = 0 & ；i = 1 \\ y_{i+1} = y_i + x & ；i \leq n \end{cases}$$

当 $i=n$ 时，y_{n+1} 即为所求的 n 个数据之和 y。在用计算机程序来实现时，y_i 是一个变量，这可用下式表示

$$\begin{cases} 0 \rightarrow y, 1 \rightarrow i \\ y + x_i \rightarrow y_i, i+1 \rightarrow i \quad ; i \leqslant n \end{cases}$$

按这个公式，可以很容易地画出相应的程序框图，如图 5-5 所示。从这个框图中，也可以看出循环程序的基本结构。

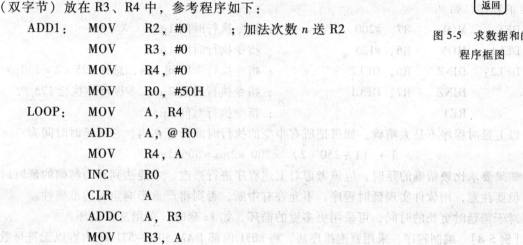

图 5-5　求数据和的
程序框图

[例 5-5]　如果 x_i 均为单字节数，并按 i 顺序存放在 AT89C51 单片机内部 RAM 从 50H 开始的单元中，n 放在 R2 中，现将要求的和（双字节）放在 R3、R4 中，参考程序如下：

```
ADD1：    MOV     R2, #0       ; 加法次数 n 送 R2
          MOV     R3, #0
          MOV     R4, #0
          MOV     R0, #50H
LOOP：    MOV     A, R4
          ADD     A, @R0
          MOV     R4, A
          INC     R0
          CLR     A
          ADDC    A, R3
          MOV     R3, A
          DJNZ    R2, LOOP     ; 判断加法循环次数是否已到？
          END
```

在这里，用寄存器 R2 作为计数控制变量，R0 作为变址单元，用它来寻址 x_i。一般来说，循环工作部分中的数据应该用间接方式来寻址，如

```
                  ADD   A, @R0
```

计数控制方法只有在循环次数已知的情况下才适用。对循环次数未知的问题，不能用循环次数来控制，往往需要根据某种条件来判断是否应该终止循环。

（2）条件控制结构

[例 5-6]　设有一串字符，依次存放在内部 RAM 从 30H 单元开始的连续单元中，该字符串以 0AH 为结束标志，编写测试字符串长度的程序。

本例采用逐个字符依次与"0AH"比较的方法。为此设置一个长度计数器和一个字符串指针。长度计数器用来累计字符串的长度，字符串指针用于指定字符。如果指定字符与"0AH"不相等，则长度计数器和字符串指针都加 1，以便继续往下比较。如果比较相等，则表示该字符为"0AH"，字符串结束，长度计数器的值就是字符串的长度。参考程序如下：

```
          MOV     R4, #0FFH      ; 长度计数器初值送 R4
          MOV     R1, #2FH       ; 字符串指针初值送 R1
NEXT：    INC     R4
          INC     R1
          CJNE    @R1, #0AH, NEXT ; 比较，不等则进行下一个字符比较
```

END

前面介绍的两个例子都是在一个循环程序中不再包含其他循环程序，则称该循环程序为单循环程序。如果一个循环程序中包含了其他循环程序，则称为多重循环程序，这也是经常遇到的。

最常见的多重循环是由 DJNZ 指令构成的软件延时程序，它是常用的程序之一。

[例 5-7]　50ms 延时程序。

软件延时程序与指令执行时间有很大的关系。在使用 12MHz 晶体振荡器时，一个机器周期为 1μs，执行一条 DJNZ 指令的时间为 2μs。这时，可用双重循环方法写出如下的延时 50ms 的程序，如

```
DEL:    MOV     R7, #200        ; 指令执行时间 1μs
DEL1:   MOV     R6, #125        ; 指令执行时间 1μs
DEL2:   DJNZ    R6, DEL2        ; 指令执行 1 时间 2μs, 总计 125×2＝250μs
        DJNZ    R7, DEL1        ; 指令执行时间 2μs, 本循环体执行 125 次
        RET                     ; 指令执行时间 2μs
```

以上延时程序不是太精确，如果把所有指令的执行时间计算在内，它的延时时间为

$$1＋（1＋250＋2）×200＋2ms＝50603ms$$

如果要求比较精确的延时，应该考虑对上述程序进行修改，才能达到较为精确的延时时间。但要注意，用软件实现延时程序，不允许有中断，否则将严重影响定时的准确性。

对于需延时更长的时间，可采用更多重的循环，如 1s 延时，可用三重循环。

[例 5-8]　编制程序，采用冒泡排序法，将 8031 内部 RAM 50H～57H 的内容以无符号数的形式从小到大进行排序，即程序运行后，50H 单元的内容为最小，57H 单元的内容为最大。

算法说明：

数据排序的方法有很多种，常用的算法有插入排序法、快速排序法、选择排序法等，本例以冒泡排序法为例。

冒泡排序法是一种相邻数互换的排序方法，由于其过程类似于水中的气泡上浮，故称为冒泡法。执行时从前向后进行相邻数的比较，若数据的大小次序与要求的顺序不符（也就是逆序），就将这两个数交换，否则为正序，不互换。如果是升序排列，则通过这种相邻数互换的排序方法使小的数向前移，大的数向后移。如此从前向后进行一次冒泡，就会把最大的数换到最后。再进行一次冒泡，会把次大的数排到倒数第 2 的位置上，如此下去，直到排序完成。

若原始数据的顺序为：50、38、7、13、59、44、78、22，第 1 次冒泡的过程如下：

50、38、7、13、59、44、78、22（逆序，互换）

38、50、7、13、59、44、78、22（逆序，互换）

38、7、50、13、59、44、78、22（逆序，互换）

38、7、13、50、59、44、78、22（正序，不互换）

38、7、13、50、59、44、78、22（逆序，互换）

38、7、13、50、44、59、78、22（正序，不互换）

38、7、13、50、44、59、78、22（逆序，互换）

38、7、13、50、44、59、22、78（第一次冒泡结束）

如此进行，各次冒泡的结果是

第 1 次冒泡：38、7、13、50、44、59、22、78

第 2 次冒泡：7、13、38、44、50、22、59、78

第 3 次冒泡：7、13、38、44、22、50、59、78

第 4 次冒泡：7、13、38、22、44、50、59、78

第 5 次冒泡：7、13、22、38、44、50、59、78

第 6 次冒泡：7、13、22、38、44、50、59、78

可以看出，冒泡排序到第 5 次已完成。针对上述冒泡排序过程，有两个问题需要说明：

①　由于每次冒泡都是从前向后排定一个大数（假定升序），因此每次冒泡所需进行的比较次数都递减 1。例如，如果有 n 个数排序，则第一次冒泡需比较 $(n-1)$ 次，第二次冒泡则需比较 $(n-2)$ 次，依次类推。但在实际编程时，有时为了简化程序，往往把各次的比较次数都固定为 $(n-1)$。

②　对于有 n 个数的排序，冒泡法应进行 $(n-1)$ 次冒泡才能完成排序，但在实际上并不需要这么多，本例中，当进行到第 5 次排序时就完成了。判断排序是否已完成的最简单方法是看各次冒泡中有无互换发生。如果有数据互换，说明排序还没完，否则表明已排序好。

其程序流程如图 5-6 所示。

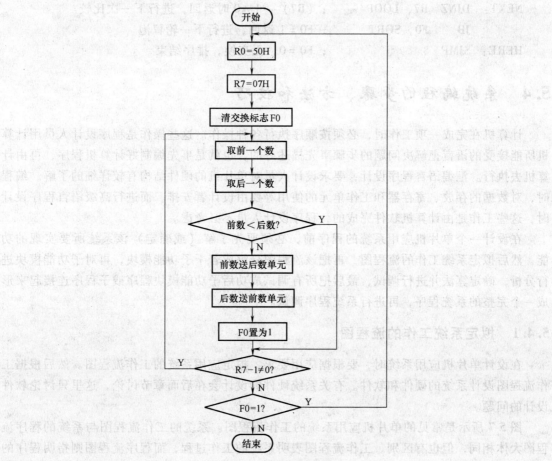

图 5-6　例 5-8 流程图

具体程序如下：

```
SORT:  MOV   R0,#50H          ;置数据存储区首单元地址
       MOV   R7,#07H          ;置每次冒泡比较次数
CLR    F0                     ;交换标志清 0
       LOOP:MOV   A,@R0       ;取前数
       MOV   2BH,A            ;存前数
       INC   R0               ;R0←（R0）+1
       MOV   2AH,@R0          ;取后数
       CLR   C                ;C1 清 0
       SUBB  A,@R0            ;前数减后数
       JC    NEXT             ;C=1 表明前数＜后数，不互换
       MOV   @R0,2BH          ;C=0 表示前数≥后数，前数存入后数位置（存储单元）
       DEC   R0               ;R0←（R0）-1
       MOV   @R0,2AH          ;后数存入前数位置（存储单元）
       INC   R0               ;恢复 R0 值，准备下一次比较
       SETB  F0               ;置交换标志
NEXT:  DJNZ  R7,LOOP          ;（R7）-1≠0 时返回，进行下一次比较
       JB    F0,SORT          ;F0=1 返回，进行下一轮冒泡
HERE:  SJMP  $                ;F0=0，无交换，排序结束
```

5.4 系统编程的步骤、方法和技巧

计算机在完成一项工作时，必须按顺序执行各种操作。这些操作是程序设计人员用计算机所能接受的语言把解决问题的步骤事先描述好的，也就是事先编制好计算机程序，再由计算机去执行。汇编语言程序设计，要求设计人员对单片机的硬件结构有较详细的了解。编程时，对数据的存放、寄存器和工作单元的使用等要由设计者安排。而进行高级语言程序设计时，这些工作是由计算机软件完成的，程序设计人员不必考虑。

在设计一个单片机应用系统的程序前，必须要先了解（或确定）该系统所要实现的功能，然后拟定系统工作的流程图，再把该流程图分解成若干子功能模块，再对子功能模块进行分析，确定算法并进行调试，最后把所有调试成功后子功能模块程序或子程序连接起来形成一个完整的系统程序，再进行系统程序调试。

5.4.1 拟定系统工作的流程图

在设计单片机应用系统时，要根据应用要求，拟定应用系统的工作流程图。然后根据工作流程图设计系统的硬件和软件。有关系统硬件的设计会在后面章节讨论，这里只讨论软件设计的问题。

图 5-7 所示是常见的单片机应用系统的工作流程图。系统的工作流程图与系统的程序流程图大体相同，但也有区别。工作流程图表明系统的工作过程，而程序流程图则指明程序的流向；工作流程图规定了程序流程图的形式与流向，而程序流程图则更具体地规划程序所完

成的工作与程序结构。

在确定工作流程图之后，可以设计系统程序流程图，或者直接把工作流程图作为系统程序流程图。

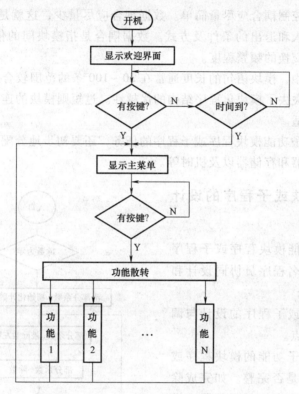

图 5-7 常见的单片机应用系统的工作流程图

5.4.2 子功能模块或子程序的分解与分析

实际的应用程序一般都要完成若干个功能，而这些功能中又经常需要完成多项任务，实现某个具体功能，如计算、发送、接收、延时、显示、打印等。把这些功能划作为子功能模块或子程序来设计和调试程序的方法，称为模块化的程序设计方法。采用模块化的程序设计方法有下述优点。

（1）单个模块结构的程序功能单一，易于编写、调试和修改。

（2）便于分工，从而可使多个程序员同时进行程序的编写和调试工作，加快软件研制进度。

（3）程序可读性好，便于功能扩充和版本升级。

（4）对程序的修改可局部进行，其他部分可以保持不变。

（5）对于使用频繁的子程序可以建立子程序库，便于多个模块调用。

在进行模块划分时，应首先弄清楚每个模块的功能，确定其数据结构以及与其他模块的关系。其次，是对主要任务进一步细化，把一些专用的子任务交由下一级（即第二级子模块）完成。这时也需要弄清楚它们之间的相互关系。按这种方法一直细分成易于理解和实现的小模块为止。

模块的划分有很大的灵活性，但也不能随意划分。划分模块时应考虑以下几个方面。

（1）每个模块应具有独立的功能，能产生一个明确的结果，这就是单模块的功能高内聚性。

（2）模块之间的控制耦合应尽量简单。数据耦合应尽量少，这就是模块间的低耦合性。控制耦合是指模块进入和退出的条件及方式。数据耦合是指模块间的信息交换（传递）方式、交换量的多少及交换的频繁程度。

（3）模块长度适中，模块语句的长度通常在 20 ~ 100 条的范围较合适。模块太长时，分析和调试比较困难，失去了模块化程序结构的优越性。过短则模块的连接太复杂，信息交换太频繁，因而也不合适。

（4）不仅要明确子功能模块程序或子程序的任务，还要初步地分配其占用的资源。资源应该包括堆栈、寄存器和存储器以及机时等。

5.4.3　子功能模块或子程序的设计与调试

划分合理的子功能模块程序或子程序可以方便调试、使多名程序员协同设计和提高系统的开发效率。

子功能模块程序或子程序的设计与调试时应该注意以下几点。

（1）要注意完成子功能的模块程序或子程序所赋予的任务是否完整。如完成除法运算，不能只考虑正常情况下的程序设计，还应考虑出现溢出和除"0"的情况，甚至四舍五入的情况。

（2）尽可能在所分配的资源内实现所赋予的任务，最后实际占用的资源、程序入口和出口都应有明确、详细的记载和说明。

（3）对程序应有尽可能详细的注释。

编写子程序时，也应该先设计好程序流程图。程序流程图是使用各种图形、符号、有向线段等来说明程序设计过程的一种直观的表示，常采用以下图形及符号。

椭圆形框（◯）或桶形框（▢）表示程序的开始或结束。

矩形框（▢）表示要进行的工作。

菱形框（◇）表示要判断的事情，菱形框内的表达式表示要判断的内容。

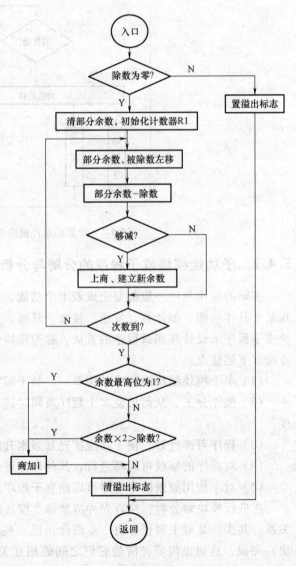

图 5-8　除法子程序流程图

圆圈（◯）表示连接点。

指向线（→）表示程序的流向。

一个除法的子程序流程图如图 5-8 所示。

5.4.4 系统程序的连接与调试

调试系统程序时应该一个一个地连接子功能模块程序或子程序调试。连接、调试好一个子功能模块程序或子程序后，再连接、调试好另一个子功能模块程序。切忌把所有的程序一次全部连接在一起一次进行调试。

5.5 实验

5.5.1 实验步骤与要求

实验电路如图 5-9 所示。

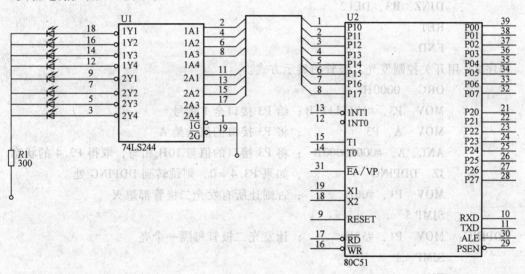

图 5-9 实验电路图

① 运行程序 1，观察 8 个发光二极管的亮灭状态。

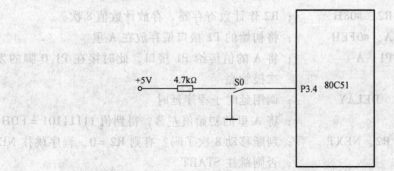

图 5-10 实验中的开关电路

② 在实验电路的基础上增加一个拨动开关，如图 5-10 所示。将拨动开关 S0 拨到接地位置，运行程序 2，观察发光二极管的亮灭状态。

③ 运行程序 3，观察 8 个发光二极管的亮灭状态。

程序 1：所有发光二极管不停地闪动。

```
        ORG    0000H
START:  MOV  P1，#00H      ；给 P1 接口送全 0 信号，所有发光二极管都熄灭
        ACALL  DELAY        ；调用延时子程序延时
        MOV  P1，#0FFH     ；给 P1 接口送全 1 信号，所有发光二极管全亮
        ACALL  DELAY        ；调用延时子程序延时
        AJMP  START         ；重复执行该程序段
DELAY:  MOV  R3，#7FH
DEL2:   MOV  R4，#0FFH
DEL1:   NOP
        DJNZ  R4，DEL1
        DJNZ  R3，DEL2
        RET
        END
```

程序 2：用开关控制发光二极管的显示方式。

```
        ORG    0000H
        MOV  P3，#11111111B  ；给 P3 接口全 1 信号
        MOV  A，P3          ；将 P3 接口的值送给 A
        ANL  A，#00010000B   ；将 P3 接口的值与 10H 相与，取得 P3.4 的状态
        JZ  DDPING           ；如果 P3.4 = 0，则跳转到 DDPING 处
        MOV  P1，#00H       ；否则让所有发光二极管都熄灭
        SJMP  $
DDPING: MOV  P1，#55H       ；让发光二极管每隔一个亮
        SJMP  $
        END
```

程序 3：使 8 个发光二极管顺序点亮。

```
        ORG    0000H
START:  MOV  R2，#08H       ；R2 作计数寄存器，存放计数值 8 次
        MOV  A，#0FEH       ；将初始的 P1 接口值存放在 A 里
NEXT:   MOV  P1，A          ；将 A 的值传给 P1 接口，此时接在 P1.0 脚的发光
                               二极管亮
        ACALL  DELAY         ；调用延时子程序延时
        RL  A                ；将 A 里的初始值左移，得到值 11111101 = FDH
        DJNZ  R2，NEXT       ；判断移动 8 次了吗？有则 R2 = 0，程序跳往 NEXT
                               ；否则跳往 START
        SJMP  START
```

```
DELAY:     MOV    R3, #0FFH
DEL2:      MOV    R4, #0FFH
DEL1:      NOP
           DJNZ   R4, DEL1
           DJNZ   R3, DEL2
           RET
           END
```

5.5.2　实验分析与总结

①　程序 1 的运行结果：8 个发光二极管同时闪动。程序 1 的执行过程是按照指令的排列顺序逐条执行，直到全部指令执行完毕为止，属于顺序程序结构。

②　程序 2 的运行结果：若开关 S0 接 +5V，则 8 个发光二极管全部处于点亮状态；若开关 S0 拨到接地状态，则 8 个发光二极管处于"亮灭亮灭亮灭亮灭"状态，属于分支程序结构。

③　程序 3 的运行结果：顺序点亮 8 个发光二极管。程序 3 的特点是点亮→延时→移位，这一程序段重复执行了 8 次，即循环程序结构。

④　在程序 1 和程序 3 中都使用了一段相同的延时子程序。

5.5.3　思考

在程序 1 和程序 3 中，如果去掉程序中的 ACALL DELAY 指令，程序运行结果是否有变化，为什么？如果想改变 8 个发光二极管的闪动或点亮速度，如何修改？

习　　题

1. 简述 MCS-51 单片机指令的基本格式。

2. 说明下列符号的意义，并指出它们之间的区别。

（1）R0 与 @ R0　　　　　　　　　　　（2）A←R1 与 A←（R1）

（3）DPTR 与 @ DPTR　　　　　　　　　（4）30H 与 #30H

3. 什么是寻址方式？80C51 单片机指令系统有几种寻址方式？试述各种寻址方式所能访问的存储空间。

4. 若 R0 = 11H，（11H）= 22H，（33H）= 44H，写出执行下列指令后的结果。

（1）MOV　A, R0　　　　　　　　　　（2）MOV　A, @ R0

（3）MOV　A, 33H　　　　　　　　　　（4）MOV　A, #33H

5. 若 A = 78H，R0 = 34H，（34H）= DCH，（56H）= ABH，求分别执行下列指令后 A 和 C_y 中的数据。

（1）ADD　A, R0　　　　　　　　　　（2）ADDC　A, @ R0

（3）ADD　A, 56H　　　　　　　　　　（4）ADD　A, #56H

6. 被减数保存在 31H30H 中（高位在前），减数保存在 33H32H 中，试编写其减法程序，差值存入 31H30H 单元，借位存入 32H 单元。

7. 若 A = B7H = 10110111B，R0 = 5EH = 0101110B，（5EH）= D9H = 11011001B，（D6H）= ABH = 10101011B，分别写出执行下列各条指令的结果。

(1) ANL A，R0   (2) ANL A，@R0

(3) ANL A，#D6H   (4) ANL A，D6H

(5) ANL D6H，A   (6) ANL D6H，#D6H

8. 若 A = 01111001B，C_y = 0，分别写出执行下列各条指令后的结果。

(1) RL A   (2) RCL A

(3) RR A   (4) RRC A

9. 编写程序，将位存储单元 33H 与 44H 中的内容互换。

10. 试编写程序，将外部 RAM 2000H ~ 20FFH 数据块传送到 3000H ~ 30FFH 区域。

11. 使用循环转移指令编写延时 30ms 的延时子程序（设单片机的晶体振荡器频率为 12MHz）。

12. 试编写延时 1min 子程序（设 f_{osc} = 6MHz）。

13. 从内部 RAM 30H 单元开始存放着一组无符号数，其个数存放在 31H 单元中。试编写程序，找出其中最小的数，并将其存入 30H 单元中。

14. 计算内部 RAM 区 50H ~ 57H 8 个单元中数的算术平均值，结果存放在 5AH 中。

15. 已知 A 中的 2 位十六进制数，试编写程序将其转换为 ASCII 码，存入 21H、20H 中。

16. 试编写程序，根据 R2（≤85）中的数值实现散转功能。

(R2) = 0，转向 PRG0；

(R2) = 1，转向 PRG1；

⋮

(R2) = N，转向 PRG N；

第6章 单片机的C程序设计

随着单片机硬件性能的提高，其工作速度越来越快。目前，80C51单片机的最高时钟频率可达24MHz以上。因此，在编写单片机应用系统程序时，更着重于程序本身的编写效率。为了适应这种要求，现在的单片机开发系统，除了支持汇编语言之外，很多还支持了高级语言，如C51。

6.1 C51概述

单片机在推广应用的初期，主要使用汇编语言，这是因为当时的开发工具只能支持汇编语言。随着硬件技术的发展，单片机开发工具的功能也有很大提高。对于80C51单片机，有四种语言支持，即汇编语言、PL/M语言、C语言和BASIC语言。C语言是一种通用的程序设计语言，其代码效率高、数据类型及运算符丰富，并具有良好的程序结构，适用于各种应用的程序设计。

支持MCS-51用C语言编程的编译器主要有两种：Franklin C51编译器和Keil C51编译器，统称C51。C51是专为MCS-51开发的一种高性能的C编译器，由C51产生的目标代码的运行速度很高，所需存储空间很小，完全可以和汇编语言媲美。与汇编语言相比，用C语言编写MCS-51应用程序具有如下特点。

① 无需了解机器硬件及其指令系统，只需初步了解MCS-51的存储器结构。

② C51能管理内部寄存器的分配、不同存储器的寻址和数据类型等细节问题，但对硬件控制有限，而汇编语言可以完全控制资源。

③ 在小应用程序中，C51产生的代码量大，执行速度慢，但在较大的程序中代码效率高。汇编语言在小应用程序中可以产生紧凑的、高速的代码。

④ C51程序由若干函数组成，具有良好的模块化结构，便于改进和扩充。

⑤ C51程序具有良好的可读性和可维护性；而汇编语言在应用程序开发中，开发难度大，可读性差。

⑥ C51有丰富的库函数，可大大减少用户的编程量，显著缩短编程与调试时间，大大提高软件开发效率。

⑦ 使用汇编语言编制的程序，当机型改变时，无法直接移植使用，而C语言程序是面向用户的程序设计语言，能在不同机型的机器上运行，可移植性好。

使用C语言编制程序的步骤如下。

① 使用通用的文字编辑软件，例如用EDIT、仿真器开发商提供的集成开发软件等编写C语言的源程序。

② 可用支持C语言的仿真器对编好的源程序进行调试、纠错和优化。

③ 对调试好的源程序进行编译。用C51对源程序进行编译后，可生成后缀为".HEX"的目标程序文件。

④ 将生成的目标程序文件，用编程器写入单片机的程序存储器，就完成了程序制作的全过程。

6.2 C51 语言对标准 C 语言的扩展

本章主要分析 51 系列单片机 C 语言（以下简写为 C51）和标准 C 语言之间的区别，或者说 C51 对标准 C 语言的扩展。如果读者对标准 C 语言不是很了解，可以参考专门介绍 C 语言的书籍。

C51 语言的特色主要体现在以下几个方面。

（1）C51 虽然继承了标准 C 语言的绝大部分特性，而且基本语法相同，但其本身又在特定的硬件结构上有所扩展，如关键字 sbit、data、idata、pdata、xdata、code 等。

（2）应用 C51 更要注重对系统资源的理解。因为单片机的系统资源相对 PC 来说很贫乏，对于 RAM、ROM 中的每一字节都要充分利用。可以通过多看编译生成的".m51"文件来了解自己程序中资源的利用情况。

（3）程序上引用的各种算法要精简，不要对系统构成过重的负担。尽量少用浮点运算，可以用 unsigned 无符号型数据的就不要用有符号型数据，尽量避免多字节的乘除运算，多使用移位运算等。

C51 相对于标准 C 语言的扩展直接针对 51 系列 CPU 硬件，下面将详细介绍。

6.2.1 数据类型

C51 具有标准 C 语言的所有标准数据类型。除此之外，为了更加有效地利用 8051 结构，还加入了以下特殊的数据类型：

bit：位变量，值为 0 或 1；

sbit：可位寻址变量中的某个位变量，值为 0 或 1；

sfr：8 位特殊功能寄存器，地址为 0～255；

sfr16：16 位特殊功能寄存器，地址为 0～65535。

其余数据类型如 char、enum、short、int、long、float 等与标准语言 C 相同。完整的数据类型见表 6-1。bit、sbit、sfr 和 sfr16 数据类型专门用于 8051 硬件和 C51 编译器，并不是标准 C 语言的一部分，不能通过指针进行访问。bit、sbit、sfrs 和 sfr16 数据类型用于访问 8051 的特殊功能寄存器。

表 6-1　C51 数据类型

数据类型	位	字节	值的范围
char	8	1	−128～127
unsigned char	8	1	0～255
enum	16	2	−32768～32767
short	16	2	−32768～32767
unsigned short	16	2	0～65535
int	16	2	−32768～32767

（续）

数据类型	位	字节	值的范围
unsigned int	16	2	0 ~ 65535
long	32	4	−2147483648 ~ 2147483647
unsigned long	32	4	0 ~ 4294967295
float	32	4	±1.175494E−38 ~ ±3.402823E+38
bit	1	—	0, 1
sbit	1	—	0, 1
sfr	8	1	0 ~ 255
sfr16	16	2	0 ~ 65535

80C51 有 21 个特殊功能寄存器，它们在内部 RAM 安排了绝对地址，80C51 的芯片说明中已经为它们用预定义标识符起了名字。C51 要做的就是承认这些标识符，并将其与绝对地址联系起来。sfr 与 sfr16 两种标识符可用。

［例 6-1］ 用 sfr 数据类型定义特殊功能寄存器示例。

```
sfr   SCON = 0x98;      /*声明 SCON 为串行接口控制器，地址为 0x98*/
sfr   P0 = 0x80;        /*声明 P0 为特殊功能寄存器，地址为 0x80*/
sfr   TMOD = 0x89;      /*声明 TMOD 为定时器/计数器的模式寄存器，地址为 0x89*/
sfr   PSW = 0xD0;       /*声明 PSW 为特殊功能寄存器，地址为 0xD0*/
```

说明：sfr 之后的寄存器名称必须大写，定义之后可以直接对这些寄存器赋值。

［例 6-2］ 用 sbit 的数据类型定义位变量示例。

```
sbit   CY = PSW^7;      /*从已声明的 PSW 中，指定 PSW.7 为 CY*/
sbit   CY = 0xD0^7;     /*整数 0xD0 为基地址，指定 0xD0 的第七位为 CY*/
```

在 sbit 声明中，"^" 符号右边的表达式定义特殊位在寄存器中的位置，值必须是 0 ~ 7。

当然以上两例的类型说明在寄存器说明头文件 reg51.h 都有，用户只需在主程序的一开始使用指令#include ＜reg51.h＞，将该头文件包含在自己的程序中即可。

6.2.2 存储类型及存储区

1. 存储类型及存储区描述

C51 编译器支持 8051 及其扩展系列，并提供对 8051 所有存储区的访问。存储区可分为内部数据存储区、外部数据存储区以及程序存储区。8051CPU 内部的数据存储区是可读/写的，8051 派生系列最多可有 256 字节的内部存储区，其中低 128 字节可直接寻址，高 128 字节（0x80 ~ 0xFF）只能间接寻址，从 20H 开始的 16 字节可位寻址。内部数据区又可分为 3 个不同的存储类型：data、idata、bdata。外部数据也是可读/写的。访问外部数据区比访问内部数据区慢，因为外部数据区是通过数据指针加载地址来间接访问的。C51 编译器提供两种不同的存储类型 xdata 和 pdata 访问外部数据。程序 CODE 存储区是只读不写的。程序存储区可能在 8051CPU 内部或者外部或者内、外都有，具体要看设计时选择的 CPU 的型号来决定程序存储区在 CPU 内、外分布的情况，以及根据程序容量决定是否需要程序存储器扩展。

C51 程序设计时，每个变量可以明确地分配到指定的存储空间。定义变量时可参考表 6-2。对内部存储器的访问比对外部存储器的访问快许多，因此应当将频繁使用的变量放在内部数据存储器中，而把较少使用的变量放在外部数据存储器中。各存储区的描述见表 6-2。

表 6-2　存储区描述

存储器类型关键字	存储空间	说　明
data	内部 RAM（00H ~ 7FH）	128 B，可直接寻址
bdata	内部 RAM（20H ~ 2FH）	16 B，可位寻址
idata	内部 RAM（00H ~ FFH）	256 B，间接寻址全部内部 RAM
pdata	外部 RAM（00H ~ FFH）	256 B，用 MOVX @ Ri 指令访问
xdata	外部 RAM（0000H ~ 0FFFFH）	64 KB，用 MOVX @ DPTR 指令访问
code	程序存储器（0000H ~ 0FFFFH）	64 KB，用 MOVC @ A + DPTR 指令访问

2. 存储类型及存储区使用举例

（1）DATA 区

DATA 区声明中的存储类型标识符为 data。DATA 指低 128 字节的内部数据区。DATA 区可直接寻址，所以对其存取是最快的，应该把经常使用的变量放在 DATA 区。但是，DATA 区的空间是有限的，DATA 区除了包含程序变量外，还包括了堆栈和存储器组。例如：

unsigned char data system_status = 0；/＊定义无符号字符型变量 system_statu 初值为 0＊/
　　　　　　　　　　　　　　　　　　/＊使其存储在内部低 128 字节＊/

unsigned int data unit_id［2］；/＊定义无符号整型数组 data unit_id，存储在内部 RAM 中＊/

标准变量和用户自声明变量都可存储在 DATA 区中。只要不超过 DATA 区范围即可。由于 51 系列单片机没有硬件报错机制，当内部堆栈溢出时，程序会莫名其妙地复位。堆栈的溢出只能以这种方式表示出来，所以要根据需要声明足够大的堆栈空间以防止堆栈溢出。

（2）BDATA 区

BDATA 区声明中的存储类型标识符为 bdata，指内部可位寻址的 16 字节存储区（20H ~ 2FH）可位寻址变量的数据类型。

BTADA 区实际就是 DATA 区中的位寻址区，在这个区声明变量就可进行位寻址。位变量的声明对状态寄存器来说是十分有用的，因为它可能仅仅需要使用某一位，而不是整字节。

在 BDATA 区中声明的位变量和使用位变量，例如：

unsigned char bdata status_byte；　/＊定义无符号字符型变量 status_byte，使其存储 20H＊/
　　　　　　　　　　　　　　　　　/＊到 2FH 区，可进行位寻址＊/

unsigned int bdata status_word；　/＊定义无符号整型变量 status_word，使其存储 20H＊/
　　　　　　　　　　　　　　　　　/＊到 2FH 区＊/

unsigned long bdata status_dword；/＊定义无符号长整型变量 status_dword，使其存储＊/
　　　　　　　　　　　　　　　　　/＊20H 到 2FH 区＊/

sbit start_flag = status_byte^4；　　/＊将 status_byte 的第 4 位赋值给位变量 start_flag＊/

```
        if（status_word^15）{          /* 如果 status_word 的第 15 位为 1，则执行 {} 中的语句 */
            start_flag = 0; …
        }
        start_flag = 1;                 /* 否则 stat_flag = 1 */
```

注意：编译器不允许在 BDATA 区中声明 float 和 double 型的变量。如果想对浮点数的每一位进行寻址，可以通过包含 float 和 long 的联合体来实现。例如：

```
    typedef union {                      /* 声明联合体类型 */
                unsigned long lvalue;     /* 长整数型 32 位 */
                float fvalue;             /* 浮点数 32 位 */
            } bit_float;                  /* 联合体名 */
    bit_float bdata myfloat;             /* 在 BDATA 中声明联合体 */
    sbit float_id = myfloat^31;          /* 声明位变量名 */
```

（3）IDATA 区

IDATA 区声明中的存储类型标识符为 idata，指内部的 256 B 的存储区；但是只能间接寻址，速度比直接寻址慢。例如：

```
    unsigned char idata system_status = 0;
    unsigned int idata unit_id [2];
    char idata inp_string [16];
    float idata outp_value;
```

（4）PDATA 和 XDATA 区

PDATA 和 XDATA 区属于外部存储。外部存储区是可读/写的存储区，最多可有 64 KB，当然这些地址不是必须用作存储区的。访问外部数据存储区比访问内部数据存储区要慢，因为外部数据存储区是通过数据指针加载地址来间接访问的。

在这两个区中变量的声明和在其他区中的语法是一样的，但 PDATA 区只有 265 字节而 XDATA 区可达 65536 字节。对 PDATA 和 XDATA 的操作是相似的。对 PDATA 区的寻址比对 XDATA 区的寻址要快，因为对 PDATA 区的寻址只须装入 8 位地址；而对 XDATA 区的寻址须装入 16 位地址，所以要尽量把外部数据存储在 PDATA 段中。

PDATA 和 XDATA 区声明中的存储类型标识分别为 pdata 和 xdata。xdata 存储类型标识符可以指定外部数据区 64 KB 内的任何地址，而 pdata 存储类型标识符仅指定 1 页或 256B 的外部数据区。例如：

```
    unsigned char xdata system_status = 0;
    unsigned int pdata unit_id [2];
    char xdata inp_string [16];
    float pdata outp_value;
```

（5）程序存储区 CODE

程序存储区 CODE 声明中的标识符为 code，在 C51 编译器中可用 code 存储区类型标识符来访问程序存储区。程序存储区的数据是不可改变的，编译的时候要对程序存储区中的对象进行初始化，否则就会产生错误。

程序存储区声明的举例：

unsigned char code a [ ] = {0x00, 0x01, 0x02, 0x03, 0x04, 0x05, 0x06, 0x07, 0x08, 0x09, 0x10, 0x11, 0x12, 0x13, 0x14, 0x15};

6.2.3 特殊功能寄存器（SFR）

51 系列单片机提供 128 字节的 SFR 寻址区，地址为 80H ~ FFH。除了程序计数器 PC 和 4 组通用寄存器之外，其他所有的寄存器均为 SFR，并位于内部特殊寄存器区。这个区域可位寻址、字节寻址或字寻址，用以控制定时器、计数器、串行接口、I/O 接及其他部件。特殊功能寄存器可由以下几种关键字说明。

（1）sfr

用于声明字节寻址的特殊功能寄存器。比如"sfr P0 = 0x80"，表示 P0 接口地址为 80H。

注意："sfr"后面必须跟一个特殊寄存器名；"="后面的地址必须是常数，不允许带有运算符的表达式。这个常数值的范围必须在特殊功能寄存器地址范围内，位于 0x80 到 0xFF 之间。

（2）sfr16

许多新的 8051 派生系列单片机用两个连续地址的 SFR 来指定 16 位值。例如，8052 用地址 0xCC 和 0xCD 表示定时器/计数器 2 的低和高字节。如"sfr16 T2 = 0xCC"表示 T2 接口地址的低字节地址 T2L = 0xCC，高地址 T2H = 0xCD。sfr16 声明和 sfr 声明遵循相同的原则，任何符号名都可用在 sfr16 的声明中。声明中名字后面不是赋值语句。而是一个 SFR 地址，其高字节必须位于低字节之后。这种声明适用于所有新的 SFR，但不能用于定时器/计数器 0 和计数器 1。

（3）sbit

用于声明可位寻址的特殊功能寄存器和别的可位寻址的目标。"="号后将绝对地址赋给变量名。

sbit 声明变量位寻址有以下 3 种声明形式：

1）sfr_name^int_constant　该变量用一个声明的 sfr_name 作为 sbit 的基地址，"^"后面的表达式指定了位的位置。必须是 0 ~ 7 之间的一个数字。例如：

sfr PSW = 0xD0;　　/ * 声明 PSW 为特殊功能寄存器，地址为 0xD0 * /
sfr IE = 0xA8;　　/ * 声明 IE 为特殊功能寄存器，地址为 0xA8 * /
sbit OV = PSW^2;　　/ * 声明溢出位变量 OV，是 PSW 的第 2 位 * /
sbit CY = PSW^7;　　/ * 声明进位位 CY，是 PSW 的第 7 位 * /
sbit EA = IE^7;　　/ * 声明中断允许位 EA，指定 IE 的第 7 位为 EA * /

2）int_constant^int_constant　该变量用一个整常数作为 sbit 的基地址，"^"后面的表达式指定位的位置，必须在 0 ~ 7 之间。例如：

sbit OV = 0xD0^2;　　/ * 声明溢出位变量 OV，是 0xD0 的第 2 位 * /
sbit CY = 0xD0^7;　　/ * 声明进位位 CY，是 0xD0 的第 7 位 * /
sbit EA = 0xA8^7;　　/ * 声明中断允许位 EA，指定为 0xA8 的第 7 位为 EA * /

3）int_constant　该变量是一个 sbit 的绝对位地址。例如：

sbit OV = 0xD2;　　/ * 声明溢出位，其地址是 0xD2 * /

```
sbit   CY = 0xD7;        /＊声明进位位，地址是 0xD7＊/

sbit   EA = 0xAF;        /＊声明中断允许位，地址是 0xAF＊/
```

特殊功能位代表一个独立的声明类。sbit 数据类型可以用来访问用 bdata 存储类型标识符的变量的位。

不是所有的 SFR 都是可位寻址的，只有地址可被 8 整除的 SFR 可位寻址。SFR 地址的低半字节必须是 0 或 8。例如，SFR 在 0xA8 和 0xD0 是可位寻址的，0xC7 和 0xEB 的 SFR 是不可位寻址的。

MCS-51 单片机所有标准寄存器的使用都是已经由 C51 的头文件定义完成的，编程人员可以直接使用符号的定义。在使用 C51 已定义的寄存器符号时，要用预编译命令#include 将有关头文件包括到源文件中。使用 MCS-51 内部资源定义时要用到 reg51.h 文件，因此源文件开头应有预编译命令，如

#include ＜reg51.h＞或#include "reg51.h"

两者功能相同，只是搜索头文件的路径有差异。reg51 是 MCS-51 中的寄存器。其他型号单片机所对应的头文件名称应为"regxx.h"，其中，"xx"为单片机型号简称。reg51.h 文件的内容定义了特殊功能寄存器 SFR 中的所有寄存器和位地址。

[**例 6-3**]   如图 6-1 所示，利用 MCS-51 单片机的 P1 引脚中 P1.0 引接一只 LED，送"0"信号时点亮灯，送"1"信号时灯灭。

程序如下：

```
#include "reg51.h"
sbit P1_0 = P1^0;
void main ( )
{
    P1_1 = 0;
}
```

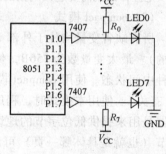

图 6-1 8051 连接 LED

程序说明

（1）#include 代表的是加载头文件。头文件是 C 编译器中自带的已经定义的函数的集合或自定义的一个函数的集合。本程序中加载了一个 reg51.h 的文件，其中的内容是什么呢？如果编码器在 C 盘下的 C51 文件夹内，则 reg51.h 文件的路径是 C：\ C51 \ INC \ reg51.h。打开此文件，可以看到：

P1 定义为	sfr P1 = 0x90;
累加器 A 定义为	sfr ACC = 0xE0;
定时模式 TMOD 定义为	sfr TMOD = 0x89;
PSW 中的 Cy 定义为	sbit CY = 0xD7;
TCON 中的 TF1 定义为	sbit TF1 = 0x8F;
IE 中的 EA 定义为	sbit EA = 0xAF;
SCON 中的 TI 定义为	sbit TI = 0x99;
⋮	

通过这个头文件就能解释本程序。因为，P1 这个变量是在 reg51.h 头文件中定义的，所以可以在 C 语言中直接引用。用户不仅可以引用 P1，还可以引用很多变量，具体可以查看

reg51.h 文件中的内容。

（2）main（ ）函数也称为主函数。C语言都是从 main（ ）函数开始执行的。前面加了一个 void 是说明该函数是没有返回值的。

（3）如果点亮8个灯，可令 P1 = 0x00，对引脚送0，则点亮单色灯，0x00 对应二进制数值 00000000，所以该条语句是同时点亮了8只单色灯。

（4）整个程序用"｛｝"括起来，形成了一个完整的 C51 程序。

上例中，符号 P1（代表 P1 锁存器）已经在头文件"reg51.h"中有定义。P1_0 表示 P1.0 引脚，它没有被事先定义好，所以需要使用 sbit 进行定义。

6.2.4 存储器模式

存储模式可以分为3种，分别为 small，compact 和 large。对存储模式的选定是在 C51 编译器选项中选择的。它决定了没有明确指定存储类型的变量，函数参数等数据的默认存储区域。如果在某些函数中需要使用非默认的存储模式，也可以使用关键字直接说明。

（1）small 模式

small 模式中，所有缺省变量参数均装入内部 RAM（与使用显式的 data 关键字来定义是一样的结果）。使用该模式的优点是访问速度快，缺点是空间有限，而且是对堆栈的空间分配比较少，难以把握，碰到需要递归调用的函数的时候需要小心。所以，这种模式只适用于小程序。

（2）compact 模式

所有缺省变量均位于外部 RAM 区的一页（和显式的使用关键字 pdata 来定义效果是相同的）。最大变量数为 256B，优点是空间较 Small 宽裕，速度较 Small 慢，较 large 要快，是一种中间状态。使用 compact 模式时，可能会依据地址空间结构而受到一些限制（与 R0 和 R1 有关）。使用本模式时，程序通过@ R0 和@ R1 指令来进行访问存储器的操作（这两个寄存器是用来提供低位字节的地址的）。如果在 compact 模式下要使用多于 256B 的变量，高位字节（也就是具体哪一页）可由 P2 接口指定。

（3）large 模式

在 large 模式中，所有缺省变量可放在多达 64KB 的外部 RAM 区（和显式的使用 xdata 关键字来定义是相同的），均使用数据指针 DPTR 来寻址。这种模式的优点是空间大，可存变量多，缺点是速度较慢，尤其对于 2B 以上的多字节变量的访问速度来说更是如此。

6.2.5 函数的使用

1. 函数声明

在 C51 中，函数的定义与标准 C 中是相同的，C51 编译器扩展了标准 C 函数声明，这些扩展有：

1）指定一个函数作为一个中断函数；

2）选择所用的寄存器组；

3）选择存储模式；

4）指定重入。

在函数声明中可以包含这些扩展或属性。声明 C51 函数的标准格式如下：

［return_type］funcname（［args］）［｛small ∣ compact ∣ large｝］［reentrant］［interrupt n］［using n］

return_type：函数返回值的类型，如果不指定缺省是 int。

funcname：函数名。

args：函数的参数列表。

small、compact 或 large：函数的存储模式。

reentrant：表示函数是递归的或可重入的。

interrupt：表示是一个中断函数。

using：指定函数所用的寄存器组。

2. 寄存器 bank 选择

51 单片机的最低端的 32B 被分为 4 个不同的块，每块 8B。程序可以通过 R0 到 R7 来访问这些字节。R0 ~ R7 具体为哪一块中的内容，则通过程序状态控制字（PSW）来决定。寄存器的 bank 选择功能在中断处理函数或者实时操作系统中尤其有用，因为 CPU 可以通过切换到一个不同的 bank 来执行程序而不需要对若干寄存器进行保存。

using 关键字用来选择哪一个寄存器 bank 供函数使用，其只可以带一个 0 ~ 3 之间的整数作为参数。该关键字对代码的影响如下：

① 当前选定的寄存器 bank 被存储到堆栈中；

② 指定的寄存器 bank 被设置；

③ 函数退出时，从前的内容被恢复。

一般来说，using 关键字一般在不同的优先级别的中断函数中很有用，这样可以不用在每次中断的时候都对所有寄存器进行保存。

3. 中断函数

51 单片机的中断系统十分重要，可以用 C51 语言来声明中断和编写中断服务程序，当然也可以用汇编语言来写。中断过程通过使用 interrupt 关键字和中断编号 0 ~ 4 来实现。使用该扩展属性的函数声明语法如下：

返回值　函数名　interrupt　n　using　n

interrupt n 中的 n 对应中断源的编号。中断编号告诉编译器中断程序的入口地址，对应着 IE 寄存器中的使能位，即 IE 寄存器中的 0 位对应着外部中断 0，相应的外部中断 0 的编号是 0。

using n 中的 n 如上所述对应四组通用寄存器中的一组。当正在执行一个特定任务时，可能有更紧急的事情需要 CPU 处理，这就涉及到了中断优先级。高优先级中断可以中断正在处理的低优先级中断程序，因而最好给每种不同优先级程序分配不同的寄存器组，这样可以不用在每次中断的时候都对所有寄存器进行保存。

8051 单片机的中断源以及中断编号见表 6-3。

表 6-3　中断源以及中断编号

中断编号	中断源	入口地址
0	外部中断 0	0003H
1	定时器/计数器 0 溢出	000BH
2	外部中断 1	0013H
3	定时器/计数器 1 溢出	001BH
4	串行口中断	0023H

在 51 系列单片机中，有的单片机多达 32 个中断源，所以中断编号是 0 ~ 31。

中断函数的完整语法例如下：

    返回值 函数名（［参数］［模式］［重入］）interrupt n   ［using n］

［例 6-4］ 编写定时器中断服务程序。

程序如下：

```
unsigned int interruptcnt;

unsigned char second;

void timer( ) (void) interrupt 1 using 2
{
    if ( ++ interruptcnt = = 4000)          /＊计数到 4000＊/
            {
            second ++ ;                    /＊另一个计数器＊/
            interruptcnt = 0;              /＊计数器清零＊/
            }
}
```

［例 6-5］ 设单片机的 $f_{osc}=12\text{MHz}$，要求用定时器 T0 的方式 1 编程，在 P1.0 引脚输出周期为 2ms 的方波。

中断服务程序如下：

```
#include < reg51. h >

sbit P1_0 = P1^0;

void timer0 (void) interrupt 1 using 1      //T0 中断服务程序入口
{
P1_0 = ! P1_0;
TH0 = - (1000/256);                 //计数初值重装
TL0 = - (1000%256);
}

void main (void)
{
TMOD = 0x01;                        //T0 工作在定时器方式 1
P1_0 = 0;
TH0 = - (1000/256);                 //预置计数初值
TL0 = - (1000%256);
EA = 1;                             //CPU 开中断
ET0 = 1;                            //T0 开中断
TR0 = 1;                            //启动 T0
do
{}
while (1);                          //等待中断
}
```

4. 重入函数

由于 51 单片机内部堆栈空间有限，C51 没有像大系统那样使用调用堆栈。一般在 C 语言中，调用函数时会将函数的参数和函数中使用的局部变量入栈。为了提高效率，C51 没有提供这种堆栈方式；而是提供一种压缩栈的方式，即为每个函数设定一个空间用于存放局部变量。

一般函数中的每个变量都存放在这个空间的固定位置，当递归调用这个函数时会导致变量被覆盖，所以在某些实时应用中，一般函数是不可取的。因为，调用这个函数时会导致变量被覆盖，而在中断程序中可能再次调用这个函数。所以，C51 允许将函数声明成重入函数。重入函数，又叫再入函数，是一种可以在函数体内间接调用其自身的函数。重入函数不仅可以递归调用，而且还可以"同时"被 2 个或者多个进程调用。而不用担心变量被覆盖。这种性质常常用在实时处理的系统中。

声明重入函数关键字为 reentrant，例如：

```
int calc (char i, int b) reentrant
{
    int x;
    x = table [i];
    return (x * b);
}
```

6.2.6　C51 中的指针

C51 编译器支持用星号（*）进行指针声明。可以用指针完成在标准 C 语言中所有操作。另外，由于 8051 单片机及其派生系列所具有的独特结构，C51 编译器支持两种不同类型的指针：通用指针和指定存储器指针。

1. 通用指针

C51 提供一个 3 字节的通用指针，分别为存储器类型、高位偏移量、低位偏移量。通用指针的声明和使用均与标准 C 语言相同，但它同时还可以说明指针的存储类型。例如：

1）long * state 　/*一个指向 long 型整数的指针，而 state 本身则根据存储模式存放*/
　　　　　　　　 /*在不同的 RAM 区*/

2）char * xdata ptr 　/*一个指向 char 数据的指针，而 ptr 本身存放于外部 RAM 区*/

通用指针可以用来访问所有类型的变量，而不管变量存储在哪个存储空间中。因而，许多库函数都使用通用指针。通过使用通用指针，一个函数可以访问数据，而不用考虑它存储在什么存储器中。

通用指针很方便，但是也很慢。在所指向目标的存储空间不明确的情况下，它们用得最多。

2. 指定存储区指针

C51 允许使用者规定指针指向的存储段，这种指针叫指定存储区指针。例如：

　　char data * str;　　　　/* str 指向 data 区中 char 型数据*/

　　int xdata * numtab;　　/* numtab 指向外部 RAM 的 int 型数据*/

正是由于存储器类型在编译时已经确定，通用指针中用来表示存储器类型的字节就不再需要了。指向 idata、data、bdata 和 pdata 的存储器指针用一个字节保存，指向 code 和 xdata 的存储器指针用两个字节保存。

使用指定存储区指针的好处是节省了存储空间，编译器不用为存储器选择和决定正确的存储器操作指令产生代码，使代码更加简短。但必须保证指针不指向所声明的存储区以外的地方，否则会产生错误。通用指针产生的代码执行速度比指定存储区指针的要慢，因为存储区在运行前是未知的，编译器不能优化存储区访问，必须产生可以访问任何存储区的通用代码。如果优先考虑执行速度，应该尽可能地使用指定存储区指针而不是通用指针。

3. 指针变换

指针变换也是 C 语言一个相当重要的特点。而对于 C51 来说，由于区分了存储器专用指针和通用指针，指针变换的含义又更加的丰富。C51 编译器支持这两种不同类型的指针变换。

当把指定存储区指针作为参数传递给要求使用通用指针的函数时，C51 编译器就把指定存储区指针转换为通用指针。

指定存储区指针作为函数的参数时，如果没有函数原形，就经常被变换成通用指针。如果调用的函数用短指针作为参数，会引起错误。要在程序中避免这种错误，可用#include 文件和所有外部函数的原形，以确保编译器进行必需的类型转换，确保编译器检测出类型转换错误。

4. 指针的基本用法示例说明

[例6-6]　　P1 接口接 8 只单色灯（L1～L8），单色灯 0 亮、1 灭，编写程序使 8 只单色灯按如下顺序点亮，首先点亮 L1、L3、L5、L7，之后点亮 L2、L4、L6、L8，然后这两个动作循环交替点亮。

```
#include < reg51. h >     //预处理文件里面定义了特殊寄存器的名称如 P1 接口定义为 P1
void main (void)
{
//定义花样数据，数据存放在内部程序存储区中
unsigned char code design[ ] = {0xAA,0x55};//0xAA 为 L1、L3、L5、L7 单色灯亮数据
                                          //0x55 为 L2、L4、L6、L8 单色灯亮数据
unsigned int a;                           //定义循环用的变量
unsignet char b;
unsignet char code *dsi;                  //定义基于 code 区的指令
do {
dsi = &design [0];                        //取得数组第一个单元的地址
for (b = 0; b < 2; b ++)
{
for (a = 0; a < 30000; a ++);             //延时一段时间
P1 = *dsi;                                //从指针指向的地址取数据到 P1 接口
dsi ++;                                   //指针加 1
}
} while (1);
}
```

6.2.7　绝对地址访问

C51 提供了两种访问绝对地址的方法。

1. 绝对宏

在程序中，用 "#include < absacc. h >" 即可使用其中定义的宏来访问绝对地址，包括 CBYTE、XBYTE、PWORD、DBYTE、CWORD、XWORD、PBYTE、DWORD。例如：

rval = CBYTE［0x0020］;　　　　/∗指向程序存储器的 0020H 地址∗/
rval = XWORD［ox0020］;　　　　/∗指向外 RAM 的 0020H 地址∗/

2. "_at_" 关键字

直接在数据定义后加上 "_at_const" 即可，但是注意以下两点。

(1) 绝对变量不能被初始化。

(2) bit 型函数及变量不能用 "_at_" 指定。例如：

idata struct link list _at_ 0x40;　　　　　/∗指定 list 结构从 40H 开始∗/
xdata char text［256］_at_ 0xE000;　　　/∗指定 text 数组从 0E000H 开始∗/

如果用 "_at_" 关键字声明变量来访问一个 XDATA 外围设备，应使用 volatile 关键词确保 C 编译器不进行优化，以便能访问到要访问的存储区。

在使用时 "_at_" 有两点要注意：

① 绝对地址的变量是不可以被初始化的；

② 函数或者类型为 bit 的变量是不可以被定义成绝对地址的。

6.3　C51 和汇编语言的混合编程

汇编语言具有程序结构紧凑、占用存储空间小，实时性强、执行进度快，能直接管理和控制存储器及硬件接口的特点。因此，C 语言并不能完全替代汇编语言。单独应用汇编语言或 C51 语言进行编程时，都是应用同一种语言编程，程序应用不同的语言进行编程时，称为混合编程。

由于使用 C51 可以缩短程序的开发时间而汇编程序短小精干、执行速度快，所以混合编程时通常主程序应用 C51 编写，与硬件有关的程序应用汇编语言编写。

6.3.1　命名规则

在编译 C 语言程序时，自动地对程序中的函数名进行转换。函数名的转换见表 6-4。

表 6-4　函数名的转换

说明	符号名	解　释
void func（void）	FUNC	无参数传递或不含寄存器参数的函数名不作改变，转入目标文件中，名字只是简单地转为大写形式
void func（char）	_FUNC	带寄存器参数的函数名加入 "_" 字符前缀以示区别，它表明这类函数包含寄存器内的参数传递
void func（char）reentrant	_? FUNC	对于重入函数加上 "_?" 字符串前缀以示区别，它表明该函数包含栈内的参数传递

在编写汇编语言程序时，应根据该规则人工加入相应的字符串前缀。

6.3.2 参数传递规则

在混合编程中，关键是传递参数和函数的返回值，它们必须有完整的约定，否则传递的参数在程序中取不到。两种语言必须使用同一规则，汇编语言编程当然可以自如地控制。因而，通常情况下，汇编模块服从高级语言。令人遗憾的是，每种编译器使用不同的规则，甚至依赖选择的大、中、小存储模式，并非所有的编译器都可混合不同模式的模块。

典型的规则是所有参数以内部 RAM 的固定单元传递给程序（KEIL C 控制命令）。若是传递位，也必须位于内部可位寻址空间的顺序位中。当然，顺序和长度必须让调用和被调用程序一致。事实上，内部 RAM 相同标示的块可共享。调用程序在进行汇编程序调用前，在块中填入要传递的参数，调用程序在调用时，假定所需的值已在块中。

Keil C 编译器可通过寄存器传递参数，也可用固定存储器单元或使用堆栈传递参数。通过堆栈传递参数，总的来说对 C 更加协调并支持重入。若函数递归调用，则堆栈扩大而不是改写变量。尽管这种方法通用，但对 51 系列无效，这是因为要保证有大的堆栈，才能存取外部 RAM。所有操作必须用一对指令，每次要设置和保存数据指针。编译器可使用通常的内部堆栈，但对数学库函数不实用，它可能要耗用现有 128B 或 256B 中的 100B，而其他软件也需要内部 RAM。

利用寄存器最多传递 3 个参数，这种参数传递技术产生高效代码，可与汇编程序相媲美。参数传递的寄存器选择见表 6-5。

表 6-5　参数传递的寄存器选择

参数类型	char	int	long, float	一般指针
第 1 个参数	R7	R6，R7	R4 ~ R7	R1，R2，R3
第 2 个参数	R5	R4，R5	R4 ~ R7	R1，R2，R3
第 3 个参数	R3	R2，R3	无	R1，R2，R3

下面提供了几个说明参数传递规则的例子。

```
func1 (int a)                 /*"a"是第一个参数，在R6，R7中传递*/
func2 (int b, int c, int *d)  /*"b"是第一个参数，在R6，R7中传递；"c"是*/
                              /*第二个参数，在R4，R5中传递；"d"是第三个参*/
                              /*数，在R1，R2，R3中传递*/
func3 (long e, long f)        /*"e"是第一个参数，在R4 ~ R7中传递；"f"是*/
                              /*第二个参数，不能在寄存器中传递，只能在参数传*/
                              /*递段中传递*/
func4 (float g, char h)       /*"g"是第一个参数，在R4 ~ R7中传递；"h"是*/
                              /*第二个参数，必须在参数传递段中传递*/
```

参数传递段给出了汇编子程序使用的固定存储区，就像参数传递给 C 函数一样，参数传递段的首地址通过名为"？函数名？BYTE"的 PUBLIC 符号确定。当传递位值时，使用名为"？函数名？BIT"的 PUBLIC 符号。所有传递的参数放在以首地址开始递增的存储区内，函数返回值放入 CPU 寄存器，见表 6-6。这样与汇编语言的接口相当直观。

表 6-6 函数返回值的寄存器

返回值	寄存器	说 明
bit	C	进位标志
（unsigned）char	R7	
（unsigned）int	R6，R7	高位字节在 R6，低位字节在 R7
（unsigned）long	R4 ~ R7	高位字节在 R4，低位字节在 R7
float	R4 ~ R7	32 位 IEEE 格式，指数和符号位在 R7
指针	R1，R2，R3	R3 放存储器类型，高位字节在 R2，低位字节在 R1

在汇编子程序中，当前选择的寄存器组及寄存器 ACC、B、DPTR 和 PSW 都可能改变。当被 C 调用时，必须无条件地假设这些寄存器的内容已被破坏。

6.3.3 C51 中直接插入汇编指令方式

编程时一些与硬件有关的操作，用 C51 并不方便，可以在 C51 中直接嵌入汇编语言指令，解决这个问题有两种方法。

（1）使用 asm 功能

当在某一行写入_asm"字符串"时，可以把双引号中的字符串按汇编语言看待，通常用于直接改变标志和寄存器的值或作一些高速处理，双引号中只能包含一条指令。

格式：

_asm

"Assemble Code Here";

（2）使用 #pragma ASM 功能

如果嵌入的汇编语言包含许多行，可以使用#pragma ASM 识别程序段，并直接插入编译通过的汇编程序到 C51 源程序中。

格式如下：

#pragma ASM

Assembler Code Here

#pragma ENDASM

[例 6-7] 编写程序从 P1.0 接口输出方波。要求 Keil C 环境下 C51 程序中嵌入汇编程序段。

程序如下。

```
#include < reg52. h >
sbit P10 = P1^0;          / * 定义位变量 P10 * /
void main （void）        / * 主函数 * /
{
while （1） {
        P10 = ! P10;      / * P1 接口输出取反 * /
        #pragma ASM       / * 汇编程序段开始 * /
           MOV R4，#18
```

```
        DJNZ R4, $        /*延时等待*/
        #pragma ENDASM    /*汇编程序段结束*/
    }
}                         /*程序结束*/
```

注意，在 Keil C 环境下，内嵌汇编时要将 SRC CONTROL 激活。激活的方法是，在 Project 窗口中包含汇编代码的 C 文件上单击鼠标右键，选择 "Options for"，单击右边的 "Generate Assembler SRC File" 和 "Assemble SRC File"，使复选框由灰色变成黑色（有效）状态。

6.4　使用 C51 的技巧

C51 编译器能从 C 程序源代码中产生高度优化的代码，而通过一些编程上的技巧又可以帮助编译器产生更好的代码。下面总结了一些使用技巧。

（1）使用短型变量

一个提高代码效率的最基本的方式就是缩短变量的长度。使用 C 语言编程时，对循环控制变量不要使用 int 类型，因为 int 类型数据为 16 位，使用它对 8 位单片机来说是一种极大的浪费；如果使用 unsigned char 类型的变量，只使用 1 B（8 位）。

（2）使用无符号类型

由于 51 单片机不支持符号运算，所以程序中也不要使用带符号型变量的外部代码。除了根据变量长度来选择变量类型外，还要考虑变量是否会出现负数。如果程序中不需要负数，就可以把变量都声明成无符号类型的。

（3）避免使用浮点指针

在单片机这类 8 位机上使用 32 位浮点数会浪费大量时间，所以在程序中声明浮点数时，要慎重考虑是否一定需要这种数据类型。可以通过提高数值数量级和使用整形运算来消除浮点指针。当不得不在程序中加入浮点指针时，代码长度会增加，程序执行速度也会比较慢。

如果浮点指针运算能被中断的话，必须确保要么在中断中不会使用浮点指针运算，要么在中断程序前使用 fpsave 指令把中断指针推入堆栈，在中断程序执行后使用 fprestore 指令恢复指针。

（4）使用位变量

对于某些标志位，应使用位变量而不是 unsingned char 型变量。这将节省 7 位存储区，节省内存，而且在 RAM 中访问位变量只需要一个处理周期。

但是应用位变量时应注意：

① 用 "#pragma disable" 说明和用 "using" 指定的函数，不能返回 bit 值；

② bit 变量不能声明为指针，如 "bit * ptr;" 是错误的；

③ 不能使用 bit 数组，如 "bit arr [5]"。

（5）用局部变量代替全局变量

把变量声明成局部变量比声明成全局变量更有效。因为，编译器在内部存储区中为局部变量分配存储空间，而在外部存储区中为全局变量分配存储空间，这会降低访问全局变量的速度。用局部变量代替全局变量的原因是在中断系统和多任务系统中，会有多个函数使用全局变量。这需要在系统的处理中调节使用全局变量，增加了编程的难度。

（6）为变量分配内部存储区

经常使用的变量放在内部 RAM 中时，可提高程序执行的速度。除此之外，这样做还缩短了代码，因为写外部存储区寻址的指令相对要麻烦一些。考虑到存储速度，一般按下面的顺序使用存储器，即 DATA、IDATA、PDATA、XDATA，同时要留出足够的堆栈空间。

（7）使用特定指针

在程序中使用指针时，应指定指针的类型，确定它们指向哪个区域，如 XDATA 或 CODE 区。这样编译器就不必去确定指针所指向的存储区，所以代码也会更加紧凑。

（8）使用宏替代函数

对小段代码，像使用某些电路或从锁存器中读取数据，可通过宏来替代函数，以使程序有更好的可读性。也可以把代码声明在宏中，这样看上去更像函数。编译器在碰到宏时，按照事先声明好的代码去替代宏。宏的名字应能够描述宏的操作。当需要改变宏时，只要在宏的声明处修改即可。例如：

```
#define led_on( )
{
    led_state = LED_ON;
    XBYTE [LED_CNTRL] = 0x01;
}

#define led_off( )
{
    led_state = LED_OFF;
    XBYTE [LED_CNTRL] = 0x00;
}
```

宏使得访问多层结构和数组更加容易，可以用宏来替代程序中经常使用的复杂语句，以减少工作量，并使程序具有更好的可读性和可维护性。

6.5 实验

本实验要使 8 只单色灯先亮后灭，实验电路如图 5-9 所示，程序如下。

```
#include "reg51. h"
void main( )
{
    P1 = 0xff;
    P1 = 0x00;
}
```

0xff 对应的二进制数值是 1111 1111，前面说到了送 1 到对应的引脚是点亮单色灯，所有这里送 8 个 1，代表的就是点亮 8 个单色灯。单步运行程序，可以看到当程序运行第 1 条语句后单色灯全亮，运行第 2 条语句后单色灯全灭了。

但是到现在为止，可能有人会有这样的疑问，为什么只是让程序单步运行呢？为什么不能让程序自己运行呢？实际上，如果按照上面的这段程序全速执行，只能看到灯灭。因为单片机执行的速度实在是太快了，没来得及看到单色灯点亮就已经熄灭了。解决的办法就是进行"延时"。可以把延时编写成一个子函数。延时子函数可以有很多种，这里把它归纳为两类。

第 1 类：无参数传递的延时子程序。

形式 1：

```
void delay( )
{
    unsigned int i;
    for (i = 0; i < 10000; i ++);
}
```

形式 2：

```
void delay( )
{
    unsigned int i = 10000;
    while (i - -);
}
```

形式 3：

```
void delay( )
{
    unsigned int i, j;
    for (i = 0; i < 100; i ++)
    for (j = 0; j < 200; j ++);
}
```

第 2 类：有参数传递的延时子程序。

```
void delay (unsigned int k)
{
    unsigned int i, j;
    for (i = 0; i < k; i ++)
    for (j = 0; j < 200; j ++);
}
```

第 1 类的形式 1、形式 2 都是单层循环，循环的次数决定你延时的时间长短。如果感觉延时时间太短，可以采用第 1 类的形式 3 或第 2 类的双重循环或多循环。

第 2 类延时子程序更加方便一些，可能随时改变 k 的传递值，以达到不同的延时。

这里使用的变量定义为 unsigned int，代表的是无符号整型，其取值范围是 0 ~ 65535，循环变量的值不要超过这个数值，否则就会出现死循环，走不出延时子程序。这也是经常出现的一个错误。

下面就是一个错误的实例。

```
void delay( )
```

```
{
    unsigned int k;
    for ( k = 0; k < 70000; k ++ );
}
```

该程序错误的原因是 k 永远加不到 70000，所以无法跳出而成为死循环。

现在可以使用延时函数对本实验开关的程序进行修改。

源程序如下：

程序 1：延时函数写在调用之前，不需要声明。

使用第 1 类延时函数：

```
#include "reg51. h"
void delay( )                 //延时函数体
{
    unsigned int i;
    for ( i = 0; 1 < 10000; i ++ );
}
void main( )
{
    P1 = 0xff;
    delay( );                 //调用延时函数
    P1 = 0x00;
    delay( );
}
```

使用第 2 类延时函数：

```
#include "reg51. h"
void delay ( unsigned int k )     //延时函数体
{
    unsigned int i, j;
    for ( i = 0; i < k; i ++ )
    for ( J = 0; j < 200; j ++ );
}
void main( )
{
    P1 = 0xff;
    delay (100);              //调用延时函数
    P1 = 0x00;
    delay (200);              //调用延时函数
}
```

程序 2：延时函数写在调用之后，需要在前面声明。

```
#include "reg51. h"
```

```
void delay( );                     //由于延时函数体在后面，因此必须提前声明
void main( )
{
    P1 = 0xff;
    delay( );                      //调用延时函数
    P1 = 0x00;
    delay( );
}
void delay( )                      //延时函数体
{
    unsigned int i;
    for (i = 0; i < 10000; i++);
}
```

将源程序录入到编译器后，全速运行，结果看到单色灯闪了一下就停下了。原因是这个程序只将单色灯亮一次灭一次就停下了。可以将程序改成循环的方式，使用一个无限的循环体就能让单色灯一直闪烁。修改后的程序如下。

程序 1：

```
#include "reg51. h"
void delay( )                      //延时函数体
{
    unsigned int i;
    for (i = 0; i < 10000; i++);
}
void main( )
{
    for ( ; ; )                    //这里并没有结束的条件，所以是一个无限的循环
    {
        P1 = 0xff;
        delay( );                  //调用延时函数
        P1 = 0x00;
        delay( );
    }
}
```

程序 2：

```
#include "reg51. h"
void delay( )                      //延时函数体
{
    unsigned int i;
    for (i = 0; i < 10000; i++);
```

```
}
void main ( )
{
    while （1）                    //这里并没有结束的条件，所以是一个无限的循环
    {
      P1 = 0xff；
      delay（ ）；                  //调用延时函数
      P1 = 0x00；
      delay（ ）；
    }
}
```

程序 3:
```
#include "reg51. h"
void delay( )                     //延时函数体
{
    unsigned int i；
    for （i = 0；i < 10000；i + +）；
}
void main( )
{
    do                            //这里并没有结束的条件，所以是一个无限的循环
    {
      P1 = 0xff；
      delay( )；                   //调用延时函数
      P1 = 0x00；
      delay( )；
    } while （1）；
}
```

现在在全速运行程序，可以看到 8 只发光二极管开始一闪一闪。

思考题:

1. 修改延时子程序让灯的闪烁间隔变快。

2. 让灯先左 4 个亮，再右 4 个亮，间隔闪烁。

习　　题

1. 哪些变量类型是 51 单片机直接支持的?

2. 简述 C51 语言的数据存储类型。

3. 简述 C51 语言对 51 单片机特殊功能寄存器的定义方法。

4. 简述 C51 语言对 51 单片机内部 I/O 接口和外部扩展的 I/O 接口的定义方法。

5. 简述 C51 语言对 51 单片机位变量的定义方法。

6. C51 语言和 Turbo C 语言的数据类型和存储类型有哪些异同点？

7. C51 语言的 data、bdata、idata 有什么区别？

8. C51 语言中的中断函数和一般的函数有什么不同？

9. C51 语言采用什么形式对绝对地址进行访问？

10. 按照给定的数据类型和存储类型，写出下列变量的说明形式。

① 在 data 区定义字符变量 val1。

② 在 idata 区定义整型变量 val2。

③ 在 xdata 区定义无符号字符型数组 val3〔4〕。

④ 在 xdata 区定义一个指向 char 类型的指针 px。

⑤ 定义可位寻址变量 flag。

⑥ 定义特殊功能寄存器变量 P3。

11. 简述 C 语言的基本运算、数组、指针、函数、流程控制语句。

第7章 MCS-51 单片机的功能部件

单片机是为工业控制而设计的计算机，在工控系统中常要使用定时器、计数器功能；在分布式控制系统中，要为各控制单元之间提供通信功能；为了快速响应人工干预、外部事件及迅速处理意外故障，计算机还必须具有中断能力。MCS-51 单片机在芯内部集成了中断处理系统、定时器/计数器和串行接口，增强了它在工业控制系统中的应用能力。

7.1 中断系统

7.1.1 计算机的中断请求与控制

1. CPU 中断请求与控制

所谓中断是指中央处理器（CPU）正在处理某件事情的时候，外部发生了某一事件（如定时器计数溢出），请求 CPU 迅速去处理，CPU 暂时中断当前的工作，转入处理所发生的事件，处理完以后，再回到原来被中断的地方，继续原来的工作。这样的过程称为中断。实现这种功能的部件称为中断系统（中断机构）。产生中断的请求源称为中断源。

一般计算机系统允许有多个中断源，当几个中断源同时向 CPU 请求中断，要求为它们服务的时候，就存在 CPU 优先响应哪一个中断请求源的问题，一般根据中断源（所发生的实时事件）的轻重缓急排队，优先处理最紧急事件的中断请求，于是便规定每一个中断源都有一个中断优先级别。

当 CPU 正在处理一个中断源请求的时候，又发生了另一个优先级比它高的中断源请求，如果 CPU 能够暂时中止执行对原来中断源的处理程序，转而去处理优先级更高的中断请求，待处理完以后，再继续执行原来的低级中断处理程序，这样的过程称为中断嵌套，这样的中断系统称为多级中断系统。没有中断嵌套功能的中断系统称为单级中断系统。二级中断嵌套的中断过程如图 7-1 所示。

2. 中断的优点

1）计算机与其他设备多任务同时工作、分时操作，提高了计算机的利用率。

2）实时处理控制系统中的各种信息，提高了计算机的灵活性。

3）使计算机及时处理故障等突发事件，提高了可靠性。

3. 中断响应过程

单片机时钟周期如图 7-2 所示。

单片机在每个机器周期的 S_5 的 P_2 期间，顺序采样每个中断源；CPU 在下一个机器周期 S_6 期间按优先级顺序查询中断标志。如查询到某个中断标志为

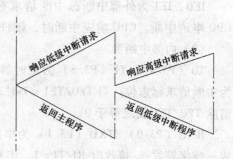

图 7-1　二级中断嵌套的中断过程

1，将在再下一个机器周期 S_1 期间按优先级进行中断处理。

中断得到响应后，由硬件将程序计数器 PC 内容压入堆栈，进行保护；然后，将对应的中断入口地址装入程序计数器 PC，使程序转向中断入口地址单元中去执行相应的中断服务程序。

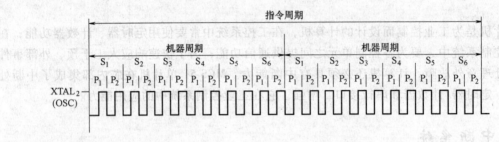

图 7-2　单片机时钟周期

下列任何一种情况存在中断申请都将被封锁：

1）CPU 正在执行一个同级或高一级的中断服务程序。

2）当前正在执行的那条指令还未执行完。

3）当前正在执行的指令是 RETI 或对 IE、IP 寄存器进行读/写指令；执行这些指令后至少再执行一条指令才会响应中断。

7.1.2　MCS-51 中断系统

MCS-51 系列中不同型号单片机的中断源数量是不同的（5 ~ 11 个）。最典型的 8051 单片机有 5 个中断源，具有两个中断优先级，可以实现两级中断服务程序嵌套。每一个中断源可以编程为高优先级或低优先级中断，允许或禁止向 CPU 请求中断。与中断系统有关的特殊功能寄存器有中断允许寄存器 IE、中断优先级控制寄存器 IP、中断控制寄存器 TCON 和 SCON 中有关位。8051 单片机基本的中断系统结构如图 7-3 所示。

1. 中断源

MCS-51 系列中典型的 8051 单片机有 5 个中断源。

（1）外部中断源

INT0（P3.2）由 P3.2 接口引入，低电平或下降沿触发；INT1（P3.3）由 P3.3 接口引入，低电平或下降沿触发。

IE0、IE1 为外部中断源中断请求标志位。当 IE0/IE1 = 1 时，表示外部中断 0 或 1 向 CPU 申请中断。CPU 响应中断时，硬件清除 IE0/IE1 使之等于 0。

（2）内部中断源

T0（P3.4）、T1（P3.5）为定时器 0、1 中断源，由 T0、T1 回零溢出触发，TF0、TF1 为中断请求标志位。当 TF0/TF1 = 1 时，T0 或 T1 向 CPU 申请中断。CPU 响应中断时，硬件清除 TF0/TF1 使之等于 0。

RXD（P3.0）/TXD（P3.1）为串行接口发送/接收中断源。RI/TI 共用一个中断源，完成一帧字符发送/接收时 RI/TI = 1，串行接口向 CPU 申请中断。CPU 响应中断时，必须由软件清除 RI/TI 使之等于 0。

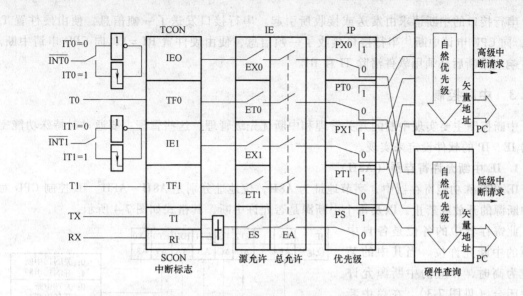

图 7-3　8051 单片机的中断系统

2. 中断请求标志

中断请求借用定时器/计数器的控制寄存器 TCON 和串行接口控制寄存器的有关位作为标志。因此，只要判别这些位的状态就能确定中断的来源。

TCON 是定时器/计数器的控制寄存器。它锁存 2 个定时器/计数器的溢出中断标志及外部中断 0、1 的中断标志。与中断有关的标志位如下：

TCON	TF1		TF0		IE1	IT1	IE0	IT0

SCON 是串行接口控制寄存器。它锁存 2 个发送/接收中断标志。TI、RI 中断标志如下：

SCON							TI	RI

（1）外部中断 0、1

输入/输出设备的中断请求，掉电、设备故障的中断请求等都可以作为外部中断源，从引脚 $\overline{INT0}$ 或 $\overline{INT1}$ 输入。

外部中断请求 $\overline{INT0}$、$\overline{INT1}$ 有两种触发方式——电平触发及跳变触发，由 TCON 的 IT0 位及 IT1 位选择。IT0（IT1）= 0 时，$\overline{INT0}$（$\overline{INT1}$）为电平触发方式，当引脚 $\overline{INT0}$ 或 $\overline{INT1}$ 上出现低电平时就向 CPU 申请中断，CPU 响应中断后要采取措施撤消中断请求信号，使 $\overline{INT0}$ 或 $\overline{INT1}$ 恢复高电平。IT0（IT1）= 1 时，为跳变触发方式，当 $\overline{INT0}$ 或 $\overline{INT1}$ 引脚上出现负跳变时，该负跳变经边沿检测器使 IE0（TCON.1）或 IE1（TCON.3）置 1，向 CPU 申请中断。CPU 响应中断后由硬件自动清除 IE0、IE1。CPU 在每个机器周期采样 $\overline{INT0}$、$\overline{INT1}$，为了保证检测到负跳变，引脚上的高电平与低电平至少应各自保持 1 个机器周期。

（2）定时器/计数器 0、1 溢出中断

定时器/计数器计数溢出时，由硬件分别置 TF0 = 1 或 TF1 = 1，向 CPU 申请中断。CPU 响应中断后，由硬件自动清除 TF0 或 TF1。

（3）串行接口中断

串行接口的中断请求由发送或接收所引起。串行接口发送了一帧信息，便由硬件置 TI =1，向 CPU 申请中断。串行接口接收了一帧信息，便由硬件置 RI＝1，向 CPU 申请中断。CPU 响应中断后必须用软件清除 TI 和 RI。

7.1.3 中断控制

中断控制主要实现中断的开关管理和中断优先级管理。这些管理主要通过对特殊功能寄存器 IE、IP 的软件设定来实现。

1. IE 中断允许寄存器（A8H）

IE 在特殊功能寄存器中，字节地址为 A8H，位地址分别是 A8H～AFH。IE 控制 CPU 对总中断源的开放或禁止，以及每个中断源是否允许中断，其格式如图 7-4 所示。

此寄存器中的各位是各自中断源的中断允许位。当其中的某一位为高时，相应的中断源允许开关闭合（见图 7-3）。在总中断允许闭合的条件下，CPU 会根据位标志响应相关中断。

2. 中断优先寄存器 IP（B8H）

IP 在特殊功能寄存器中，字节地址为 B8H，位地址分别是 B8H～BFH。IP 用来锁存各中断源优先级的控制位，其格式如图 7-5 所示。

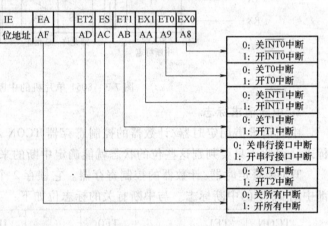

图 7-4 中断允许寄存器 IE

此寄存器中的各位是各自中断源的优先级别设定。当其中的某一位为高时，相应的中断源编程为高优先级，从而实现二级中断嵌套，即正在执行的中断可以被较高级中断请求中断，而不能被同级或较低级中断请求所中断。

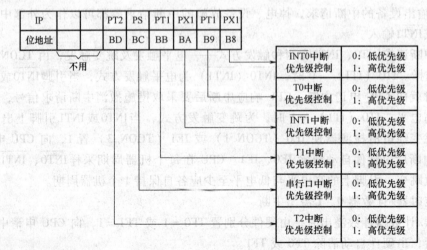

图 7-5 IP 特殊功能寄存器

当 5 个中断源同时产生中断时，若未使用中断优先级寄存器 IP 设定，则由硬件优先级链路顺序响应中断，如下：

最高————————————————→最低

INT0　　　T0　　　INT1　　　T1　　　串行口

MCS-51 仅提供了两个外部中断源，而在实际应用中可能有两个以上的外部中断源，这时必须对外部中断源进行扩展。可用如下方法进行扩展。

1）利用定时器/计数器扩展外部中断源。

2）采用中断和查询结合的方法扩展外部中断源。

系统有多个中断源时，可按照它们的轻重缓急进行中断优先级排队，将最高优先级别的中断源接在外部中断 0 上，其余中断源接在外部中断 1 及 I/O 接口。当外部中断 1 有中断请求时，再通过查询 I/O 接口的状态，判断哪一个中断申请。

7.1.4　中断响应过程

MCS-51 的 CPU 在每一个机器周期顺序检查每一个中断源。在机器周期的 S6 采样并按优先级处理所有被激活的中断请求，如果没有被下述条件所阻止，将在下一个机器周期的状态 S_1 响应激活了的最高级中断请求。

1）CPU 正在处理相同的或更高优先级的中断。

2）现行的机器周期不是所执行指令的最后一个机器周期。

3）正在执行的指令是中断返回指令（RETI）或者是对 IE、IP 的写操作指令（执行这些指令后至少再执行一条指令才会响应中断）。

如果上述条件中有一个存在，CPU 将丢弃中断查询的结果。若一个条件也不存在，将在紧接着的下一个机器周期执行中断服务程序。

CPU 响应中断时，先置位相应的优先级状态触发器（该触发器指出 CPU 开始处理的中断优先级别），然后执行一条硬件子程序调用，清零中断请求源申请标志（TI 和 RI 除外）。接着把程序计数器 PC 的内容压入堆栈（但不保护 PSW），将被响应的中断服务程序的入口地址送入程序计数器 PC，各中断源服务程序的入口地址为

中　断　源	入　口　地　址
外部中断 0	0003 H
定时器 T0	000B H
外部中断 1	0013H
定时器 T1	001BH
串行接口中断	0023 H

以上入口地址相隔空间只有 8B，一般容纳不下中断服务程序，所以中断服务程序通常都放在另外一个地方，而在入口地址处仅仅安排一条跳转指令，通过跳转指令再转到中断服务程序所在的地址。

CPU 执行中断处理程序一直到 RETI 指令为止。RETI 指令表示中断服务程序结束，CPU 执行完这条指令后，清零响应中断时所置位的优先级状态触发器，然后从堆栈中弹出顶上的两个字节到程序计数器 PC，CPU 从原来中断处重新执行被中断的程序。由此可见，用户的

中断服务程序末尾必须安排一条返回指令 RETI，CPU 现场的保护和恢复必须由用户的中断服务程序实现。

7.1.5　中断程序举例

[例 7-1]　　在 8051 单片机的INT0引脚外接脉冲信号，要求每送来一个脉冲，30H 单元值加 1，若 30H 单元计满则进位 31H 单元。试利用中断结构，编制一个脉冲计数程序。

使用汇编语言采用中断方法编制的程序，一般要包括以下几个内容：

1）主程序中，必须有一个初始化部分，用于设置堆栈位置、定义触发方式以及对中断优先寄存器、中断允许控制寄存器赋值等。

2）选择中断服务程序的入口地址。

3）编制中断服务程序。

用汇编语言编程如下：

```
            ORG 0000H
            AJMP MAIN            ; 设置主程序入口
            ORG 0003H            ; 外部中断入口
            AJMP SUBG            ; 设置中断服务程序入口
            ORG 0100H
MAIN:       MOV A, #00H          ; 30H、31H 清零
            MOV 30H, A
            MOV 31H, A
            MOV SP, #70H         ; 设置堆栈指针
            SETB IT0             ; 设INT0为边沿触发
            SETB EA              ; 开中断
            SETB EX0             ; 允许INT0中断
            AJMP $               ; 等待中断
            ORG 0200H            ; 中断服务子程序
SUBG:       PUSH ACC             ; 保护现场
            INC 30H
            MOV A, 30H
            JNZ BACK
            INC 31H
BACK:       POP ACC              ; 恢复现场
            RETI                 ; 返回
```

用 C 语言编程如下：

```
#include < reg51. h >
unsigned int data * a;
void int0_ srv (void) interrupt 0 using 1
{
    ( * a) ++ ;
```

```
    }
void main（ ）
{
    a = 0x30；
    IT0 = 1；
    EA = 1；
    EX0 = 1；
    while（1）；
}
```

7.2　定时器/计数器

由于在大多数的计算机应用系统中都要使用定时器/计数器，所以几乎所有单片机内部都集成有定时器/计数器。在 MCS-51 系列单片机中，8051 系列有 2 个 16 位定时器/计数器——T0、T1，8052 系列有 3 个 16 位定时器/计数器——T0、T1 和 T2。它们都可以用作定时器或外部事件计数器，并有 4 种工作方式。

MCS-51 系列单片机的定时器/计数器有几个相关的特殊功能寄存器：方式控制寄存器 TMOD，加计数寄存器高 8 位 TH0、TH1，加计数寄存器低 8 位 TL0、TL1；定时/计数到标志位 TF0、TF1（TCON）；定时器/计数器启停控制位 TR0、TR1（TCON）；定时器/计数器中断允许位 ET0、ET1（IE）；定时器/计数器中断优先级设定位 PT0、PT1（IP）。

7.2.1　定时器/计数器工作方式寄存器 TMOD

TMOD 用于设定两个定时器/计数器的工作方式，低 4 位用于定时器 0，高 4 位用于定时器 1，如图 7-6 所示。

门控位 GATE 决定是软件还是外部中断引脚 INT0 或 INT1 控制定时器工作。当 GATE = 0 时，由软件编程控制位 TR0 = 1（T0）或 TR1 = 1（T1）启动定时器工作。当 GATE = 1 时，

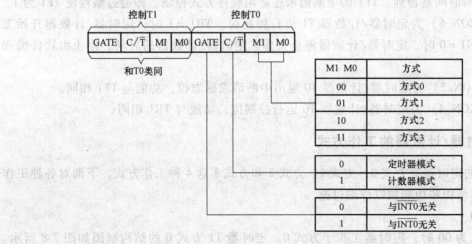

图 7-6　定时器/计数器工作方式寄存器 TMOD

由外部中断引脚INT0或INT1控制定时器工作。

C/$\overline{\text{T}}$为定时器/计数器方式选择位。C/$\overline{\text{T}}$ = 0 时为定时方式，C/$\overline{\text{T}}$ = 1 时为计数方式。

定时器/计数器 4 种工作方式如下

方式 0，M1M0 = 00，满计数值 2^{13}，初值不能自动重装。

方式 1，M1M0 = 01，满计数值 2^{16}，初值不能自动重装。

方式 2，M1M0 = 10，满计数值 2^{8}，初值自动重装。

方式 3，M1M0 = 11，TH0、TL0 独立，TL0 是定时器/计数器，TH0 只能定时。

7.2.2　定时器/计数器控制寄存器 TCON

在特殊功能寄存器 TCON 中存放着定时器的运行控制位和溢出标志位，如图 7-7 所示。

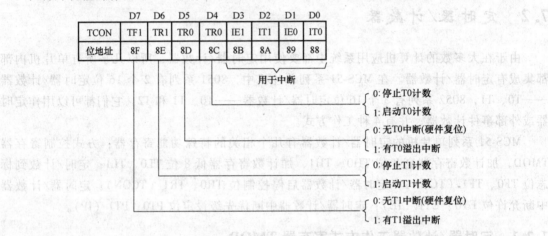

图 7-7　定时器/计数器控制寄存器 TCON

TF1（TCON.7）为定时器/计数器 T1 溢出中断请求标志位。定时器/计数器 T1 定时时间到时由硬件置位 TF1。这时若 EA = 1、ET1 = 1（软件编程）即中断开放，CPU 立即响应 T1 中断并在响应中断后自动使 TF1 = 0。若不允许定时器 1 中断，只能通过查询 TF1 位的状态判断 T1 定时时间是否到。TF1 的中断请求还能用软件方式控制，即通过编程使 TF1 为 1。

TR1（TCON.6）为定时器/计数器 T1 运行控制位。TR1 = 1 时，定时器/计数器开始工作；反之，TR1 = 0 时，定时器/计数器停止工作。定时器/计数器的启动、停止由软件编程控制。

TF0（TCON.5）为定时器/计数器 T0 溢出中断请求标志位，功能与 TF1 相同。

TR0（TCON.4）为定时器/计数器 T0 运行控制位，功能与 TR1 相同。

7.2.3　定时器/计数器的工作方式

MCS-51 的定时器有方式 0、方式 1、方式 2 和方式 3 这 4 种工作方式。下面对各种工作方式的定时器结构和功能加以详细讨论。

1. 方式 0

当 M1M0 为 00 时，定时器工作于方式 0。定时器 T1 方式 0 的结构框图如图 7-8 所示。方式 0 为 13 位的计数器，由 TL1 的低 5 位和 TH1 的 8 位组成。TL1 低 5 位计数溢出时，向

TH1 进位；TH1 计数溢出时，置位溢出标志 TF1。若 T1 工作于定时方式，计数初值为 a，晶振频率为 12MHz，则 T1 从初值计数到溢出的定时时间为 $t = (2^{13} - a)$ μs。

图 7-8 所示的 T1 计数脉冲控制电路中，有一个方式电子开关和计数控制电子开关。C/$\overline{T}$ = 0 时，方式电子开关打在上面，以振荡器的 12 分频信号作为 T1 的计数信号。C/$\overline{T}$ = 1 时，方式电子开关打在下面，此时以 T1（P3.5）引脚上的输入脉冲作为 T1 的计数脉冲。当 GATE 为 0 时，只要 TR1 为 1，计数控制开关的控制端即为高电平，使开关闭合，计数脉冲加到 T1，允许 T1 计数。当 GATE 为 1 时，仅当 TR1 为 1 且 $\overline{INT1}$ 脚上输入高电平，控制端才为高电平，才使控制开关闭合，允许 T1 计数，TR1 为 0 或 $\overline{INT1}$ 输入低电平都将使控制开关断开，禁止 T1 计数。

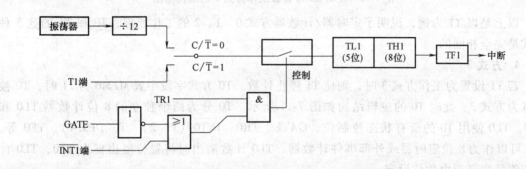

图 7-8　定时器/计数器工作方式 0 的结构框图

2. 方式 1

当 M1M0 为 01 时，定时器工作于方式 1。方式 1 和方式 0 的差别仅仅在于计数器的位数不同，方式 1 为 16 位的定时器/计数器。定时器 T1 工作于方式 1 的逻辑结构框图如图 7-9 所示。T1 工作于方式 1 时，由 TH1 作为高 8 位，TL1 作为低 8 位，构成一个 16 位的计数器。若 T1 工作于定时方式 1，计数初值为 a，晶振频率为 12MHz，则 T1 从计数初值计数到溢出的定时时间为 $t = (2^{16} - a)$ μs。

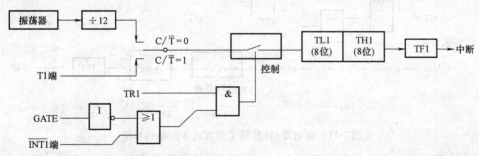

图 7-9　定时器/计数器工作方式 1 的结构框图

3. 方式 2

M1M0 为 10 时，定时器/计数器工作于方式 2，方式 2 为自动恢复初值的 8 位计数器。定时器 T1 工作于方式 2 时的逻辑结构如图 7-10 所示。T1 工作于方式 2 时，TL1 作为 8 位计数器，TH1 作为计数初值寄存器。当 TL1 计数溢出时，一方面置 1 溢出标志 TF1，同时打开三态门，将 TH1 中的计数初值送至 TL1，使 TL1 从初值开始重新加 1 计数。若 T1 工作于方式 2 时，计数初值为 a，晶振频率为 12MHz，则定时时间为 $t = (2^8 - a)$ μs。

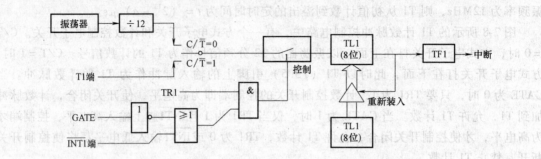

图 7-10　定时器/计数器工作方式 2 的结构框图

以上是以 T1 为例，说明了定时器/计数器方式 0、1、2 的工作原理，T0 和 T1 的这 3 种方式是完全相同的。

4. 方式 3

若 T1 设置为工作方式 3 时，则使 T1 停止计数。T0 方式字段中置 M1M0 为 11 时，T0 被设置为方式 3，此时 T0 的逻辑结构如图 7-11 所示，T0 分为两个独立的 8 位计数器 TL0 和 TH0。TL0 使用 T0 的所有状态控制位、GATE、TR0、$\overline{INT0}$（P3.2）、T0（P3.4）、TF0 等，TL0 可以作为 8 位定时器或外部事件计数器，TL0 计数溢出时将置位溢出标志 TF0，TL0 计数初值每次必须由软件设定。

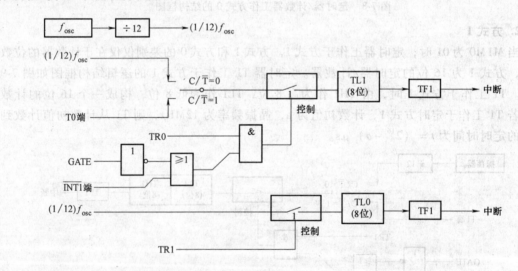

图 7-11　定时器/计数器工作方式 3 的结构框图

TH0 被固定为一个 8 位定时器方式，并使用 T1 的状态控制位 TR1、TF1。TR1 为 1 时，允许 TH0 计数，当 TH0 计数溢出时，溢出标志 TF1 置 1。一般情况下，只有当 T1 用于串行接口的波特率发生器时，T0 才在需要时用于方式 3，以增加一个计数器。这时 T1 的启停也受 TR1 控制，当 T1 计数溢出时不置位 TF1。

7.2.4　定时器/计数器应用举例

使用 MCS-51 单片机的定时器/计数器的步骤如下。

（1）设定 TMOD，即确定定时器/计数器的工作状态。确定是用作定时器还是计数器，定时器/计数器的工作方式，定时器/计数器的控制方式。如 T1 用于定时器，为方式 1；T0 用于计数器，为方式 2，均用软件控制。则 TMOD 的值应为 0001 0110，即 0x16。

（2）设置合适的计数初值，以产生期望的定时间隔。定时器/计数器是一个加 1 计数器，其定时时间可由装在定时寄存器内部的初值决定。计数初值的计算方法为

$$定时时间 = （2^x - 初值）× 机器周期$$

式中　X 由定时器工作方式决定，方式 0、方式 1 和方式 2 对应的 X 分别为 13、16、8。

机器周期 = $12/f_{osc}$，f_{osc} 为系统晶体振荡器。若系统晶体振荡器为 12MHz，则机器周期为 1μs。

因此有

$$初值 = 2^x - 定时时间 × f_{osc}/12$$

（3）确定定时器/计数器工作于查询方式还是中断方式。若工作于中断方式，则在初始化时开放定时器/计数器的中断及总中断。

ET0 = 1；　　　　/＊以定时器/计数器 0 为例＊/

EA = 1；

还需要编写中断服务函数：

void T0_srv（void）interrupt 1 using 1　　　　/＊以定时器/计数器 0 为例＊/

｛

　　TL0 = a% 256；

　　TH0 = a/256；

　　⋮

｝

（4）启动定时器，即 TR0（TR1）= 1。

[例 7-2]　　从 P1.0 输出方波信号，周期为 50ms。

采用定时器/计数器 T0 用于定时器，定时间隔为 25ms，方式 1，中断方式。设 f_{osc} = 6MHz。

定时计数初值为

$$初值 = 2^x - 定时时间 × f_{osc}/12 = 2^{16} - 0.025 × 6MHz/12 = 53036 = 0CF2CH$$

使用汇编语言编写的程序如下：

```
         ORG 0000H
         AJMP MAIN              ；设置主程序入口
         ORG 000BH             ；定时器/计数器 T0 中断入口
         AJMP INT_T0          ；设置中断服务程序入口
         ORG 0100H
MAIN：   MOV TMOD，#01H      ；送方式字
         MOV TH0，#0CFH
         MOV TL0，#2CH
         SETB ET0
         SETB EA
```

```
                SETB TR0
LOOP：          AJMP LOOP
INT_T0：        MOV TH0，#0CFH
                MOV TL0，#2CH
                CPL P1.0
                RETI
```

使用 C51 编写的程序如下：

```
#include < reg51. h >
void main（ ）
    {
    TMOD = 0x01；
    TH0 = 53036/256；
    TL0 = 53036 % 256；
    ET0 = 1；
    EA = 1；
    TR0 = 1；
    while（1）；
}
void T0_srv（void）interrupt 1 using 1
{
    TH0 = 53036/256；
    TL0 = 53036 % 256；
    P10 = !  P10；
）
```

7.3　串行通信接口

7.3.1　数据通信概述

1. 并行通信与串行通信

CPU 与外围设备的信息交换以及计算机与计算机之间的信息交换均称为通信。通信有两种基本方式：

并行通信——数据的各位同时传送。特点是通信速度快，但传输线多、成本高，适用于近距离通信。

串行通信——数据的各位一位一位地顺序传送。特点是传输线少（1～2 根），通信速度慢、成本低，适用于远距离通信。图 7-12 所示为 8051 单片机分别通过并行接口与串行接口和外围设备通信的连接图。

2. 串行通信的两种基本方式

（1）异步传送

　　数据的传送是按帧进行的，一帧表示一个数据。用"0"表示传送数据的开始，接着是数据位，最后发送一个停止位"1"。格式如图7-13 所示。

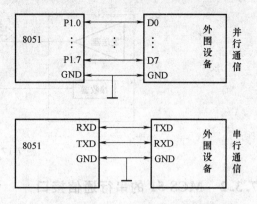

　　异步传送时，发送与接收的数据的同步是利用每一帧的起止信号建立的。双方靠各自的时钟源控制发送与接收。

　　（2）同步传送

　　数据的传送是按帧连续传送，数据与数据之间不需要设置起始位与停止位，但要在传送的数据块上加上同步字符（CRC），如图7-14 所示。

图 7-12　8051 单片机与外围设备通信的连接图

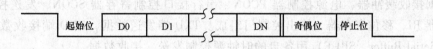

图 7-13　异步串行通信数据格式

图 7-14　同步通信数据格式

MCS-51 系列单片机采用的是异步传送方式，同步脉冲由单片机内部的定时器产生。

　　（3）串行通信数据的传送方向

　　串行通信数据的传送方向有三种：

　　①　单工传送，一端发送，一端接收，如图7-15 所示。

　　②　半双工传送，一端可发送、可接收，但同一时间只能实现一个功能，双方可通过硬件、软件约定，如图7-16 所示。

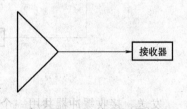

图 7-15　单工方式

　　③　全双工传送，同一时间既可发送又可接收，双方有各自独立的通道，按通信协议完成发送、接收工作，如图7-17 所示。

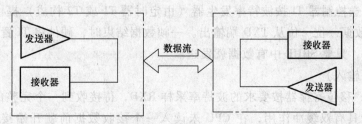

图 7-16　半双工方式

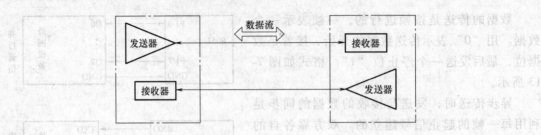

图 7-17　全双工方式

7.3.2　MCS-51 的串行通信接口

1. 串行接口结构组成

MCS-51 系列单片机有一个异步接收/发送器（Universal Asynchronous Receiver/Transmitter, UART），用于串行全双工异步通信，也可作为同步寄存器使用。它主要由数据发送缓冲器、数据接收缓冲器、电源控制器 PCON、串行接口控制寄存器 SCON、发送控制器 TI、接收控制器 RI、移位寄存器、输出控制门组成。TXD 端发送数据，RXD 端接收数据；两个缓冲器（Serial Buffer, SBUF）用各自的时钟源控制发送、接收数据。

2. 串行接口工作原理

串行接口结构框图如图 7-18 所示。

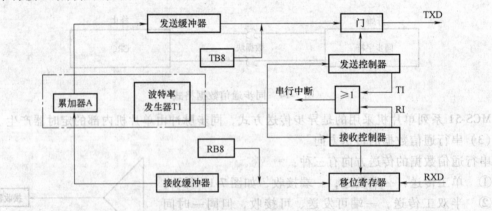

图 7-18　串行接口结构框图

发送、接收缓冲器共用一个地址（99H）。发送只写不读、接收只读不写，由所用指令是发送还是接收决定对哪个 SBUF 进行操作。

（1）发送（输出）

串行接口发送控制器 TI 按波特率发生器（由定时器 T1 或 T2 构成）提供的时钟速率把 SBUF 中的并行数据一位一位从 TXD 端输出。一帧数据结束时，硬件将 TI 置 1，必须软件清零。发送为主动，只要 SBUF 中有数据就发送。

（2）接收（输入）

REN ＝1 时，移位寄存器按要求的波特率采样 RXD，待接收到一个完整的字节后，就装入 SBUF。SBUF 具有双缓冲作用，在 CPU 未读入一个接收数据前就开始接收下一个数据，CPU 应在下一个字节接收完毕前读取 SBUF 中的数据。数据接收完，硬件自动置 RI ＝1，RI

必须软件清零。

7.3.3　串行接口的控制寄存器

串行接口的控制寄存器有两个，串行控制寄存器 SCON 和能改变波特率的特殊功能寄存器 PCON，其作用如下。

1. 串行控制寄存器 SCON

SCON 字节地址为 9BH，可位寻址。

SCON 用于确定串行通道的操作方式和控制串行通道的某些功能，也可用于发送和接收第 9 个数据位（TB8、RB8），并有接收和发送中断标志（RI 及 TI）位。SCON 各位的意义如下：

D7	D6	D5	D4	D3	D2	D1	D0
SM0	SM1	SM2	REN	TB8	RB8	TI	RI

1）SM0、SM1——指定了串行通道的工作方式，若设振荡器频率为 f_{osc}，则规定见表 7-1。

表 7-1　串行接口工作方式

SM0	SM1	工作方式	功　　能	波特率
0	0	方式 0	移位寄存器方式，用于并行 I/O 扩展	$f_{osc}/12$
0	1	方式 1	8 位通用异步接收器/发送器	可变
1	0	方式 2	9 位通用异步接收器/发送器	$f_{osc}/32$ 或 $f_{osc}/64$
1	1	方式 3	9 位通用异步接收器/发送器	可变

2）SM2——多机通信控制位。在进行多机通信时，需要用 SM2 控制从机是准备接收地址还是接收数据。当串行接口以方式 2 或方式 3 接收时，若 SM2 = 1，则只有当接收到的第 9 位数据（RB8）为 1，才将接收到的前 8 位地址送入 SBUF，并置位 RI 产生中断请求。否则，将接收到的 8 位地址丢弃。而当 SM2 = 0 时，则不论第 9 位数据为 0 还是为 1，都将前 8 位数据装入 SBUF 中。并产生中断请求。在方式 0、方式 1 时，SM2 必须为 0。

3）REN——允许串行接口接收控制位。用软件置 REN = 1 时，为允许接收状态，可启动串行接口的接收器 RXD，开始接收数据。用软件复位（REN = 0）时，为禁止接收状态。

4）TR8——在方式 2 和方式 3 时，它是要发送的第 9 个数据位，按需要由软件进行置位或清零。例如，可用作数据的奇偶校验位，或在多机通信中表示是地址帧/数据帧标志位。

5）RB8——在方式 2 和方式 3 时，它是接收到的第 9 位数据，作为奇偶校验位或地址帧/数据帧标志位。在方式 1 时，若 SM2 = 0，则 RB8 是接收到的停止位。在方式 0 时，不使用 RB8。

6）TI——发送中断标志位。在方式 0 时，当串行发送数据字节第 8 位结束时，由内部硬件置位（TI = 1），向 CPU 申请发送中断。CPU 响应中断后，必须用软件清零，取消此中断标志。在其他方式时，它在停止位开始发送时由硬件置位。同样，必须用软件使其复位。

7）RI——接收中断标志位。在方式 0 时，串行接收到第 8 位数据时由内部硬件置位。在其他方式中，它在接收到停止位的中间时刻由硬件置位，也必须用软件来复位。

SCON 的所有位在复位之后均为 0。

SCON 的内容可由指令来设定，如选择工作方式 0 并启动接收，可由指令 SCON = 0x10（汇编指令为 MOV SCON, #10H）来设定。应当指出的是，当由指令改变 SCON 的内容时，改变的内容是在下一条指令的第一个周期的 S1P1 状态期间才锁存入 SFR 中并开始生效的。如果，此时已经开始进行一次串行发送，那么 TR8 中送出去的仍是原有的值，而不是新值。

当一帧发送完成时，发送中断标志 TI 被置位，接着发生串行接口中断。当接收完一帧时，接受中断标志 RI 被置位，同样产生串行接口中断，如 CPU 允许中断，则进入串行接口中断服务程序。但 CPU 事先并不能分辨是由 TI 还是由 RI 引起的中断请求，而必须在中断服务程序中用位测试指令加以判别。两个中断标志位 TI 及 RI 均不能自动复位，故必须在中断服务程序设置清中断标志位指令，撤消中断请求状态。否则，未复位的中断标志位状态又将表示有中断请求。

2. 特殊功能寄存器 PCON

PCON 字节地址 87H，没有位寻址。

格式	D7	D6	D5	D4	D3	D2	D1	D0
	SMOD	—	—	—	—	—	—	—

PCON 中的 D7 位为串行接口波特率选择位。当用软件使 SMOD = 1 时（如使用 MOV PCON, #80H 指令），则使方式 1、方式 2、方式 3 的波特率加倍。SMOD = 0 时，各工作方式波特率不加倍。整机复位时，SMOD 为 0。

单片机串行通道内设有数据寄存器。在所有的串行方式中，在写 SBUF 信号的控制下把数据装入 9 位的发送移位寄存器，前面 8 位为数据字节，其最低位就是移位寄存器的移位输出位。根据不同的工作方式会自动将 1 或 TB8 的值装入移位寄存器的第 9 位，并进行发送。

单片机串行通道的接收寄存器是一个输入移位寄存器。在方式 0 时，移位寄存器字长为 8 位。在其他方式时，其字长为 9 位。当一个字符接收完毕，移位寄存器中的数据字节装入 SBUF 中，其第 9 位则装入 SCON 的 RB8 位。如果 SM2 使得已接收的数据无效，则 RB8 位和 SBUF 中的内容不变。

7.3.4 串行接口的 4 种工作方式

1. 方式 0——移位寄存器方式

在方式 0 下，串行接口作为同步移位寄存器使用。这时以 RXD（P3.0）端作为数据移位的入口和出口，而由 TXD（P3.1）端提供移位脉冲。移位数据的发送和接收以 8 位为一帧，不设起始位和停止位，低位在前高位在后。帧的格式为

…	D0	D1	D2	D3	D4	D5	D6	D7	…

（1）数据发送与接收

使用方式 0 实现数据的移位输入输出时，实际上是把串行接口变成并行接口使用。

串行接口作为并行输出接口使用时，要有"串入并出"的移位寄存器配合（例如 CD4049 或 74LS164），其电路连接如图 7-19a 所示。

图 7-19b 所示为 74LS164 的端子图，芯片各端子功能如下。

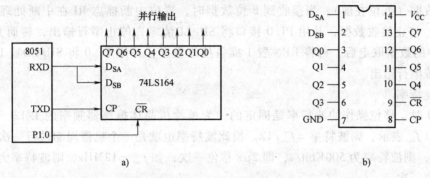

图 7-19　串行口与 74LS164 配合

a）串行接口与 74LS164 配合　b）74LS164 8 位串入/并出移位寄存器

Q0 ~ Q7 为并行输出接口。

D_{SA}、D_{SB} 为串行输入接口。

$\overline{CR}$ 为清零端子，低电平时，使 74LS164 输出清零。

CP 为时钟脉冲输入端子，在 CP 脉冲的上升沿作用下实现移位。在 CP = 0，$\overline{CR}$ = 1 时，74LS164 保持原来的数据状态不变。

利用串行接口与 74LS164 实现 8 位串入并行输出的连接，数据从串行接口 RXD 端在移位时钟脉冲（TXD）的控制下逐位移入 74LS164。当 8 位数据全部移出后，SCON 的 T1 位被自动置 1，其后 74LS164 的内容即可并行输出。用 P1.0 输出低电平可将 74LS164 的输出清零。

如果把能实现"并入串出"功能的移位寄存器（例如 CD4014 或 74LS165）与串行接口配合使用，就可以把串行接口变为并行输入接口使用，如图 7-20a 所示。

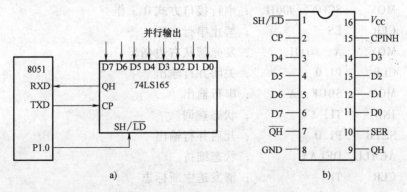

图 7-20　串行口与 74LS165 配合

a）串行接口与 74LS165 配合　b）74LS165 8 位串入或并入/补码串出移位寄存器

图 7-20b 所示为 74LS165 端子图，SH/$\overline{LD}$ = 1 时允许串行移位，SH/$\overline{LD}$ = 0 时允许并行输入。QH 为串行移位输出接口，SER 为串行移位输入接口（用于 2 个 74LS165 输入 16

位并行数据），当 CPINH ＝1 时，从 CP 端子输入的每一个正脉冲使 QH 输出移位一次。$\overline{QH}$ 为补码输出接口。

74LS165 移出的串行数据由 QH 经 RXD 接口串行输入，同时由 TXD 接口提供移位时钟脉冲 CP。8 位数据串行接收需要有允许接收的控制，具体由 SCON 的 REN 位实现，REN ＝0 时禁止接收，REN ＝1 时允许接收。当软件给 REN 置位时，即开始从 RXD 接口以 $f_{osc}/12$ 波特率输入数据（低位在前）。当接收到 8 位数据时，置位中断标志 RI 在中断处理程序中将 REN 清零，停止接收数据，并用 P1.0 接口将 SH/$\overline{LD}$ 清零，停止串行输出，转而并行输入。当 SBUF 中的数据取走后，再将 REN 置 1 准备接收数据，并用 P1.0 将 SH/$\overline{LD}$ 置 1，停止并行输入，转串行输出。

（2）波特率

方式 0 时，移位操作的波特率是固定的，为单片机晶体振荡器频率的 1/12，如晶体振荡器频率以 f_{osc} 表示，则波特率 ＝$f_{osc}/12$。按此波特率也就是一个机器周期进行一次移位，如 f_{osc} ＝6MHz，则波特率为 500Kbit/s，即 2μs 移位一次；如 f_{osc} ＝12MHz，则波特率为 1Mbit/s，即 1μs 移位一次。

（3）应用举例

[**例 7-3**] 使用 74LS164 的并行输出接口接 8 只发光二极管，利用它的串入并出功能，把发光二极管从右向左依次点亮，并反复循环。

假定发光二极管为共阴极型，则电路连接如图 7-21 所示。

当串行接口把 8 位状态码串行移位输出后，TI 置 1。如把 TI 作为状态查询标志，则使用查询方法完成的参考程序如下。

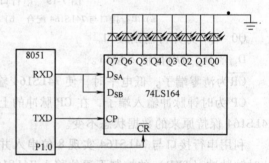

图 7-21 串行移位输出电路

```
         ORG    0000H
         MOV    SP, #50H
         MOV    SCON, #00H   ; 串行接口方式 0 工作
         CLR    ES           ; 禁止串行中断
         MOV    A, #01H       ; 发光管从右边亮起
DELR：   CLR    P1.0         ; 关闭并行输出
         MOV    SBUF, A      ; 串行输出
         JNB    TI, $        ; 状态查询
         SETB   P1.0         ; 开启并行输出
         ACALL  DELAY        ; 状态维持
         CLR    TI           ; 清发送中断标志
         RR     A            ; 发光右移
         AJMP   DELR         ; 继续
```

注意：串行接口先移出最低位 D0，而 74LS164 通过同步脉冲移到 Q0，随着 8B 的逐步移出，D0 位通过 8 个同步脉冲移到 Q7。

此外，串行接口并行 I/O 扩展功能还常用于 LED 显示器接口电路。

2. 方式 1——串行工作方式

方式 1 是 10 位为 1 帧的异步串行通信方式。共包括 1 个起始位、8 个数据位和 1 个停止位。其帧格式为

起始位	D0	D1	D2	D3	D4	D5	D6	D7	停止

（1）数据发送与接收

方式 1 的数据发送是由一条写发送寄存器指令开始的。随后，在串行接口由硬件自动加入起始位和停止位，构成一个完整的帧格式。然后，在移位脉冲的作用下，由 TXD 接口串行输出。一个字符帧发送完后，使 TXD 接口维持在"1"（space）状态下，并将 SCON 的 TI 置 1，通知 CPU 可以发送下一个字符。

接收数据时，SCON 的 REN 位应处于允许接收状态（REN = 1）。在此前提下，串行接口采样 RXD 端，当采样到从 1 向 0 的状态跳变时，就认定是接收到起始位。随后，在移位脉冲的控制下，把接收到的数据位移入接收寄存器中。直到停止位到来之后把停止位送入 RB8 中，并置位中断标志位 RI，通知 CPU 从 SBUF 取走接收到的一个字符。

（2）波特率设定

方式 0 的波特率是固定的，一个机器周期进行一次移位。但方式 1 的波特率是可变的，其波特率由定时器 1 的计数溢出来决定，其公式为

$$波特率 = \frac{2^{SMOD}}{32} \times （定时器 1 溢出率）$$

式中，SMOD 为 PCON 寄存器最高位的值，SMOD = 1 表示波特率加倍。

当定时器 1（也可使用定时器 2）作为波特率发生器使用时，通常选用定时器 1 的工作方式 2（注意，不要把定时器/计数器的工作方式与串行接口的工作方式搞混了）。其计数器结构为 8 位，假定计数初值为 COUNT（单片机的机器周期为 T），则定时时间为

$$（256 - COUNT）\times T$$

从而在 1s 内发生溢出的次数（即溢出率）为

$$\frac{1}{（256 - COUNT）T}$$

其波特率为

$$\frac{2^{SMOD}}{32（256 - COUNT）T}$$

由于针对具体的单片机系统而言，其时钟频率是固定的，从而机器周期 T 也是可知的，所以在上面的公式中有两个变量：波特率和计数初值 COUNT。只要已知其中一个变量的值，就可以求出另外一个变量的值。

在串行接口工作方式 1 中，之所以选择定时器的工作方式 2，是由于方式 2 具有自动加载功能，从而避免了通过程序反复装入计数初值而引起的定时误差，使波特率更加稳定。

3. 方式 2——串行工作方式

方式 2 是 11 位一帧的串行通信方式，即 1 个起始位、9 个数据位和 1 个停止位。

在方式 2 下，字符还是 8 个数据位。而第 9 数据位既可作奇偶校验位使用，也可作控制使用，其功能由用户确定。发送之前应先在 SCON 中的 TB8 准备好，可使用如下指令完成，

即

```
SETB    TB8        ；TB8 位置 1
CLR     TB8        ；TB8 位清 0
```

准备好第 9 数据位之后，再向 SBUF 写入字符的 8 个数据位，并以此来启动串行发送。一个字符帧发送完毕后，将 TI 位置 1，其过程与方式 1 相同。方式 2 的接收过程也与方式 1 基本类似，不同之处在于第 9 数据位上，串行接口把接收到的 8 位数据送入 SBUF，而把第 9 数据位送入 RB8。

方式 2 的波特率是固定的，且有两种。一种是晶体振荡器频率的 1/32；另一种是晶体振荡器频率的 1/64，即 $f_{osc}/32$ 和 $f_{osc}/64$，如用公式表示则为

$$波特率 = 2^{SMOD} \times f_{osc}/64$$

即与 PCON 中 SMOD 位的值有关。当 SMOD = 0 时，波特率等于 $f_{osc}/64$；当 SMOD = 1 时，波特率等于 $f_{osc}/32$。

4. 方式 3——串行工作方式

方式 3 同样是 11 位为一帧的串行通信方式（1 个起始位、9 个数据位和 1 个停止位），其通信过程与方式 2 完全相同，所不同的仅在于波特率。方式 3 的波特率则可由用户根据需要设定。其设定方式与方式 1 一样，即通过设置定时器 1 的初值来设定波特率。

7.3.5　多机通信

串行接口用于多机通信时必须使用方式 2 或方式 3。

设多机系统有 1 个主机与 3 个从机，从机地址分别为 00H、01H、02H。如果距离很近，它们可以直接以 TTL 电平通信，如图 7-22 所示。为了区分是数据信息还是地址信息，主机用第 9 数据位 TB8 作为地址/数据的识别位，地址帧的 TB8 = 1，数据帧的 TB8 = 0。各从机的 SM2 必须置 1。

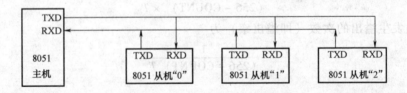

图 7-22　多机通信方式

在主机与某一从机通信前，先将该从机的地址发送给各从机。由于各从机 SM2 = 1，接收到的地址帧 RB8 = 1，所以各从机的接收信息都有效，送入各自的接收缓冲器，并使 RI = 1。各从机 CPU 响应中断后，通过软件判断主机送来的是不是本从机地址，如是本从机地址，就使 SM2 = 0，否则保持 SM2 = 1。

接着主机发送数据帧，因数据帧的第 9 数据位 RB8 = 0，只有地址相符的从机其 SM2 = 0，才能将 8 位数据装入 SBUF，其他从机因 SM2 = 1，数据将丢失，从而实现主机与从机的一对一通信。

方式 2、方式 3 也可以用于双机通信，此时第 9 数据位可作为奇偶校验位，但必须使 SM2 = 0。

7.3.6 波特率计算

波特率即数据传送速率，是每秒传送二进制数码的位数，单位为 bit/s。串行接口的 4 种工作方式决定 3 种波特率。

① 方式 0，波特率为固定值，为单片机时钟频率的 1/12，即 $f_{osc}/12$。

② 方式 2 有 2 种波特率，有

$$波特率 = (2^{SMOD}/64) \times f_{osc}$$

式中，SMOD = 0，1。

③ 方式 1 和方式 3 波特率是可变的，有

$$波特率 = (2^{SMOD}/32) \times N$$

式中：N 为定时器溢出率，1s 溢出的次数为 N，$N = (f_{osc}/12)(1/2^k - COUNT)$，$k$ 由定时器工作方式决定，$k = 13$，16，8；SMOD = 0，1；为波特率倍增位。

[例7-4] 设串行接口工作于工作方式 3，SMOD = 0，$f_{osc} = 11.0592$MHz，定时器/计数器 1 工作于方式 2（自动重装载方式），要求波特率为 2400bit/s，求计数初值 COUNT。

因为定时器/计数器 1 的定时时间为

$$T_C = (256 - COUNT) \times 12/f_{osc}$$

其溢出速率为

$$N = 1/T_C = f_{osc}/[(256 - COUNT) \times 12]$$

所以波特率为

$$(2^0/32) \times N = (2^0/32) \times 11.0592 \times 10^6/[(256 - COUNT) \times 12] = 2400$$

可以求得

$$COUNT = 244 = 0F4H$$

假如本例中的 f_{osc} 不是 11.0592MHz，而是 12MHz，重复上述的计算过程，可得初值 COUNT = 242.98，计算结果不是正好的整数，因此只能四舍五入近似为 243。再用初值 243 计算一下波特率，其结果为 2403.8bit/s，而非题目要求的 2400bit/s。虽然数值上相差不大，但这意味着串行通信的两方速度可能不一致，每秒钟会有 3.8 个字符的偏差。这造成了通信的内容频繁出错，大大增加了 CPU 用于校验和处理错误的负担。所以在使用串行通信的情况下，晶体振荡器通常选用 11.0592MHz、22.1058MHz 等数值，而不选用 12MHz、6MHz 等数值。

7.3.7 PC 与单片机通信技术

在工控系统（尤其是多点现场工控系统）设计实践中，单片机与 PC 组合构成分布式控制系统是一个重要的发展方向。分布式系统主从管理，层层控制。主控计算机监督管理各子系统分机的运行状况。子系统与子系统可以是平等信息交换的，也可以是主从关系的。分布式系统最明显的特点是可靠性高，某个子系统的故障不会影响其他子系统的正常工作。

分布式控制系统的结构如图 7-23 所示。

在分布式系统的各子系统中，控制器可完全由计算机代替。子系统中的计算机必须结构紧凑，才能适应较恶劣的环境或直接装配在设备上，所以单片机是分布式控制系统的优选机型。这样计算机与单片机的通信就显得越来越重要，利用 PC 配置的异步通信适配器，可以

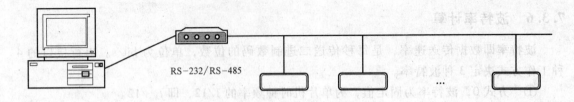

图 7-23　分布式控制系统的结构

方便地完成 PC 与 8051 单片机的数据通信。

一台 PC 既可以与一台单片机应用系统通信，也可以与多台单片机应用系统通信，可以近距离通信也可以远距离通信。单片机与 PC 通信时，其硬件接口技术主要是电平转换、控制接口设计和远近通信接口的不同处理技术。

MCS-51 单片机串行接口与 PC 的 RS-232C 接口不能直接对接，必须进行电平转换，常见的 TTL 到 RS-232C 的电平转换器有 MC1488/1489 和 MAX232 等芯片。

近来一些系统中，越来越多地采用具有自升压电平转换功能的 MAX232 芯片。MAX232芯片是美国 MAXIM 公司生产的，包含两路接收器和驱动器的 IC 芯片，且仅需要单一的＋5V电源。其内置电子泵电压转换器，将＋5V转换成 RS-232C 所需输出电平 ±9V。该芯片与TTL/CMOS 电平兼容，内部有 2 个发送器、2个接收器，使用比较方便。MAX232 芯片的引脚功能如图 7-24 所示。

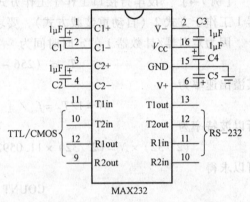

图 7-24　MAX232 芯片的引脚功能

MAX232 芯片内部有两路电平转换电路。实际应用中，可以从两路发送/接收器中任选一路作为接口，但要注意其发送和接收的端子必须相对应。端子 T1in 或 T2in 可以直接接 TTL/CMOS 电平的单片机的串行发送端 TXD，R1out 或 R2out 可以直接接 TTL/CMOS 电平的单片机的串行接收端 RXD，T1out 或 T2out 可以直接接 PC 的 RS-232 串行接口的接收端 RXD，R1in 或 R2in 可以直接接 PC 的 RS-232 串行接口的发送端 TXD，如图 7-25 所示。

近年来，随着单片机以及计算机技术的不断发展，特别是网络技术的应用，采用计算机与多台单片机构成的小型测控系统越来越多。它既利用了单片机的价格低、功能强、抗干扰能力强、灵活性好和面向控制等优点，又利用 Windows 操作系统的高级用户界面、多

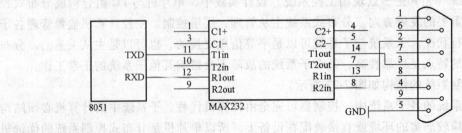

图 7-25　PC、单片机与 MAX232 的连接图

任务、自动内存管理等特点。在这种系统中，单片机主要进行实时数据采集和预处理，然后通过串行接口将数据传给计算机，计算机对这些数据进行进一步处理。例如，求方差、均值、动态曲线与计算给定、打印输出的各种参数等。这里以一台 PC 和一台单片机为例给出单片机与计算机的通信过程。可以通过计算机发送字符，单片机接收到数据后立即通过串行接口发回此数据并在计算机的 CRT 上显示该字符 0、来测试计算机与单片机的串行接口是否工作正常。计算机软件可以用 Basic 语言、C 语言开发，也可以利用 VB、VC、Delphi 等开发平台。

在 DOS 操作环境下，要实现单片机与计算机的通信，只要直接对计算机接口的 8250 通信芯片进行接口地址操作即可。在 Windows 的环境下，由于系统硬件的无关性，不再允许用户直接操作串行接口地址。如果用户要进行串行通信，可以调用 Windows 的应用程序接口（Application Program Interface，API）函数，但其使用较为复杂。而使用 Microsoft Visual Basic 通信控件（MSComm）却可以很容易地解决这个问题。

新一代面向对象的程序设计语言 Visual Basic（VB）很好地结合了 Windows 图形工作环境与 Basic 语言的编程简便性。它简明易用、实用性强，因而得到广泛应用。VB 提供一个名为 MSComm32. OCX 的通信控件，添加 MSComm32. OCX 通信控件如图 7-26 所示。只要在 VB 的集成开发环境下，点击菜单栏里的"工程→部件"，再在 Microsoft Comm Control 前面的方框里打勾即可。它具备基本的串行通信能力，即通过串行接口发送和接收数据，为应用程序提供串行通信功能。

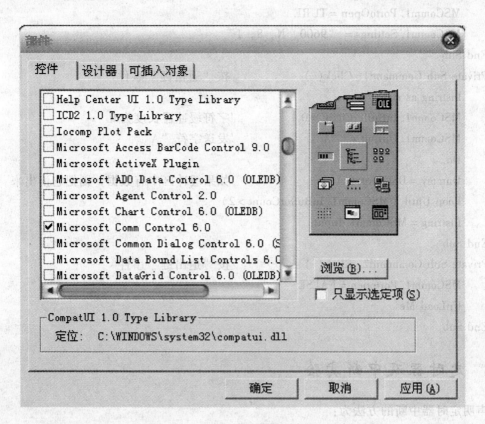

图 7-26　添加 MSComm32. OCX 通信控件

单片机程序清单（汇编语言）如下：

```
            ORG     0000H
MAIN：      MOV     TMOD, #20H              ; 在 11.0592MHz 下，串行接口波特率
            MOV     TH1, #0FDH             ; 9600bit/s，方式 3
            MOV     TL1, #0FDH
            MOV     PCON, #00H
            SETB    TRI
            MOV     SCON, #0D8H
LOOP：      JBC     RI, RECEIVE            ; 接收到数据后立即发出去
            SJMP    LOOP
RECEIVE：   MOV     A, SBUF
            MOV     SBUF, A
SEND：      JBC     TI, SFNDEND
            SJMP    SEND
SENDEND：   SJMP    LOOP
```

PC 程序清单（VB 语言）如下：

```
Private Sub From_Load( )
    MSComm1. CommPort = 1
    MSComm1. PortoOpen = TURE
    MSComm1. Settings = "9600, N, 8, 1"
End Sub
Private Sub Command1_Click( )            '按"通信键"事件
    lnstring as string
    MSComm1. InBufferCount = 0           '字符缓冲器长度为 0
    MSComm1. Output = "A"                '发送字符"A"
    Do
    Dummy = DoEvents( )                  '如果缓冲区中有数据，则把它读出来
    Loop Until （MSComm1. InBufferCount > 2)
    Instring = MSComm1. Input
End Sub
Private Sub Command2_Click( )            '按"退出键"事件
    MSComm1. Portopen = FALSE
    UnLoad Me
End Sub
```

7.4 定时器及中断实验

声明定时器中断的方法为：

定时器 T0 中断：void 函数名 interrupt 1

定时器 T1 中断：void 函数名 interrupt 3

参照图 5-9 所示电路，编写程序使单色灯每隔 50ms 点亮，再隔 50ms 熄灭，使用定时器 1，使用 12MHz 的晶体振荡器。

程序如下：

```
#include  < reg51. h >
#define LED P1
//------定时程序------
unsigned char k = 0x00;          //在函数体外为全局变量
void intl( )  interrupt 3
{
    TR1 = 0;                     //停止计数
    TL1 = 0x01;                  //定时 50ms 初值
    TH1 = 0x4c;
    TR1 = 1;                     //开始计数
    LED = k;                     //将数值送 P1 接口点亮或灭单色灯
    k = ~ k;                     //翻转单色灯的值，即亮变灭，灭变亮，形成下个值
}
//------主程序------
void main ( )
{
    TMOD = 0x10;                 //置 T1 方式 1
    TL1 = 0x01;                  //定时 50ms 初值
    TH1 = 0x4c;
    TR1 = 1;
    ET1 = 1;
    EA = 1;                      //开中断
    while (1);
}
```

全速运行，可以看到 8 个单色灯一闪一闪，但非常快。能否使其慢一点呢？当然可以，但这里使用的单片机的工作频率是 12MHz，单片机定时器的最大定时时间也只有 65ms 左右，所以不能采用直接改变定时器初值的方法，只能引用一个变量来控制时间，使定时器还是定时 50ms。只是让其 N 进入定时器后再显示，这样就可能达到将时间延长的目的了。

以下程序实现单色灯 1s 间隔闪烁，读者可以仔细思考一下。

```
#include  < reg51. h >
//在函数体外为全局变量。times = 20 代表进入中断 20 次
unsigned char k = 0x00, times = 20;
//------定时程序------
void intl ( ) interrupt 3
{
```

```
    TR1 = 0;                        //停止计数
    TL1 = 0x01;                     //定时50ms初值
    TH1 = 0x4c;
    TR1 = 1;                        //开始计数
    times = times--;
    if（times = = 0）
      {
        times = 20;                 //定时1s时间到
    LED = k;                        //将数值送P1接口，点亮或灭单色灯
    k = ~ k;                        //翻转单色灯的值，形成下个值
      }
}
//------主程序------
void main（）
{
    TMOD = 0x10;  //置T1方式1
    TL1 = 0x01;  //定时50ms初值
    TH1 = 0x4c;
    TR1 = 1;
    ET1 = 1;
    EA = 1;  //开中断
    while（1）;
}
```

习　　题

1. 什么是中断？什么是中断源？

2. 什么是中断优先级？什么是中断嵌套？

3. 单片机引用中断技术后，有什么优点？

4. 简述中断处理流程。

5. MCS-51单片机允许有哪几个中断源？各中断源的矢量地址分别是什么？

6. MCS-51单片机有几个优先级？如何设置？

7. 若采用$\overline{\text{INT1}}$，下降沿触发，中断优先为最高级，试写出相关程序段。

8. 在晶体振荡器频率为12MHz，采用12分频方式，LED每隔1s闪烁4次，使用中断技术，试用T0计时，在方式1下实现。

9. 使用中断的方法，设计1个秒脉冲发生器。

10. MCS-51单片机内部有哪几个计时器/计数器？

11. 单片机定时器/计数器有哪两种功能？当作为计数器使用时，对外部计数脉冲有何要求？

12. 方式控制寄存器 TMOD 各位控制功能如何？

13. 控制寄存器 TCON 的高 4 位控制功能如何？

14. 在晶体振荡器频率为 12MHz 时，采用 12 分频，要求在 P1.0 端口输出周期为 150μs 的方波，P1.1 端口输出周期为 1ms 的矩形波，其占空比为 1:2（高电平短，低电平长）。试用定时器/计数器方式 0、方式 1 编程。

15. 在晶体振荡器频率为 12MHz，采用 12 分频方式，要求计时 1min，试用 T0 和 T1 合用实现计时 1min 的程序。

16. 串行通信有什么特点？

17. 异步通信与同步通信的主要区别是什么？

18. 何谓单工方式、半双工方式、全双工方式？

19. MCS-51 单片机的串行接口内部结构如何？

20. 串行通信主要由哪几个功能寄存器控制？

21. MCS-51 单片机串行接口有哪几种工作方式？对应的帧格式如何？

22. MCS-51 单片机串行接口在不同的工作方式下，波特率是如何确定的？

23. 简述串行端口方式 0 和方式 1 的发送与接收工作过程。

24. 简述多机通信的工作原理。

第8章 MCS-51单片机的系统扩展

MCS-51单片机在一块芯片上已经集成了计算机的基本功能部件，功能较强。在大多数智能仪器仪表、家用电器、小型检测与控制系统中，可以直接采用一片单片机就能满足需要，使用非常方便。但在一些较大的应用系统中，仅通过它内部集成的功能部件往往不够用，这时就需要在外部扩展一些外围功能芯片以满足系统的需要。

MCS-51单片机的系统扩展包括程序存储器扩展、数据存储器扩展、I/O接口扩展、定时器/计数器扩展、中断系统扩展和串行口扩展。在本章中，只介绍应用较多的程序存储器扩展、数据存储器扩展和I/O接口扩展。

8.1 MCS-51单片机的最小系统

所谓最小系统，是指一个真正可用的单片机的最小配置系统。对于单片机内部资源已能够满足系统需要的，可直接采用最小系统。

由于MCS-51系列单片机内部不能集成时钟电路所需的晶体振荡器，也没有复位电路，在构成最小系统时；必须外接这些部件。另外，根据内部有无程序存储器的情况，MCS-51单片机的最小系统分为两种情况。

8.1.1 8051/8751的最小系统

8051/8751内部有4KB ROM/EPROM，因此只需要外接晶体振荡器和复位电路就可以构成最小系统，如图8-1所示。该最小系统的特点如下：

1）由于外部没有扩展存储器和外设，P0、P1、P2、P3都可以作为用户I/O接口使用。

2）内部数据存储器有128B，地址空间为00H～7FH，没有外部数据存储器。

3）内部有4KB的程序存储器，地址空间为0000H～0FFFH，没有外部程序存储器，$\overline{EA}$应接高电平。

4）可以使用两个定时器/计数器T0和T1、一个全双工的串行通信接口和5个中断源。

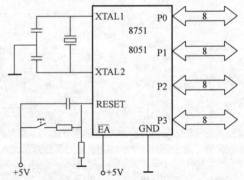

图8-1 8051/8751最小应用系统

8.1.2 8031的最小系统

8031内部无程序存储器，因此在构成最小系统时，不仅要外接晶体振荡器和复位电路，还应在外部扩展程序存储器。图8-2所示就是8031外接2764程序存储器芯片构成的最小系统。该最小系统特点如下。

（1）由于 P0、P2 在扩展程序存储器时作为地址线和数据线，不能作为 I/O 线，因此，只有 P1、P3 作为用户 I/O 接口使用。

（2）内部数据存储器同样有 128B，地址空间为 00H ~ 7FH，没有外部数据存储器。

（3）内部无程序存储器，外部扩展了程序存储器，其地址空间随芯片容量不同而不同。图 8-2 中使用的是 2764 芯片，容量为 8KB，地址空间为 0000H ~

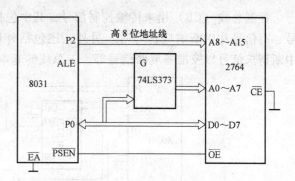

图 8-2 8031 外接 2764 程序存储器芯片
构成的最小系统

1FFFH。由于内部没有程序存储器，只能使用外部程序存储器，$\overline{EA}$ 只能接低电平。

（4）同样可以使用两个定时器/计数器 T0 和 T1，一个全双工的串行通信接口和五个中断源。

8.2 并行扩展概述

并行扩展是指单片机与外围设备之间采用并行接口的连接方式，数据传输采用并行传送方式。并行扩展方式一般采用总线并行扩展，即数据传送由数据总线完成，地址总线负责外围设备的寻址，而传输过程中的传输控制（如读、写操作等）则由控制总线来完成。与串行扩展相比，并行扩展的数据传输速度较快，但扩展电路较复杂。

8.2.1 总线

总线是单片机应用系统中各部件之间传输信息的通路，为 CPU 和其他部件之间提供数据、地址以及控制信息。按总线所在位置可分为内部总线和外部总线，前者是指 CPU 系统内部各部件之间的通路，后者指 CPU 系统和其外围单元之间的通路。通常所说的总线是指外部总线，按通路上传输的信息可分：数据总线（Data Bus，DB）、地址总线（Address Bus，AB）和控制总线（Control Bus，CB）。

（1）数据总线

数据总线（DB）用于单片机与存储器之间或单片机与 I/O 接口之间传输数据。数据总线的位数与单片机处理数据的字长一致，如 MCS-51 单片机是 8 位字长，数据总线的位数也是 8 位。从结构上来说，数据总线是双向的，即数据既可以从单片机送到 I/O 接口，也可以从 I/O 接口送到单片机。

（2）地址总线

地址总线（AB）用于传送单片机送出的地址信号，以便进行存储单元和 I/O 接口的选择。地址总线的位数决定了单片机可扩展存储容量的大小，如 MCS-51 单片机地址总线为 16 位，其最大可扩展存储容量为 $2^{16}B = 64KB$。地址总线是单向的，因此地址信息总是由 CPU 发出的。

（3）控制总线

控制总线（CB）用来传输控制信号，其中包括 CPU 送往外围单元的控制信号，如读信号、写信号和中断响应信号等。另外，还包括外围单元发送给 CPU 的信号，如时钟信号、中断请求信号以及准备就绪信号等。三总线的基本结构如图 8-3 所示。

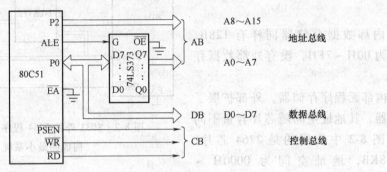

图 8-3　单片机的三总线结构

8.2.2　总线扩展的实现

通常情况下，单片机采用最小系统，最能发挥其体积小、功能全、价格低廉等优点。但在有些场合下，所选择的单片机无法满足应用系统要求，需要在其外部扩展所需的相应器件，单片机提供用于外部扩展的扩展总线。

1. 并行扩展总统组成

MCS-51 单片机中，由 P0 接口用作地址/数据复用口，P2 接口用作地址线的高 8 位，P3 接口的RD、WR加上控制线EA、ALE、PSEN等组成控制总线。

（1）地址总线 A0 ~ A15　地址总线的高 8 位由 P2 接口提供的，低 8 位由 P0 接口提供。在访问外部存储器时，由地址锁存信号 ALE 的下降沿把 P0 接口的低 8 位以及 P2 接口的高 8 位锁存至地址锁存器中，从而构成系统的 16 位地址总线。

实际应用系统中，高位地址总线并不固定为 8 位，需要用几位就从 P2 接口中引出几条线。

（2）数据总线 D0 ~ D7　数据总线由 P0 接口提供，因为 P0 接口既用作地址线，又用作数据线（分时使用），因此需要加一个 8 位锁存器。在实际应用时，先把低 8 位地址送锁存器暂存，然后再由地址锁存器给系统提供低 8 位地址，而把 P0 接口作为数据线使用。在读信号RD与写信号WR有效时，P0 接口上出现的为数据信息。

（3）控制总线　系统控制总线共有 12 根，即 P3 接口的第二功能再加上 RESET、EA、ALE 和PSEN。实际应用中的常用控制信号如下：

- 使用 ALE 作为地址锁存的选通信号，以实现低 8 位地址的锁存。
- 以PSEN信号作为扩展程序存储器的读选通信号。
- 以EA信号作为内部、外部程序存储器的选择信号。
- 以RD和WR作为扩展数据存储器和 I/O 接口的读、写选通信号。执行 MOVX 指令时，这两个信号分别自动有效。

2. 总线扩展的特性

（1）三态输出　总线在无数据传送时呈高阻态，可同时扩展多个并行接口器件，因此存在寻址问题。单片机通过控制信号来选通芯片，然后实现一对一的通信。

（2）时序交互　单片机并行扩展总线有严格的时序要求，该时序由单片机的时钟系统控制，严格按照 CPU 的时序进行数据传输。

（3）总线协议的 CPU 控制　通过并行总线接口的数据传输，不需要握手信号，双方都严格按照 CPU 的时序协议进行，也不需要指令的协调管理。

并行总线扩展的主要问题是总线连接电路设计、器件的选择以及器件内部的寻址等。

并行总线扩展时，其所有的外围扩展设备的并行总线端子都连到相同的数据总线（DB）、地址总线（AB）以及公共的控制总线上。其中，数据总线为三态口，在不传送数据时为高阻态。总线分时对不同的外围设备进行数据传送。

总线连接方式的重点在于外围设备片选信号的产生。一般来说，外围设备（如存储器）的地址线数目总是少于单片机地址总线的数目。因此，连接后单片机的高位地址线总有剩余。剩余地址线一般作为译码线，译码输出与外围设备的片选信号线 CE 相接。对外围设备访问时，片选信号必须有效，即选中外围设备。片选信号线与单片机系统的译码输出相接后，就决定了外围设备的地址范围。在并行总线扩展中，单片机的剩余高位地址线的译码及译码输出与外围设备的片选信号线的连接，是扩展连接的关键问题。

译码有两种方法：部分译码法和全译码法。

（1）部分译码法

所谓部分译码法就是外围设备的地址线与单片机系统的地址线顺次相接后，剩余的高位地址线仅用一部分参加译码。参加译码的地址线对于选中某一外围设备有一个确定的状态，而与不参加译码的地址线无关。也可以说，只要参加译码的地址线处于对某一外围设备的选中状态，不参加译码的地址线的任意状态都可以选中该芯片。正因为如此，部分译码使外围设备的地址空间有重叠，造成系统地址空间的浪费。

例如，在图 8-4 中，某存储器芯片容量为 2KB，地址线为 11 根，与地址总线的低 11 位 A0 ~ A10 相连，用于选中芯内部的单元。地址总线中 A11、A12、A13、A14 参加译码的选中芯片，设这 4 根地址总线的状态为 0100 时选中该芯片。地址总线 A15 不参加译码，当地址总线 A15 为 0、1 两种状态时都可以选中该存储器芯片。

当 A15 = 0 时，芯片占用的地址是 0001000000000000 ~ 0001011111111111，即 1000H ~ 17FFH。

当 A15 = 1 时，芯片占用的地址是 1001000000000000 ~ 1001011111111111，即 9000H ~ 97FFH。

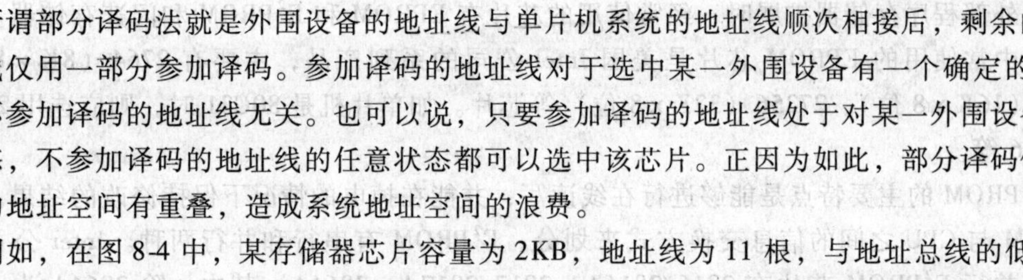

地址译码线					与存储器芯片连接的地址线										
A15	A14	A13	A12	A11	A10	A9	A8	A7	A6	A5	A4	A3	A2	A1	A0
●	0	0	1	0	×	×	×	×	×	×	×	×	×	×	×

图 8-4　部分地址译码

可以看出，若有 N 条高位地址线不参加译码，则有 2^N 个重叠的地址范围。重叠的地址范围中任意一个都能访问该芯片。部分译码使存储器芯片的地址空间有重叠，造成系统存储器空间的浪费，这是部分译码法的缺点。它的优点是译码电路简单。

部分译码法的一个特例是线译码。所谓线译码就是直接用一根剩余的高位地址线与一个外围设备芯片的片选信号 CS 相连。这样线路最简单，但它将造成系统地址空间的大量浪费，而且各芯片地址空间不连续。如果扩展的芯片数目较少，可以通过这种方式。

（2）全译码法

所谓全译码法就是存储器芯片的地址线与单片机系统的地址线顺次相接后，剩余的高位地址线全部参加译码。采用这种译码法的存储器芯片的地址空间是惟一确定的，但译码电路相对复杂。

以上这两种译码法在单片机扩展系统中都有应用。在扩展存储器（包括 I/O 接口）容量不大的情况下，选择部分译码，译码电路简单，可降低成本。

8.3 并行程序存储器扩展

8.3.1 常用程序存储器和地址锁存器简介

在外部程序存储器扩展时，经常使用的芯片有 EPROM 和 E^2PROM 和闪速存储器。单片机系统中常使用的 EPROM 芯片是美国 Intel 公司的系列产品，主要有 2764（8K × 8 位）、27128（16K × 8 位）、27256（32K × 8 位）等芯片。如单片机是 80C31 时，则应选用 27C64/128/256 等。

E^2PROM 的主要特点是能够进行在线读写，并能在掉电的情况下保持修改的结果。按照 E^2PROM 与 CPU 之间的信息交换方式来划分，E^2PROM 有串行和并行两种。Inter 公司推出的常用并行 E^2PROM 芯片有 2816/2816A、2817/2817A、2864A。其中，除 2864A 为 8K × 8 位外，其余都为 2K × 8 位。

1. 2764 型 EPROM

2764 是 8KB 光可擦除可编程 ROM，由单一 + 5V 供电，采用 28 引脚双列直插式封装，其引脚排列如图 8-5 所示，其中：

- A0 ~ A12：13 位地址线。
- D0 ~ D7：8 位数据线。
- $\overline{CE}$：片选信号，低电平有效。
- $\overline{OE}$：输出允许信号，当 $\overline{OE} = 0$ 时，被选中单元的内容可以读出；当 $\overline{OE} = 1$ 时，则禁止读出。
- V_{PP}：编程电源，当芯片编程时，应施加 12.5V 编程电源；正常工作时，连接 + 5V 电源。
- $\overline{PGM}$：编程脉冲输入。

2764 型 EPROM 的读出时序如图 8-6 所示。读出 2764 型 EPROM 数据时，首先应送出要读出的地址单元（A0 ~ A12），然后使 $\overline{CE}$ 和 $\overline{OE}$ 先后为低电平，选中单元的内容就输出到芯片的数据线 D0 ~ D7 上。

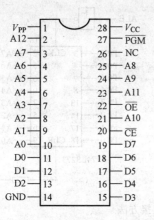

图 8-5　2764 型 EPROM 引脚排列

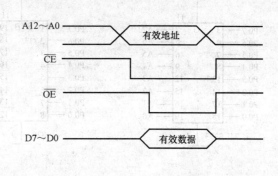

图 8-6　2764 型 EPROM 读出时序

2764 的工作方式选择见表 8-1。

表 8-1　2764 的工作方式选择

方式	$\overline{CE}$	$\overline{OE}$	PSEN	V_{PP}	D7 ~ D0
读	L	L	H	5V	D_{OUT}
维持	H	×	×	5V	高阻
编程	L	H	L	12.5V	D_{IN}
编程校验	L	L	H	12.5V	D_{OUT}
编程禁止	H	×	×	12.5V	高阻

2. 常用的地址锁存器

MCS-51 单片机应用系统的程序存储器扩展中，由于 P0 接口是地址/数据的分时复用端口，因此需要用地址锁存器。常用的地址锁存器有 74LS373 或 8282 带三态缓冲输出的 8D 锁存器和 74LS273 带清除端的 8D 锁存器等。

图 8-7 所示是 74LS373、8282、74LS273 的引脚排列。其中，D0 ~ D7 为数据输入端，Q0 ~ Q7 为锁存输出端。它们作为地址锁存器时，与单片机 P0 接口及 ALE 信号的连接方法如图 8-8 所示。

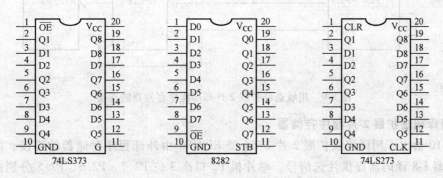

图 8-7　74LS373、8282、74LS273 引脚排列图

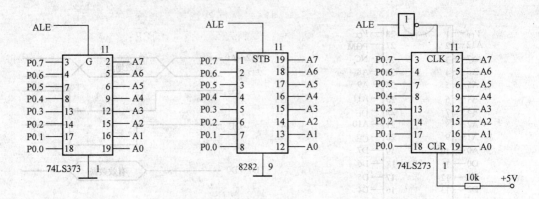

图 8-8　P0 接口与地址锁存器的连接方法

8.3.2　典型 EPROM 扩展电路

一般来说，在采用 8051/8071 的单片机应用系统中，很少再用到外部程序存储器的扩展。因为同时使用内部、外部程序存储器，就失去了选用 8051/8071 单片机的优势，不如直接选用 8031 经济实惠。下面介绍 8031 扩展程序存储器（EPROM）的两种典型电路。

1. 用线选法扩展 2 片程序存储器

图 8-9 给出了使用 2 片 2764 型 EPROM，扩展 16KB 外部程序存储器的接线方法。图中，单片机的$\overline{\text{PSEN}}$直接与 2764 的$\overline{\text{OE}}$相连，用作程序存储器选通控制线。采用线选法为 2 片 2764 提供片选控制，以 A15（P2.7）作为 2764（Ⅰ）的片选信号。当 P2.7 = 0 时（此时 P2.6 = 1），选中 2764（Ⅰ），其地址范围是 4000H～5FFFH。A14（P2.6）作为 2764（Ⅱ）的片选信号，当 P2.6 = 0 时（此时 P2.7 = 1），选中 2764（Ⅱ），其地址范围是 8000H～9FFFH。应注意的是，本例的地址范围并非惟一，可有 4 组地址范围。

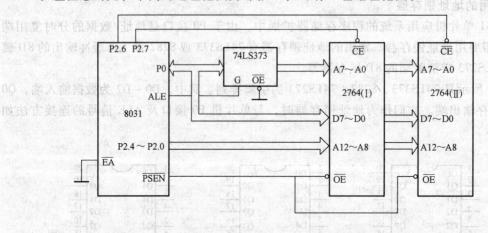

图 8-9　用线选法扩展 2 外部部程序存储器的连接

2. 用译码法扩展 2 片程序存储器

图 8-10 给出了用译码法扩展 2 片 2764 型 EPROM 由外部程序存储器的连接。图中采用 74LS138 型 3-8 译码器提供片选信号，单片机 P2 口高 3 位 P2.7、P2.6、P2.5 分别接到外部 3-8 译码器的 C、B、A 输入端，3-8 译码器控制端 G1、$\overline{\text{G2A}}$、$\overline{\text{G2B}}$接成常有效。单片机的

$\overline{PSEN}$分别与两片 2764 的$\overline{OE}$端直接相连,作为程序存储器选通控制线。

当 P2.7 P2.6 P2.5 = 000 时,输出$\overline{Y0}$ = 0,选中 2764 (Ⅰ) 的$\overline{CE}$;当 P2.7 P2.6 P2.5 = 001 时,输出$\overline{Y1}$ = 0,选中 2764 (Ⅱ) 的$\overline{CE}$。由于 3-8 译码器有 8 个输出端,因此,图中译码器还有 6 个输出端可供其他芯片扩展之用。

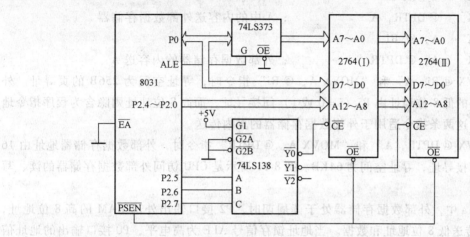

图 8-10   用译码法扩展 2 片外部程序存储器的连接

应注意的是,随着集成电路的发展,大容量芯片的价格日益便宜,虽容量成倍增加,但芯片的价格并无明显增加。为了简化扩展电路的结构,在能满足参数要求的情况下,尽可能选择一片大容量存储器芯片。

综上所述,可以总结出扩展外部程序存储器的基本要点是:

1) 对于无内部 ROM 的 8031 单片机来说,$\overline{EA}$应固定接低电平,外部程序存储器的地址空间是 0000H ~ FFFFH (64KB)。

2) 因为 P0 接口兼作低 8 位地址和数据线,为了锁存低 8 位地址信号,P0 接口必须连接锁存器。

3) 可以用 ALE 作为地址锁存器的选通信号,用$\overline{PSEN}$作为程序存储器的选通信号。

4) 应用系统的程序存储器大多采用 EPROM,近年来也逐渐采用 E^2PROM 或闪速存储器。

5) 随着单片大容量芯片的发展,程序存储器使用的芯片数越来越少,因此大多采用线选法或局部译码法来实现片选。

8.4   并行数据存储器扩展

数据存储器的扩展一般是指随机存取存储器 (RAM) 的扩展。MCS-51 单片机内部设有 128B 或 256B 的内部 RAM 作数据存储器,当内部数据存储器的容量不够时,用户可以方便地进行外部数据存储器的扩展,寻址范围可达 64KB。

8.4.1   数据存储器的读写控制与时序

数据存储器空间地址与程序存储器一样,由 P2 接口提供高 8 位地址,P0 接口分时提供低8位地址和8位双向数据线。不同的是程序存储器的读出由读选通信号$\overline{\text{PSEN}}$控制，而数据存储器的读和写由读和写选通信号$\overline{\text{RD}}$（P3.7）和$\overline{\text{WR}}$（P3.6）控制。

MCS-51单片机访问外部数据存储器时，通过下列两类指令实现：

1）MOVX   @ Ri，A

      MOVX   @ DPTR，A   ；A 中的内容送外部数据存储器

2）MOVX   A，@ Ri

      MOVX   A，@ DPTR   ；外部数据存储器的内容送 A

用"MOVX @ Ri，A"和"MOVX A，@ Ri"指令时，寻址空间为256B的页寻址。外部数据存储器的低8位地址由 Ri（i＝0或1）间接寻址，而高8位地址则隐含为程序指令地址的高8位。这两条指令适用于外部数据存储器的页内传送。

用"MOVX @ DPTR，A"和"MOVX A，@ DPTR"指令时，外部数据存储器地址由16位数据指针间接寻址，寻址空间为64KB。图8-11所示是 CPU 访问外部数据存储器的读、写操作时序。

在图8-11a中，外部数据存储器处于读周期时，P2接口输出外部 RAM 的高8位地址，P0接口分时传送低8位地址和数据。当地址锁存信号 ALE 为高电平，P0接口输出的地址信息有效；ALE 的下降沿到时，将该地址写入外部地址锁存器；紧接着 P0接口变为输入方式，在读信号$\overline{\text{RD}}$有效（低电平）后，选通外部 RAM，相应存储单元的内容送到 P0接口，由 CPU 读入累加器 A 中。

在图8-11b中，外部数据存储器处于写周期时，地址的传送和锁存过程是一样的，只不

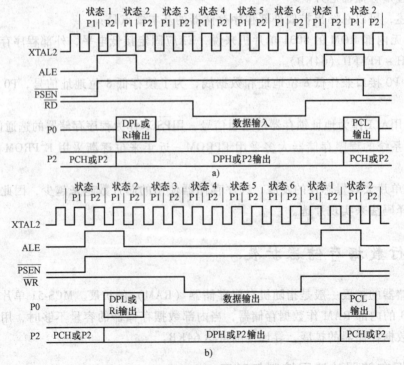

图8-11   CPU 访问外部数据存储器时序

a）读时序   b）写时序

过在地址锁存后，P0 接口变为数据输出方式，在写信号 $\overline{WR}$ 有效（低电平）后，累加器 A 中的数据送到 P0 接口，写入相应的外部 RAM 单元。

由图可以看出，在整个取指周期中，读、写信号始终为高电平（无效），数据存储器不会被选通。而在访问外部数据存储器时，$\overline{PSEN}$ 始终为无效（高电平），CPU 只与外部 RAM 传送数据，不会选通程序存储器。虽然程序存储器和数据存储器共处于同一个地址编码范围，但是由于两者的控制信号不同，可以实现不同的寻址物理空间，因而不会发生总线冲突。

图 8-12 所示是 8031 单片机扩展外部数据存储器基本扩展电路。

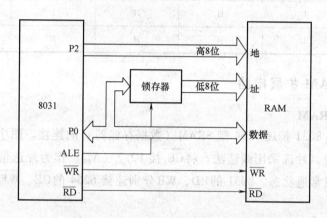

图 8-12　8031 外部数据存储器基本扩展电路

8.4.2　常用 SRAM 芯片简介

在 8031 单片机系统中，最常用的静态数据存储器芯片有 6116 和 6264 两种。6116 是 2K ×8 位片，6264 是 8K×8 位片。

图 8-13 所示是 6116 和 6264 的引脚排列。其中，A0 ~ A11 为地址线，I/O0 ~ I/O7 为双向数据线，$\overline{WE}$ 是写允许线，$\overline{OE}$ 是读允许线，V_{CC} 为工作电源。6264 片选线有 CE1 和 CE2 两个信号，必须同时有效才能选中该芯片；CE2 可用于掉电保护方式，当它为低电平时，芯片未选中，处于数据保护状态。由图还可以看出，这两种芯片具有兼容性。

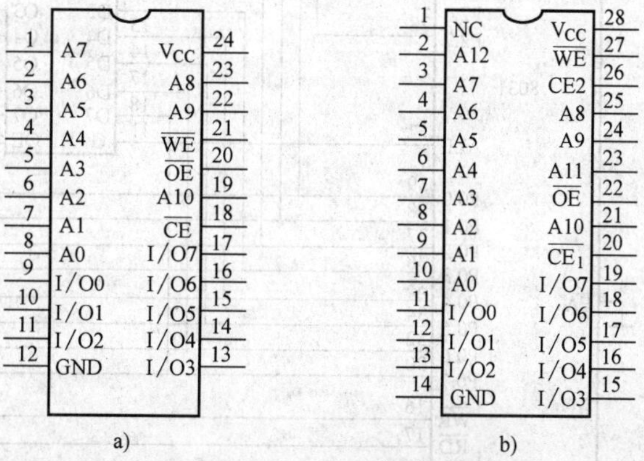

由表 8-2 列出的 6264 工作方式可知，RAM 芯片能够工作的条件是片选信号必须有效，由输出允许信号 $\overline{OE}$ 结合

图 8-13　6116 和 6264 引脚排列

a) 6116　b) 6264

写入允许信号 $\overline{WE}$（一高电平一低电平）决定是读操作还是写操作。所以，在扩展 MCS-51 单片机的 SRAM 时，$\overline{CE1}$ 可以接单片机的高位地址线或译码器输出端，$\overline{OE}$ 和 $\overline{WE}$ 应分别接 MCS-51 单片机的 $\overline{RD}$ 和 $\overline{WR}$ 信号。

表 8-2　6264 的工作方式

方式	$\overline{CE1}$	CE2	$\overline{OE}$	$\overline{WE}$	I/O0 ~ I/O7
写	L	H	H	L	D_{IN}
读	L	H	L	H	D_{OUT}
未选中	H	×	×	×	高阻
未选中	×	L	×	×	高阻
写	L	H	H	L	D_{IN}
输出禁止	L	H	H	H	高阻

8.4.3 典型 SRAM 扩展电路

1. 扩展一片 SRAM

图 8-14 所示是 8031 扩展 6264 型 SRAM（数据存储器）的连接。图中地址线 A_{12} ~ A_0 作为 6264 的内部寻址。片选采用线选法，将 $\overline{CE_1}$ 接 P2.7（A_{15}）作为片选信号，CE_2 通过一只上拉电阻接 +5V 成常通状态。8031 的 $\overline{RD}$、$\overline{WR}$ 分别连接 6264 的 $\overline{OE}$、$\overline{WE}$，恰好符合两者的读写时序配合。

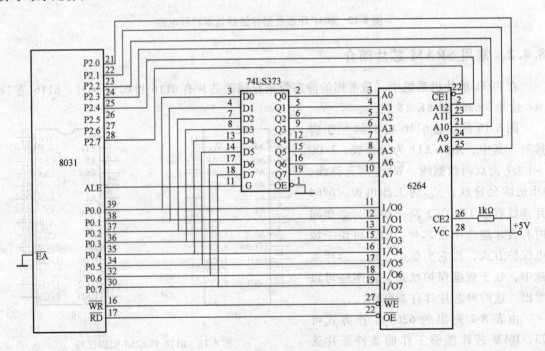

图 8-14　8031 扩展 6264 SRAM 的连接

仔细分析图 8-13 所示的 6116 和 6264 的引脚排列可看出，扩展不同容量芯片只存在 1 ~ 2 根地址线和个别选择线的差别，只要在布线上通过适当的跳线，可使不同容量的芯片共用同一 IC 座。

如果需要扩展的 RAM 容量不超过 256B，而系统又要扩展 I/O 接口，这时可选择 8155 复合型芯片（有关 8155 的内容详见本书第 5 章）。

2. 同时扩展 SRAM 和 EPROM

图 8-15 所示是 8031 同时扩展 1 片 6264 型 SRAM 作为外部数据存储器和 1 片 2764 型 EPROM 作为外部程序存储器的连接，采取全译码方式片选。6264 和 2764 共用同一个片选线，其地址编号的范围相同。译码器的其他输出可供扩展 I/O 接口使用。

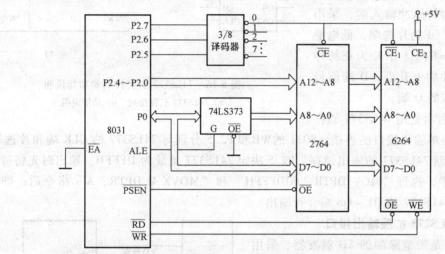

图 8-15　8031 同时扩展 SRAM 和 EPROM 的连接

3. 数据存储器和程序存储器的合用

数据存储器和程序存储器独立寻址，其最根本的差别在于选通控制信号的不同。读写外部数据存储器用$\overline{RD}$、$\overline{WR}$信号，读外部程序存储器用$\overline{PSEN}$信号。在调试程序时，往往需要将程序也放在 SRAM 中，以便于对程序作修改，又要能够运行。要实现这一点，只要将 8031 的$\overline{RD}$和$\overline{PSEN}$经过一个与门电路，逻辑"与"后，再接到 SRAM 的$\overline{OE}$允许输出端即可。

8.5　简单 I/O 接口扩展

MCS-51 的 P0 ~ P3 接口可方便地扩展成地址、数据和控制的三总线结构，作为扩展外部存储器和外围接口电路使用。MCS-51 单片机扩展 I/O 接口是将 I/O 接口看作外部 RAM 的一个存储单元，与外部 RAM 统一编址，操作时执行 MOVX 指令和使用$\overline{RD}$、$\overline{WR}$控制信号。

扩展的 I/O 接口分为可编程和不可编程两大类。不可编程是指不能用软件对器件的 I/O 接口功能进行设置、编辑。对于无条件的直接数据传输外围设备，可采用不可编程的器件来扩展简单的 I/O 接口电路。

扩展 I/O 接口一般通过 P0 接口扩展，而 P0 接口要分时传送低 8 位地址和输入/输出数据，因此，P0 接口构成输出接口时，接口芯片应具有锁存功能；构成输入接口时，接口芯片应具有三态缓冲和锁存功能。这类扩展芯片一般使用 TTL 型电路。

8.5.1　用锁存器扩展输出接口

扩展输出接口的常用锁存器芯片为 74LS377、74LS273、74LS373 等。

1. 用 74LS377 扩展输出接口

图 8-16 所示为 74LS377 的引脚排列和功能说明。74LS377 为带有输出允许控制的 8D 触发器。D1 ~ D8 为 8 个 D 触发器的 D 输入端；Q1 ~ Q8 是 8 个 D 触发器的 Q 输出端；CLK 为时钟脉冲输入端，采用上升沿触发；$\overline{OE}$ 为片选端，低电平有效。当 $\overline{OE}$ = 0，且 CLK 为正脉冲时，在正脉冲的上升沿，D 端信号被锁存到相应的 Q 端。

1 $\overline{OE}$	VCC 20
2 Q1	Q8 19
3 D1	D8 18
4 D2	D7 17
5 Q2	Q7 16
6 Q3	Q6 15
7 D3	D6 14
8 D4	D5 13
9 Q4	Q5 12
10 GND	CLK 11

a)

输入			输出
$\overline{OE}$	CLK	D	Q
1	×	×	不变
0	↑	1	1
0	↑	0	0
×	0	×	不变

b)

图 8-16　74LS377 引脚排列和功能说明

a) 74LS377 引脚排列　b) 功能说明

图 8-17 所示是用 74LS377 锁存器芯片扩展简单输出接口的连接。8031 的 $\overline{WR}$ 和 P2.5 分别与 74LS377 的 CLK 端和片选端 $\overline{OE}$ 相接，$\overline{WR}$ 控制 74LS377 的输出锁存，P2.5 决定 74LS377 地址为 DFFFH。输出时先将待输出数据存入 A 中，执行 "MOV DPTR，#0DFFFH" 和 "MOVX @ DPTR，A" 指令后，即可将 A 中数据从 74LS377 的 Q1 ~ Q8 端并行输出。

2. 用 74LS273 扩展输出接口

74LS273 是带清除端的 8D 触发器，采用上升沿触发，具有锁存功能。图 8-18 所示为 74LS273 的引脚排列和功能说明。D1 ~ D8 为数据输入端，Q1 ~ Q8 为锁存输出端，$\overline{CLR}$ 为清除端，CLK 为时钟输入端。当 $\overline{CLR}$ = 0 时，输出端 Q 被清零；当 $\overline{CLR}$ = 1、CLK 为脉冲上升沿时，Q = D；当 $\overline{CLR}$ = 1、CLK = 0 时，Q 端被锁存不变。

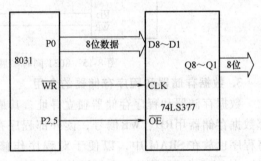

图 8-17　用 74LS377 扩展输出接口的连接

74LS273 作为 8031 的扩展输出接口的连接方法如图 8-19 所示。74LS273 的 $\overline{CLR}$ 端固定接高电平，使之无效，8031 的 P2.0 和 $\overline{WR}$ 经 "或" 门接到 74LS273 的 CLK 端。此扩展接口的

1 $\overline{OE}$	VCC 20
2 Q1	Q8 19
3 D1	D8 18
4 D2	D7 17
5 Q2	Q7 16
6 Q3	Q6 15
7 D3	D6 14
8 D4	D5 13
9 Q4	Q5 12
10 GND	CLK 11

a)

输入			输出
$\overline{OE}$	CLK	D	Q
1	×	×	不变
0	↑	1	1
0	↑	0	0
×	0	×	不变

b)

图 8-18　74LS273 的引脚排列和功能说明

a) 74LS273 引脚排列　b) 功能说明

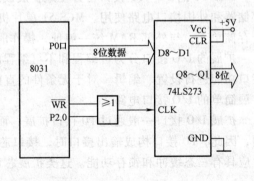

图 8-19　74LS273 作为 8031 的扩展
输出接口的连接

地址为 0FEFFH（P2.0 = 0，假设其余地址线为 1）。向 74LS273 输出数据时，执行一次以 0FEFFH 为目的地址的传送操作，在 $\overline{WR}$ 脉冲的作用下，CLK 端得到一正脉冲，使得经 P0 接口输出数据被锁存到 74LS273 输出端。

8.5.2　用三态门扩展输入接口

扩展输入接口常用 74LS244、74LS245 三态门芯片和 74LS373 带三态门的锁存器等。

1. 用 74LS244 扩展输入接口

74LS244 是 8 同相无锁存功能的三态门芯片，内部有两组三态缓冲器，每组 4 个，分别由 2 个门控端控制。第一组的输入为 1A1 ~ 1A4，输出为 1Y1 ~ 1Y4，门控端为 $\overline{1G}$；第二组的输入为 2A1 ~ 2A4，输出为 2Y1 ~ 2Y4，门控端为 $\overline{2G}$。门控端低电平有效时，输入信号从 A 侧传送到 Y 侧；门控端信号无效时，74LS244 输出端呈高阻态。

图 8-20 所示是用 74LS244 三态门芯片扩展简单输入接口的连接方法。8031 单片机的 $\overline{RD}$ 和 P2.6 相"或"后连接到 74LS244 的 $\overline{1G}$、$\overline{2G}$ 端，P2.6 决定 74LS244 地址为 BFFFH。输入数据时，执行"MOV DPTR，#0BFFFH"和"MOVX A，@ DPTR"指令，将 74LS244 输入端的信号通过 P0 接口数据总线读入 A 中。

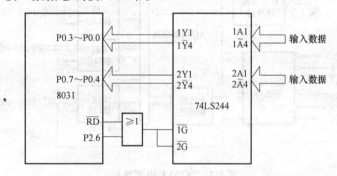

图 8-20　74LS244 扩展输入接口

2. 用 74LS373 扩展输入接口

74LS373 是带三态门缓冲输出的 8D 同相锁存器引脚排列如图 8-7 所示。控制逻辑是当门控端 G 输入正脉冲，且片选信号 $\overline{OE}$ 端低电平时，输入信号进入 D 触发器。74LS373 具有锁存器可以扩展成输出接口，又具有三态门也可以扩展成输入接口。

用 74LS373 扩展 MCS-51 单片机输入接口的特点是：不仅能扩展一般的输入接口，而且利用其锁存功能，可以扩展成用作瞬态数字信号输入的接口。图 8-21 所示为 74LS373 输入瞬态信号的连接。

当外围设备向 8031 输入数据时，8 位数据送到 74LS373 输入端 D1 ~ D8，同时外围设备将一个选通信号 STB（正脉冲）送到 74LS373 门控端 G，锁存 8 位瞬态数据信号。与此同时，STB 信号反相后触发 8031 的中断请求，在中断服务程

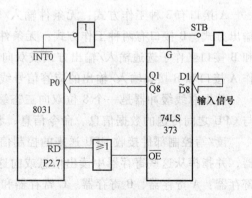

图 8-21　74LS373 输入瞬态信号连接

序中将 74LS373 锁存的瞬态信号读入 A 中。

8.6　可编程并行 I/O 接口扩展

8.6.1　8255A 可编程并行 I/O 接口芯片

8255A 是在单片机应用系统中广泛采用的可编程并行 I/O 接口扩展芯片。它有 3 个 8 位并行 I/O 接口：PA、PB、PC，并有三种基本工作方式。

1. 8255A 的结构与功能

8255A 是美国 Intel 公司生产的 8 位可编程并行 I/O 接口芯片，广泛应用于 8 位计算机和 16 位计算机中，它的内部结构如图 8-22 所示。

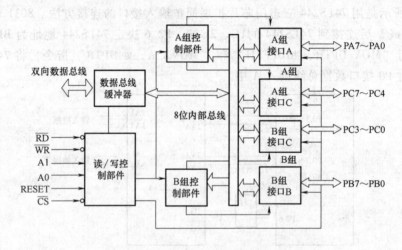

图 8-22　8255A 内部结构

8255A 内部有 3 个可编程的并行 I/O 接口：PA 接口、PB 接口和 PC 接口。每个接口为 8 位，共提供 24 根 I/O 信号线。每个接口都有一个数据输入寄存器和一个数据输出寄存器，输入时有缓冲功能，输出时有锁存功能。其中，接口 C 又可分为两个独立的 4 位接口：PC3 ~ PC0 和 PC7 ~ PC4。A 接口和 C 接口的高 4 位合在一起称为 A 组，通过图中的 A 组控制部件控制；B 接口和 C 接口的低 4 位合在一起称为 B 组，通过图中的 B 组控制部件控制。

A 接口有 3 种工作方式：无条件输入/输出方式、选通输入/输出方式和双向选通输入/输出方式。B 接口有两种工作方式：无条件输入/输出方式和选通输入/输出方式。当 A 接口和 B 接口工作于选通输入/输出方式或双向选通输入/输出方式时，C 接口当中的一部分线用作 A 接口和 B 接口输入/输出的应答信号线。

数据总线缓冲器是一个 8 位双向三态缓冲器，是 8255A 与系统总线之间的接口。8255A 与 CPU 之间传送的数据信息、命令信息、状态信息都通过数据总线缓冲器实现传送。

读/写控制部件接收 CPU 送来的控制信号、地址信号，然后经译码选中内部的接口寄存器，并指挥从这些寄存器中读出信息或向这些寄存器中写入相应的信息。8255A 有 4 个接口寄存器：A 寄存器、B 寄存器、C 寄存器和控制接口寄存器。通过控制信号和地址信号对这 4 个接口寄存器进行的操作见表 8-3。

表 8-3 8255A 端口寄存器选择操作表

$\overline{CS}$	A1	A0	$\overline{RD}$	$\overline{WR}$	I/O 操作
0	0	0	0	1	读 A 接口寄存器内容到数据总线
0	0	1	0	1	读 B 接口寄存器内容到数据总线
0	1	0	0	1	读 C 接口寄存器内容到数据总线
0	0	0	1	0	数据总线上内容写到 A 接口寄存器
0	0	1	1	0	数据总线上内容写到 B 接口寄存器
0	1	0	1	0	数据总线上内容写到 C 接口寄存器
0	1	1	1	0	数据总线上内容写到控制接口寄存器

内部的各个部分是通过 8 位内部总线连接在一起的。

2. 8255A 的引脚信号

8255A 共有 40 个引脚, 采用双列直插式封装, 如图 8-23 所示。各引脚信号线功能如下:

D7 ~ D0: 三态双向数据线, 与单片机的数据总线相连, 用来传送数据信息。

$\overline{CS}$: 片选信号线, 低电平有效, 用于选中 8255A 芯片。

$\overline{RD}$: 读信号线, 低电平有效, 用于控制从 8255A 接口寄存器读出信息。

$\overline{WR}$: 写信号线, 低电平有效, 用于控制向 8255A 接口寄存器写入信息。

A1, A0: 地址线, 用来选择 8255A 内部接口。

PA7 ~ PA0: A 接口的 8 根输入/输出信号线, 用于与外围设备连接。

PB7 ~ PB0: B 接口的 8 根输入/输出信号线, 用于与外围设备连接。

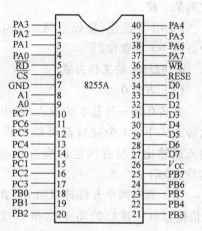

图 8-23 8255A 的引脚排列

PC7 ~ PC0: C 接口的 8 根输入/输出信号线, 用于与外围设备连接。

RESET: 复位信号线。

V_{CC}: +5V 电源线。

GND: 地信号线。

3. 8255A 的控制字

8255A 有两个控制字: 工作方式控制字和 C 接口按位置位/复位控制字。这两个控制字都是通过向控制接口寄存器写入来实现的, 通过写入内容的特征位来区分是工作方式控制字还是 C 接口按位置位/复位控制字。

(1) 工作方式控制字

工作方式控制字用于设定 8255A 的 3 个端口的工作方式, 它的格式如图 8-24 所示。

D7 位为特征位。D7 = 1 表示为工作方式控制字。

D6、D5 用于设定 A 组的工作方式。

D4、D3 用于设定 A 接口和 C 接口的高 4 位是输入还是输出。

D2 用于设定 B 组的工作方式。

D1、D0 用于设定 B 接口和 C 接口的低 4 位是输入还是输出。

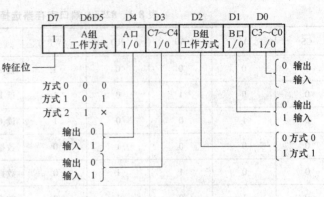

图 8-24 8255A 的工作方式控制字格式

（2）C 接口按位置位/复位控制字

C 接口按位置位/复位控制字用于对 C 接口各位置 1 或清 0，它的格式如图 8-25 所示。

D7 位为特征位。D7 = 0 表示为 C 接口按位置位/复位控制字。

D6、D5、D4 这 3 位不用。

D3、D2、D1 这 3 位用于选择 C 接口当中的某一位。

D0 用于置位/复位设置，：D0 = 0 则复位，D0 = 1 则置位。

4. 8255A 的工作方式

（1）方式 0

方式 0 是一种基本的输入/输出方式。在这种方式下，3 个接口都可以由程序设置为输入或输出，没有固定的应答信号。方式 0 的特点如下：

① 具有两个 8 位接口（A、B）和两个 4 位接口（C 接口的高 4 位和 C 接口的低 4 位）。

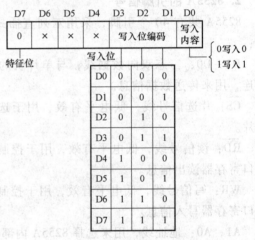

图 8-25 8255A 的 C 接口按位置位/复位控制字格式

② 任何一个接口都可以设定为输入或者输出。

③ 每一个接口输出时是锁存的，输入时是不锁存的。

方式 0 下输入/输出时没有专门的应答信号，通常用于无条件传送。例如，图 8-26 就是 8255A 工作于方式 0 的例子，其中 A 接口输入、B 接口输出。A 接口接开关 K0 ~ K7，B 接口接发光二极管 L0 ~ L7，开关 K0 ~ K7 是一组无条件输入设备，发光二极管 L0 ~ L7 是一组无条件输出设备，要接收开关的状态直接读 A 接口即可，要把信息通过二极管显示只需把信息直接送到 B 接口即可。

（2）方式 1

方式 1 是一种选通输入/输出方式。在这种工作方式下，A 接口和 B 接口作为数据输入/输出接口，C 接口用作输入/输出的应答信号。A 接口和 B 接口既可以作输入，也可以作输出，输入和输出都具有锁存能力。

方式 1 输入：

　　无论是 A 接口输入还是 B 接口输入，都用 C 接口的 3 位作应答信号，1 位作中断允许控制位。具体输入工作情况如图 8-27 所示。

　　各应答信号含义如下：

　　$\overline{STB}$：外围设备送给 8255A 的"输入选通"信号，为低电平有效。当外围设备准备好数据时，外围设备向 8255A 发送 $\overline{STB}$ 信号，把外围设备送来的数据锁存到输入数据寄存器中。

　　IBF：8255A 送给外围设备的"输入缓冲器满"信号，为高电平有效。此信号是对 $\overline{STB}$ 信号的响应信号。当 IBF = 1 时，8255A 告诉外围设备送来的数据已

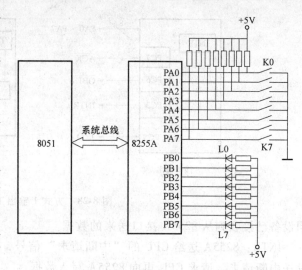

图 8-26　方式 0 无条件传送工作实例

锁存于 8255A 的输入锁存器中，但 CPU 还未取走，通知外围设备不能送新的数据。只有当 IBF = 0，输入缓冲器变空时，外围设备才能给 8255A 发送新的数据。

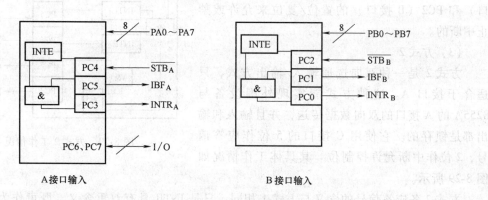

图 8-27　方式 1 输入工作情况

　　INTR：8255A 发送给 CPU 的"中断请求"信号，为高电平有效。当 INTR = 1 时，向 CPU 发送中断请求，请求 CPU 从 8255A 中读取数据。

　　INTE：8255A 内部为控制中断而设置的"中断允许"信号。当 INTE = 1 时，允许 8255A 向 CPU 发送中断请求，当 INTE = 0 时，禁止 8255A 向 CPU 发送中断请求。INTE 由软件通过对 PC4（A 接口）和 PC2（B 接口）的置位/复位来允许或禁止发送中断请求。

　　方式 1 输出：

　　无论是 A 接口输出还是 B 接口输出，也都用 C 接口的 3 位作应答信号，1 位作中断允许控制位。其具体的输出工作情况如图 8-28 所示。

　　应答信号含义如下：

　　$\overline{OBF}$：8255A 送给外围设备的"输出缓冲器满"信号，为低电平有效。当 $\overline{OBF}$ 有效时，表示 CPU 已将一个数据写入 8255A 的输出接口，8255A 通知外围设备可以将其取走。

　　$\overline{ACK}$：外围设备送给 8255A 的"应答"信号，为低电平有效。当 $\overline{ACK}$ 有效时，表示外

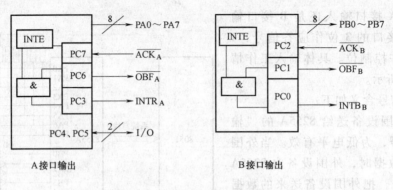

图 8-28　方式 1 输出工作情况

围设备已接收到从 8255A 接口送来的数据。

INTR：8255A 送给 CPU 的"中断请求"信号，为高电平有效。当 INTR = 1 时，向 CPU 发送中断请求，请求 CPU 再向 8255A 写入数据。

INTE：8255A 内部为控制中断而设置的"中断允许"信号，含义与输入相同，只是对应 C 接口的位数与输入不同，它是通过对 PC4（A 接口）和 PC2（B 接口）的置位/复位来允许或禁止中断的。

（3）方式 2

方式 2 是一种双向选通输入/输出方式，只适合于接口 A。这种方式能实现外围设备与 8255A 的 A 接口的双向数据传送，并且输入和输出都是锁存的。它使用 C 接口的 5 位作应答信号，2 位作中断允许控制位。其具体工作情况如图 8-29 所示。

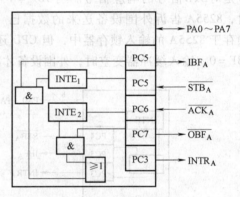

图 8-29　方式 2 工作情况

方式 2 各应答信号的含义与方式 1 相同，只是 INTR 具有双重含义，既可作为输入时向 CPU 的中断请求，也可作为输出时向 CPU 的中断请求。

5. 8255A 与 MCS-51 单片机的接口

（1）硬件接口

8255A 与 MCS-51 单片机的连接包含数据线、地址线、控制线的连接。其中，数据线直接与 MCS-51 单片机的数据总线相连；8255A 的地址线 A0 和 A1 一般与 MCS-51 单片机地址总线的低位相连，用于对 8255A 的 4 个接口进行选择；8255A 控制线中的读信号线、写信号线与 MCS-51 单片机的外部数据存储器的读/写信号线直接相连，片选信号线 $\overline{CS}$ 的连接与存储器芯片的片选信号线的连接方法相同，用于决定 8255A 内部端口的地址范围。图 8-30 所示就是 8255A 与单片机的一种连接方式。

图中，8255A 的数据线与 MCS-51 单片机的数据总线相连，读/写信号线对应相连，地址线 A0、A1 与 MCS-51 单片机的地址总线的 A0 和 A1 相连，片选信号线 $\overline{CS}$ 与 MCS-51 单片机的 P2.0 相连。8255A 的 A 接口、B 接口、C 接口和控制接口的地址分别是 FEFCH，FEFDH，FEFEH 和 FEFFH。

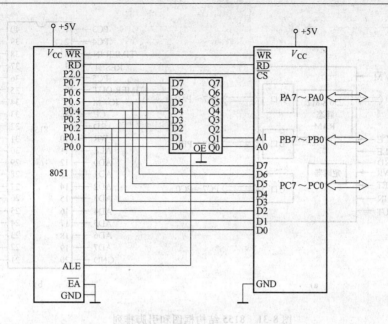

图 8-30　8255A 与单片机的一种连接方式

（2）软件编程

如果设定 8255A 的 A 接口为方式 0 输入，B 接口为方式 0 输出，则初始化程序为：

1）汇编程序段

MOV　A，#90H

MOV　DPTR，#0FEFFH

MOVX　@ DPTR，A

2）C 语言程序段

#include < reg51. h >

#include < absacc. h >　　　//定义绝对地址访问

⋮

XBYTE［0xfeff］ = 0x90;

8.6.2　8155 可编程多功能接口芯片

8155 是美国 Intel 公司生产的一种可编程多功能接口芯片（以下简称 8155），除可扩展并行 I/O 外，还具有 256B 静态 RAM 和一个 14 位的减法计数器。8155 功能丰富、使用方便，特别适合于扩展少量 RAM 和定时器/计数器的场合。8155 可以直接和单片机连接，不需要增加任何外围电路，是单片机系统常用芯片之一。

1. 8155 的结构

图 8-31a 为 8155 结构组成框图。该芯片由以下四部分组成：

1）并行 I/O 接口　A 接口——可编程 8 位 I/O 接口 $PA_0 \sim PA_7$；B 接口——可编程 8 位 I/O 接口 $PB_0 \sim PB_7$；C 接口——可编程 6 位 I/O 接口 $PC_0 \sim PC_5$。

2）存储器 RAM 有容量为 256B 的静态 RAM。

3）一个基于二进制减 1 计数的 14 位定时器/计数器。

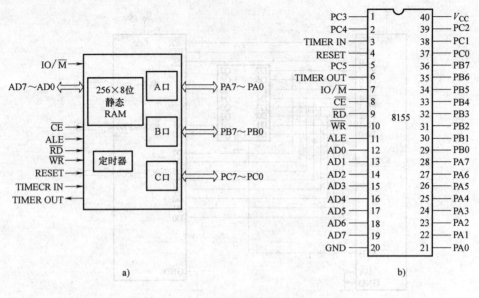

图 8-31　8155 结构框图和引脚排列

a) 结构框图　b) 引脚排列

4）有一个起控制作用的只允许写入的 8 位命令寄存器和只允许读出的 8 位状态寄存器。

8155 内部有 6 个寄存器，分别为 A 接口、B 接口、C 接口、命令状态寄存器、定时器/计数器低 8 位、定时器/计数器高 6 位加 2 位输出方式寄存器。内部 6 个寄存器地址的寻址由 AD2、AD1、AD0 这 3 位来实现，见表 8-4。

表 8-4　8155 寄存器地址

AD2	AD1	AD0	寄存器名称
0	0	0	命令状态寄存器
0	0	1	A 接口
0	1	0	B 接口
0	1	1	C 接口
1	0	0	定时器低 8 位
1	0	1	定时器高 6 位和输出方式

2. 8155 的引脚功能

8155 共 40 个引脚，一般为双列直插 DIP 封装，其结构框图和引脚排列如图 8-31 所示。40 个引脚可分为与 CPU 连接的地址/数据引脚、控制引脚，与外围设备连接的 I/O 引脚。

● AD0 ~ AD7：地址/数据总线，双向三态。在地址锁存允许信号 ALE 的下降沿将地址锁存到内部地址寄存器中。该地址既可作为 I/O 接口的地址，又可作为存储器的 8 位地址，由 IO/$\overline{\text{M}}$ 引脚的信号状态决定。在 AD0 ~ AD7 上出现的数据，其传送方向由控制信号 $\overline{\text{RD}}$ 和 $\overline{\text{WR}}$ 决定。

● $\overline{\text{CS}}$：片选信号，输入，低电平有效。

● IO/$\overline{\text{M}}$：I/O 或 RAM 选择信号，输入。当 IO/$\overline{\text{M}}$ = 1 时，选择 8155 的 I/O 接口；当 IO/$\overline{\text{M}}$ = 0 时，选择 8155 内部 RAM。对 MCS-51 系列单片机而言，8155 内部 256B 的 RAM 属

于单片机的外部 RAM，应使用 MOVX 指令读写。

- ALE：地址锁存允许信号，输入。在 ALE 信号下降沿，锁存 AD0 ~ AD7 引脚上的 8 位地址及 IO/$\overline{\text{M}}$信号。
- $\overline{\text{WR}}$：写信号，输入，低电平有效。
- $\overline{\text{RD}}$：读信号，输入，低电平有效。

$\overline{\text{CS}}$、IO/$\overline{\text{M}}$、$\overline{\text{WR}}$和$\overline{\text{RD}}$信号状态与 8155 操作功能对应关系见表 8-5。

表 8-5　$\overline{\text{CS}}$、IO/$\overline{\text{M}}$、$\overline{\text{WR}}$和$\overline{\text{RD}}$信号状态与 8155 操作功能对应关系

$\overline{\text{CS}}$	IO/$\overline{\text{M}}$	$\overline{\text{WR}}$	$\overline{\text{RD}}$	操作功能
0	0	0	1	向 RAM 写数据
0	0	1	0	从 RAM 读数据
0	1	0	1	向 I/O 接口写数据
0	1	1	0	从 I/O 接口读数据

- RESET：复位信号，输入，高电平有效。复位后，8155 命令状态寄存器清 0，3 个 I/O 接口被置输入工作方式，定时器/计数器停止工作。
- PA0 ~ PA7：A 接口 8 位通用 I/O 线。
- PB0 ~ PB7：B 接口 8 位通用 I/O 线。
- PC0 ~ PC5：C 接口 6 位 I/O 线，既可作通用 I/O 接口，又可作 A 接口和 B 接口工作于选通方式下的控制信号。
- TIMER IN：定时器/计数器计数脉冲输入线。
- TIMER OUT：定时器/计数器输出线。

3. 8155 与 MCS-51 单片机的连接

图 8-32 所示为 8155 与 MCS-51 单片机的典型连接电路。8155 地址/数据线 AD0 ~ AD7 与单片机地址/数据线 P0.0 ~ P0.7 相接，8155 的 RESET、ALE、$\overline{\text{RD}}$、$\overline{\text{WR}}$分别与单片机相应端线连接，单片机 P2.7 作为线选与 8155 $\overline{\text{CS}}$相接，决定 8155 的接口地址。单片机 P2.0 与 8155 IO/$\overline{\text{M}}$相接，编程选择 I/O 接口或 RAM。

图 8-32 所示电路中的 8155 内部 RAM 和各寄存器地址（设高 8 位无关位取为 1）如下：

RAM 地址为 7E00H ~ 7EFFH（RAM 低 8 位地址线为 00H ~ FFH）；

命令状态口地址为 7F00H（设低 8 位无关位取为 0）；

I/O 接口地址为 A 接口为 7F01H，B 接口为 7F02H，C 接口为 7F03H；

定时器/计数器地址为低 8 位为 7F04H，高 8 位为 7F05H。

4. 8155 I/O 接口工作方式及应用

（1）8155 工作方式控制字和状态字

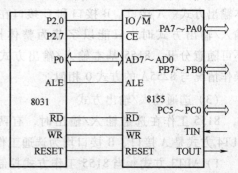

图 8-32　8155 与 MCS-51 的典型连接电路

8155 的 A 接口和 B 接口都有基本输入/输出方式和选通输入/输出方式两种，每种方式都可置为输入或输出，以及是否允许中断请求。C 接口能用作基本输入/输出，也可为 A 接

口、B 接口工作于选通方式时提供控制线。

8155 I/O 接口工作方式的选择是通过写入命令寄存器的工作方式控制字来实现的，命令寄存器的内容只能写入，不能读出。8155 工作方式控制字的格式和含义如图 8-33 所示。

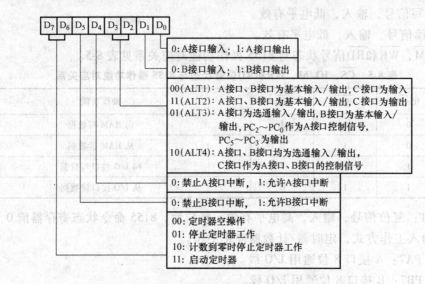

图 8-33　8155 工作方式控制字格式

8155 内部还有一个状态寄存器，用以表示 8155 的 A 接口、B 接口和定时器的工作状态，状态寄存器的内容只能读出不能写入，状态口的地址与命令口地址相同。图 8-34 所示为 8155 状态字格式和含义，每一位都是为"1"时有效。

（2）基本输入/输出方式

当 8155 工作方式控制字 D3、D2 位设置为 00 或 11 时，8155 工作于 ALT1、ALT2 方式。A 接口、B 接口均为基本输入/输出方式，输入或输出由 D0、D1 位分别决定；C 接口在 ALT1 方式下为基本输入方式，在 ALT2 方式下为基本输出方式。A 接口、B 接口和 C 接口在基本输入/输出方式时，只能以字节为整体操作，不可随意分开。8155 基本输入/输出方式时的操作情况与 8255A 的方式 0 相似。

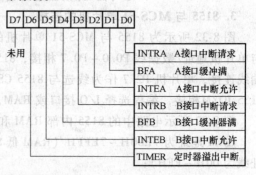

图 8-34　8155 状态字格式和含义

（3）选通输入/输出方式

8155 工作在选通输入/输出时，有两种方式：ALT3 方式仅 A 接口为选通工作方式；ALT4 方式是 A 接口、B 接口均为选通工作方式。

1）ALT3 方式　当 8155 工作方式控制字的 D3、D2 位设置为 01 时，8155 工作于 ALT3 方式，即 A 接口为选通输入/输出方式，B 接口为基本输入/输出方式。C 接口的低 3 位作为 A 接口选通方式的控制信号，其余 3 位可用作输出，其功能如图 8-35a 所示。

在 ALT3 方式下，C 接口低 3 位定义如下：

● PC0：INTRA，A 接口中断请求信号，输出，为高电平有效。

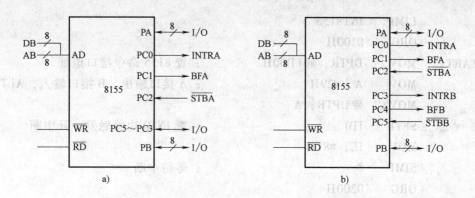

图 8-35　8155 选通输入/输出方式下的功能

a) ALT₃　b) ALT₄

- PC1：BFA，A 接口缓冲器满空信号，输出，为高电平有效。输入时，BFA = 1，I/O 缓冲器满；输出时，BFA = 1，I/O 缓冲器空。
- PC2：$\overline{STBA}$，A 接口选通信号，输入，为低电平有效。

8155 工作于选通输入/输出方式时的操作情况与 8255A 工作于选通输入/输出方式相似，区别是 8255A 的缓冲器满信号分为输入缓冲器满 IBF 和输出缓冲器满 $\overline{OBF}$，而 8155 的缓冲器满信号只有一个 BF，不分输入或输出。另外，8255A 与外围设备的联络信号在输入方式下为 $\overline{STB}$，在输出方式下是 $\overline{ACK}$，而 8155 不分输入或输出，均为 $\overline{STB}$。

2) ALT4 方式　当 8155 工作方式控制字的 D3D2 位设置为 10 时，8155 工作于 ALT4 方式，即 A 接口和 B 接口均为选通输入/输出方式。C 接口低 3 位作为 A 接口选通控制信号，C 接口高 3 位作为 B 接口选通控制信号，其功能如图 8-35b 所示。PC0 ~ PC5 依次定义为 INTRA、BFA、$\overline{STBA}$、INTRB、BFB、$\overline{STBB}$，其信号功能同 ALT3。

[例 8-1]　电路如图 8-36 所示，8155 的 B 接口以中断方式输入外围设备发送的数据，存在 8031 内部 RAM 30H，并从 A 接口以查询方式输出。

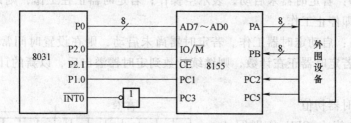

图 8-36　例题 8-1 电路

解：B 接口中断输入，A 接口查询输出，应选择 ALT4 方式，则控制字为 0010 1001 = 29H。开机后，外围设备应向 8155 PC5 发出一个低电平信号，在条件满足时，触发 CPU 中断。图 8-36 所示电路中 8155 命令状态口地址为 FD00H。

编制例程如下：

```
        ORG     0000H
        LJMP    START
        ORG     0003H
```

```
                    LJMP      INT8155
                    ORG       0100H
        START：     MOV       DPTR, #0FD00H      ; 置 8155 命令接口地址
                    MOV       A, #29H            ; A 接口输出，B 接口输入，ALT₄ 方式
                    MOVX      @DPTR, A
                    SETB      IT0                ; 置 INT0 边缘触发，开中断
                    MOV       IE, #81H
                    SJMP      $                  ; 等待中断
                    ORG       0200H
        INT8155：   MOV       DPTR, #0FD02H      ; 置 8155 B 接口地址
                    MOVX      A, @DPTR           ; 从 B 接口输入数据
                    MOV       30H, A
        WAIT：      JNB       P1.0, WAIT         ; 查询 BFA，等待 A 接口缓冲器空
                    MOV       DPTR, #0FD01H
                    MOVX      @DPTR, A           ; 向 8155 A 接口发送数据
                    RETI                         ; 中断返回
```

5. 8155 内部定时器/计数器及应用

8155 内部有一个 14 位的减计数器，计数脉冲从 TIN 引脚输入，每次减 1，减到 0 时溢出，从 TOUT 引脚输出一个信号，可实现计数或定时功能。

（1）设置工作状态

8155 定时器/计数器（简称定时器）的工作状态由 8155 方式控制字的最高 2 位决定，有：

- D7D6 = 00：空操作，即不影响定时器工作。
- D7D6 = 01：停止定时器工作。
- D7D6 = 10：若定时器未启动，表示空操作；若定时器正在工作，则计数器继续工作，直至减到 0 时立即停止工作。
- D7D6 = 11：启动定时器工作。若定时器尚未启动，则在设置时间常数和输出方式后立即开始计数；若定时器正在计数，则继续计数到定时器溢出后，以新的计数初值和输出方式进行工作。

（2）设置定时器初值

定时器的初值由 CPU 分别写入 8155 定时器低 8 位字节和高 6 位字节寄存器，其格式如图 8-37，8155 定时计数的最大值为 3FFFH（16383）。8155 允许从 TIN 引脚输入脉冲的最高频率为 4MHz。

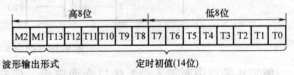

图 8-37　8155 定时器低 8 位和高 6 位字节寄存器格式

（3）设置输出波形

定时器计数溢出时在 TOUT 端输出的信号波形有 4 种形式，如图 8-38 所示。它可由 8155 定时器寄存器最高 2 位 M2、M1（见图 8-37）决定。

当 M2M1 = 00 或 10 时，TOUT 端输出单个方波或单个脉冲；M2M1 = 01 或 11 时，TOUT

端输出连续方波或连续脉冲。8155 定时器能像 MCS-51 系列单片机定时器/计数器方式 2 那样，自动恢复定时器初值，重新开始计数。

应注意的是 TOUT 输出的方波形状与定时器初值有关。当定时器初值为偶数时，TOUT 输出的方波是对称的；当定时器初值为奇数时，TOUT 输出方波略有不对称，高电平比低电平多一个计数间隔。

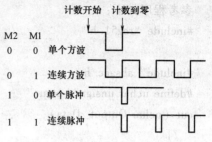

M2	M1	
0	0	单个方波
0	1	连续方波
1	0	单个脉冲
1	1	连续脉冲

图 8-38　8155 定时器的输出波形

[**例 8-2**]　电路如图 8-32 所示，外部计数脉冲从 8155 的 TIN 引脚输入，要求输入满 50 个脉冲后，从 8155 的 TOUT 引脚输出一个脉冲。

解：由图可知，控制接口寄存器地址是 7F00H，工作方式控制字应为 1100 0000B = 0C0H，即命令接口初始化后启动定时器。减计数初值为 50，输出单个脉冲 M2M1 = 10，所以定时器寄存器高 8 位为 80H。

编制例程如下：

```
START   MOV   DPTR, #7F00H   ；命令接口初始化后启动定时器

        MOV   A, #0C0H
        MOVX  @ DPTR, A
        MOV   DPTR, #7F04H   ；定时器低 8 位装入时间常数 50
        MOV   A, #50
        MOVX  @ DPTR, A      ；定时器输出波形为单个脉冲方式
        INC   DPTR
        MOV   A, #80H
        MOVX  @ DPTR, A      ；装入时间常数及设置输出波形方式后立即开始计数
        SJMP  $             ；暂停
```

[**例 8-3**]　利用 8155 的 PA 接口控制信号灯循环显示，时间间隔为 1s。硬件连接如图 8-39 所示。

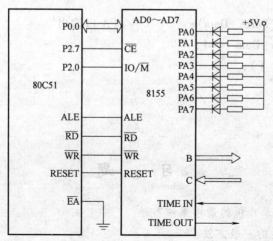

图 8-39　8155 的 PA 接口控制信号灯硬件连接

参考程序如下：

```
#include " reg51. h "                      //定义了80C51 单片机所有的特殊寄存器
                                           // （SFR）名头文件

#include " absacc. h "                      //绝对地址访问宏定义头文件
#define uchar unsigned char                //宏定义后便于书写
out （uchar Output_Data）                   //输出子函数
    {
        XBYTE ［0x7f01］ = Output_Data;     //变量 Output_Data 传至 PA 输出

delay （）                                   //延时
    {
    unsigned long d = 10000;
    while （d − −）;

    }


    main （）                              //主函数
      {
      uchar Count，PortA_Data
      XBYTE ［0x7f00］ = 0x01;             //8155 初始化：PA 为基本输出，PB，PC 为
                                           输入

      while （1）
        {
      Count = 8;
      PortA_Data = 0xfe;
      while （Count − −）
          {
          out （PortA_Data）;              //PA 口输出
          PortA_Data <<= 1;
          delay （）;
          }
        }
      }
```

习   题

1. 什么是 MCS-51 单片机的最小系统？
2. 简述存储器扩展的一般方法。
3. 什么是部分译码法？什么是全译码法？它们各有什么特点？用于形成什么信号？

4. 采用部分译码为什么会出现地址重叠情况？它对存储器容量有何影响？

5. 存储器芯片的地址引脚与容量有什么关系？

6. MCS-51 单片机的外部设备是通过什么方式访问的？

7. 使用 2764（8K×8）芯片通过部分译码法扩展 24KB 程序存储器，画出硬件连接图，指明各芯片的地址空间范围。

8. 使用 6264（8K×8）芯片通过全译码法扩展 24KB 数据存储器，画出硬件连接图，指明各芯片的地址空间范围。

9. 试用一片 74LS373 扩展一个并行输入接口，画出硬件连接图，指出相应的控制命令。

10. 用 8255A 扩展并行 I/O，实现把 8 个开关的状态通过 8 个二极管显示出来，画出硬件连接图，用汇编语言和 C 语言分别编写相应的程序。

11. 画出 8155 芯片与 8051 的连接图，要求 8155 芯片的命令寄存器、A 接口、B 接口、C 接口、定时器寄存器的地址为 B000H ~ B005H。其内部 RAM 的地址为 A000H ~ A0FFH。用 74LS138 译码器产生 8155 的片选信号。

第9章 MCS-51单片机的接口技术

9.1 MCS-51单片机与键盘的接口

键盘是单片机应用系统中最常用的输入设备，在单片机应用系统中，操作人员一般都是通过键盘向单片机系统输入指令、地址和数据，实现简单的人机通信。

9.1.1 键盘的工作原理

实际上键盘是一组按键开关的集合，平时按键开关总是处于断开状态，当按下按键时它才闭合。它的结构和产生的波形如图 9-1 所示。

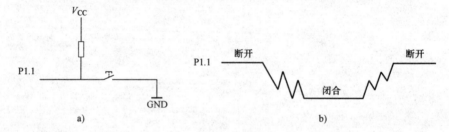

图 9-1 键盘开关及波形
a) 键盘开关结构 b) 键盘开关产生波形

如图 9-1a 所示，当按键未按下时，开关处于断开状态，P1.1 输出为高电平；当按键按下时，开关处于闭合状态，P1.1 输出为低电平。通常按键为机械式，由于机械触点的弹性作用，按键在闭合时不会马上稳定地接通，断开时也不会马上断开，因而在闭合和断开的瞬间都会伴随着一串的抖动，如图 9-1b 所示。抖动时间的长短由按键的机械特性决定，一般为 5 ~ 10ms，这种抖动对于人来说是感觉不到的，但对于单片机来说，则是完全可以感应到的。键盘的处理主要涉及 3 个方面的内容：

1. 按键的识别

由于键位未按下，输出为高电平，按键按下，输出为低电平，因此可以通过检测输出线上电平的高/低来判断按键有无按下。如果检测到为高电平，说明没有按下；如果检测到为低电平，则说明该线路上对应的按键已按下。

2. 抖动的消除

按键时，无论按下按键还是放开按键都会产生抖动，按下按键时产生的抖动称为前沿抖动，松开按键时产生的抖动称为后沿抖动。如果对抖动不作处理，必然会出现按一次键输入多次，为确保按一次键只确认一次，必须消除按键抖动。消除按键抖动通常有两种方法：硬件消抖和软件消抖。

硬件消抖是通过在按键输出电路上加一定的硬件线路来消除抖动，一般采用 R-S 触发器

或单稳态电路，如图 9-2 所示。经过图中
的 R-S 触发器消抖后，输出端的信号就为
标准的矩形波。

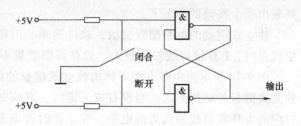

软件消抖是利用延时来跳过抖动过
程，当判断有键按下后，先执行一段大于
10ms 的延时程序后再去判断按下的按键
是哪一个，从而消除前沿抖动的影响。对

图 9-2　硬件消抖电路

于后沿抖动，只需在接收一个按键后，经过一定时间再去检测有无按键，这样就自然跳过后
沿抖动时间而消除后沿抖动了，键盘处理过程往往是采用这样的方式。

3. 按键的编码

通常在一个单片机应用系统中用到的键盘都包含多个按键，这些按键都通过 I/O 接口线
来进行连接。按下一个按键后，通过键盘接口电路就得到该按键的编码。一个键盘的按键怎
样编码，是键盘工作过程中的一个很重要的问题。通常有两种编码方法。

（1）用连接键盘的 I/O 接口线的二进制组合进行编码

如图 9-3a 所示，用 4 行、4 列线构成的 16 个键的键盘，可使用一个 8 位 I/O 接口线的
二进制的组合表示 16 个键的编码，各键的编码值分别是：88H、84H、82H、81H、48H、
44H、42H、41H、28H、24H、22H、21H、18H、14H、12H、11H。这种编码简单，但不连
续，处理起来不方便。

（2）顺序排列编码

如图 9-3b 所示，这种编码，获得编码值时根据行线和列线进行了相应的处理。处理方
法如下：编码值 = 行首编码值 X + 列号 Y。如果一行有 K 个按键，则行首编码值为 n × K，n
为行号，从 0 开始取。列号 Y 从 0 开始取。

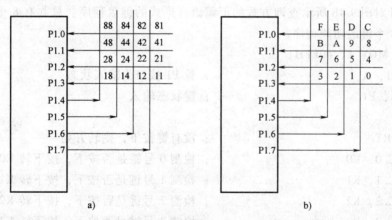

图 9-3　键位的编码

a）二进制组合编码　b）顺序排列编码

9.1.2　独立式键盘与单片机的接口

键盘的结构形式一般有两种：独立式键盘与矩阵式键盘。

独立式键盘就是各按键相互独立，每个按键各接一根 I/O 接口线，每根 I/O 接口线上的
按键都不会影响其他的 I/O 接口线。因此，通过检测 I/O 接口线的电平状态就可以很容易地

判断出哪个按键被按下了。

独立式键盘的电路配置灵活，软件简单。但每个按键要占用一根 I/O 接口线，在按键数量较多时，I/O 接口线浪费很大。故在按键数量不多时，常采用这种形式。

图 9-4a 所示为中断方式工作的独立式键盘的结构形式，图 9-4b 所示为查询方式工作的独立式键盘的结构形式。当没有按下键时，对应的 I/O 接口线输入为高电平；当按下键时，对应的 I/O 接口线输入为低电平。在工作时查询方式通过执行相应的查询程序来判断有无键按下，是哪一个键按下。中断方式处理时，当有任意键按下时则请求中断，在中断服务程序中通过执行判键程序，判断是哪一个键按下。

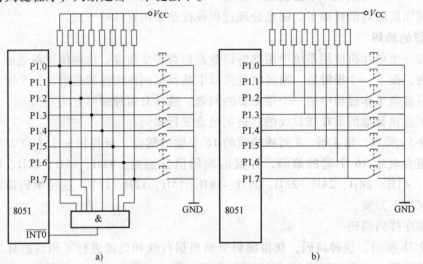

图 9-4 独立式键盘的结构形式

a) 中断方式工作的独立式键盘 b) 查询方式工作的独立式键盘

下面是针对图 9-4b 所示查询方式的汇编语言形式的键盘程序。总共有 8 个键位，KEY0 ～KEY 7 为 8 个键的功能程序。

```
START：MOV  A, #0FFH;
MOV  P1, A                 ; 置 P1 接口为输入状态
MOV  A, P1                 ; 键状态输入
CPL  A
JZ   START                 ; 没有键按下，则转开始
JB   ACC.0, K0             ; 检测 0 号键是否按下，按下转 K0
JB   ACC.1, K1             ; 检测 1 号键是否按下，按下转 K1
JB   ACC.2, K2             ; 检测 2 号键是否按下，按下转 K2
JB   ACC.3, K3             ; 检测 3 号键是否按下，按下转 K3
JB   ACC.4, K4             ; 检测 4 号键是否按下，按下转 K4
JB   ACC.5, K5             ; 检测 5 号键是否按下，按下转 K5
JB   ACC.6, K6             ; 检测 6 号键是否按下，按下转 K6
JB   ACC.7, K7             ; 检测 7 号键是否按下，按下转 K7

JMP  START                 ; 无键按下返回，再顺次检测
```

```
K0：   AJMP   KEY0
K1：   AJMP   KEY1
⋮
K7：   AJIMP  KEY7
       KEY0：…                  ；0 号键功能程序
JMP START                       ；0 号键功能程序执行完返回
KEY1：…                         ；1 号键功能程序
JMP START                       ；1 号键功能程序执行完返回
⋮
KEY7：…                         ；7 号键功能程序
       JMP START                ；7 号键功能程序执行完返回
```

9.1.3 矩阵式键盘与单片机的接口

矩阵式键盘又叫行列式键盘。用 I/O 接口线组成行、列结构，键位设置在行、列的交点上。例如，4×4 的行、列结构可组成 16 个键的键盘，比一个按键用一根 I/O 接口线的独立式键盘少了一半的 I/O 接口线。而且按键越多，接口线节省情况越明显。因此，在按键数量较多时，往往采用矩阵式键盘。

矩阵式键盘的连接方法有多种，可直接连接于单片机的 I/O 接口线，可利用扩展的并行 I/O 接口连接，也可利用可编程的键盘、显示接口芯片（如 8279）进行连接等。图 9-5 所示就是通过单片机的 P1 接口连接 4×4 的矩阵式键盘。

1. 矩阵式键盘的工作过程

对于 4×4 的键盘，共有 4 条行线、4 条列线，在每一条行线与列线的交叉点接有一个按键，16 个按键的编号为 K0 ~ K15，结构如图 9-5 所示。当某一个按键闭合时，与该键相连

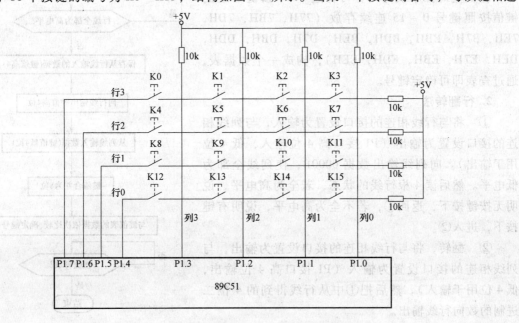

图 9-5 P1 接口连接 4×4 的矩阵式键盘

的行线与列线接通。识别闭合键的方法有逐行（列）扫描法及行反转法，其操作步骤如下。

（1）逐行扫描法

①　将行线接微机的输出接口，列线接微机的输入接口。（P1接口高4位输出，低4位用于输入）。

②　通过输出接口输出数据，逐一使1条行线为低电平（其余3行为高电平）。然后，通过输入接口读4根列线的状态，若全为高电平，则此行无按键按下；若不全为高电平，说明这一行有键按下，且按键位于此行与电压为低电平的列线交叉点。例如，P1接口高4位输出0111B（第3行为低电平）时，若读得列线的数据为0111B，说明按键K0被按下；若读得列线的数据为1011B，说明按键K1被按下；若读得列线的数据为1101B，说明按键K2被按下；若读得列线的数据为1110B，说明按键K3被按下。当一行没有键按下时再用同样的办法接着扫描（检查）下一行。

③　当某一行有键按下时，通过此时行线输出及列线输入数据组合成1个8位二进制数，这个数称为键值，由键值可确定惟一的按键号码。

K0按下时，必在行线输出0111B，列线读得0111B时，其键值为01110111B＝77H；

K1按下时，必在行线输出0111B，列线读得1011B时，其键值为01111011B＝7BH；

K2按下时，必在行线输出0111B，列线读得1101B时，其键值为01111101B＝7DH；

……

K15按下时，必在行线输出1110B，列线读得1110B时，其键值为11101110B＝EEH；

键盘查询程序设计时，可将这16个按键对应的键值按照键号0～15连续存放（77H，7BH，7DH，7EH，B7H，BBH，BDH，BEH，D7H，DBH，DDH，DEH，E7H，EBH，EDH，EEH），构成一个数据表，通过查表即可确定键号。

2. 行翻转法

①　将与行线相连的接口设置为输入，与列线相连的接口设置为输出（P1接口高4位输入，低4位用于输出）。向列线输出数据0000B，使列线全部为低电平。然后读4根行线的状态，若全为高电平，说明无按键按下，返回①，若不全为高电平，说明有键按下，进入②。

②　翻转，将与行线相连的接口设置为输出，与列线相连的接口设置为输入（P1接口高4位输出，低4位用于输入），然后把①中从行线得到的4位二进制的数向行线输出。

③　从列线输入数据，得到一个4位二进制的数

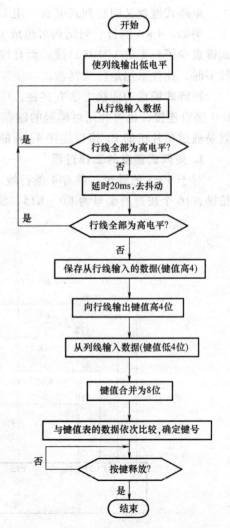

图9-6　行翻转法键盘扫描子程序的流程

据，把①中得到 4 位二进制的数据作为高 4 位，与这个 4 位二进制的数据组合成的 8 位二进制数，即为键值（与逐行扫描法相同），由键值可确定惟一的按键号码。

行翻转法键盘扫描子程序的流程如图 9-6，其程序如下：

汇编语言程序：

```
        ORG  0H                  ; 行反转法键盘扫描显示
KB1:    MOV  P1, #0F0H           ; 列线输出低电平
        MOV  A, P1               ; 输入行线值
        CJNE A, #0F0H, KB2       ; 若有键按下，转 KB2
        AJMP KB1                 ; 若无键按下，转 KB1
KB2:    MOV  B, A                ; 保存键值的高四位
        ORL  A, #0FH             ; A 高四位不变，低四位置 1
        MOV  P1, A               ; 键值的高四位通过行线输出
        MOV  A, P1               ; 输入列线值
        ANL  A, #0FH             ; 屏蔽高四位
        ORL  B, A                ; 键值的高四位与低四位合并
        MOV  DPTR, #TAB          ; DPTR 指向键值表首地址
        MOV  R3, #0              ; R3 作为键号计数器
KB3:    MOV  A, R3
        MOVC A, @A+DPTR          ; 取键值
        CJNE A, B, NEXT          ; 所取键值与当前按键的键值不等转移
        CALL DELAY               ; 延时 20ms
        CALL DISPLAY             ; 显示键号
WAIT0:  MOV  P1, #0F0H           ; 以下 3 条指令为等待按键释放
        MOV  A, P1
        CJNE A, #0F0H, WAIT0
        CALL DELAY
        AJMP KB1
NEXT:   INC  R3                  ; 键号计数器加 1
        AJMP KB3
DELAY:  MOV  R0, #32H            ; 延时 20ms
DELAY0: MOV, R1, 0C8H
DELAY1: DJNZ R1, DELAY1
        DJNZ R0, DELAY0
RET                              ; 显示子程序
DISPLAY: MOV DPTR, #TAB1         ; DPTR 指向段码表首址
        MOV  A, R3
        MOVC A, @A+DPIR          ; 查段码表
        MOV  SBUF, A             ; 输出段码
        RET
```

```
TAB:      DB 77H, 7BH, 7DH, 7EH, 0B7H, 0BBH, 0BDH, 0BEH, 0D7H
          DB 0DBH, 0DDH, 0DEH, 0E7H, 0EBH, 0EDH, 0EEH      ; 0 ~ F 键值
tab1:     DB 0C0H, 0F9H, 0A4H, 0B0H, 99H, 92H, 82H, 0F8H, 80H, 90H; 0 ~ 9 段码
          DB  88H, 83H, 0C6H, 0A1H, 86H, 8EH      ; a ~ f 段码
          END
```

C 语言程序：

```c
#include "reg51. h"
unsigned int tab[ ] = {0x77,0x7b,0x7d,0x7e,0x0b7,0x0bb,0x0bd,0x0be,0x0d7,
                0x0db,0x0dd,0x0de,0x0e7,0x0eb,0x0ed,0x0ee};/* 键码表 */
unsigned char tab1[ ] = {0x0c0,0x0f9,0x0a4,0x0b0,0x99,0x92,0x82,0x0f8,0x80,
                0x90,0x88,0x83,0x0c6,0x0a1,0x86,0x8e};/* 段码表 */
void display( unsigned int i)
{   SBUF = tatb1[i];
}
main( )
{
    unsigned int i,a,b,y;
    for( ; ;)
    {
    for(P1 =0x0f0,a = P1;a = =0x0f0;a = P1);/* 列线输出低电平，并读入行线的值，*/
                                       /* 判断是否有键按下 */
    b = a;                   /* 如有键按下，则保存高 4 位 */
    a = a | 0x0f;
    P1 = a;                  /* 高 4 位不变，低 4 位置 1，准备从行线输出 */
    a = P1;                  /* 读入列线的值 */
    b = b | a;               /* 合并行线与列线的值 */
    i = 0;                   /* 计数器清零 */
    a = tab [i];
    for(;b! = a;i + + ,a = tab[i]); /* 在键码表中查找相应的键码，并计算在段码中的位置*/
    for(y = 0; y < 20000; y + + ); /* 延时，去抖动 */
    display (i);             /* 显示段码 */
    for(P1 =0x0f0; P1! = 0x0f0; );/* 判断按键是否结束 */
    for(y = 0; y < 20000; y + + ); /* 延时 */
    }
}
```

9.2　MCS-51 单片机与 LED 显示器接口

在单片机应用系统中，经常用到 LED 数码管作为显示输出设备。LED 数码管显示器虽

然显示信息简单，但它具有显示清晰、亮度高、使用电压低、寿命长、与单片机接口方便等特点，基本上能满足单片机应用系统的需要，所以在单片机应用系统中经常用到。

9.2.1　LED 显示器和显示器接口

LED 显示器是由发光二极管显示字段组成的显示器，有"7"段和"米"字段之分，具有显示清晰、成本低廉、配置灵活、与单片机接口简单易行的特点，在单片机应用系统中得到了广泛的应用。

1. LED 显示器的结构

LED 显示器内部由若干个发光二极管组成，当发光二极管导通时，相应的一个点或一个笔划发光。控制不同组合的二极管导通就能显示出各种字符。在单片机应用系统中通常使用 7 段发光二极管组成，也称为 7 段 LED 显示器。由于它主要用于显示各种数字符号，故又称为 LED 数码管。每个显示器还有一个圆点型发光二极管（用"dp"表示），用于显示小数点。图 9-7 所示为 LED 显示器的符号与引脚排列。根据其内部结构，LED 显示器可分为共阴极与共阳极两种 LED 显示器，如图 9-8 所示。

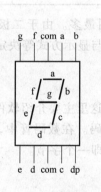

图 9-7　LED 显示器的符号与引脚排列

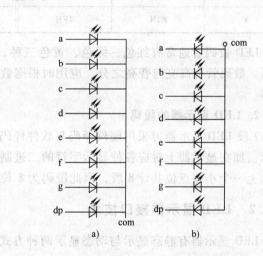

图 9-8　LED 显示器内部结构图

a）共阴极结构　　b）共阳极结构

（1）共阴极 LED 显示器

图 9-8a 所示为共阴极 LED 显示器的内部结构。图中各二极管的阴极连在一起，公共端 com 接低电平时，若某段阳极加上高电平（即逻辑"1"）时，该段发光二极管就导通发光；而输入低电平（即逻辑"0"）时则不发光。

（2）共阳极 LED 显示器

图 9-8b 所示为共阳极 LED 显示器的内部结构。图中各二极管的阳极连在一起，公共端接高电平时，若某段阴极加上低电平即逻辑"0"时，该段发光二极管就导通发光；而输入高电平（即逻辑"1"）时则不发光。

7 段 LED 显示器与单片机的接口电路很简单，只要将一个 8 位并行输出接口与显示器的发光二极管的引脚相连即可。8 位并行输出口输出不同的数据，即可获得不同的数字或字符。通常将控制发光二极管的 8 位字节数据称为 7 段显示代码，由于点亮方式不同，因此共阴与共阳两种 LED 数码管的段码是不同的。其段码见表 9-1 所示。

表 9-1   LED 数码管段码表

字型	共阳极段码	共阴极段码	字型	共阳极段码	共阴极段码
0	C0H	3FH	9	90H	6FH
1	F9H	06H	A	88H	77H
2	A4H	5BH	B	83H	7CH
3	B0H	4FH	C	C6H	39H
4	99H	66H	D	A1H	5EH
5	92H	6DH	E	86H	79H
6	82H	7DH	F	8EH	71H
7	F8H	07H	灭	FFH	00H
8	80H	7FH			

LED 数码管通常有红色、绿色、黄色三种，以红色应用最多。由于二极管的发光材料不同，数码管有高亮与普亮之分，应用时根据数码管的规格与显示方式等决定是否加装驱动电路。

2. LED 显示器的段码

7 段 LED 显示器可采用硬件译码与软件译码两种方式。这里主要介绍软件方式实现译码显示。加在显示器上对应各种显示字符的二进制数据称为段码。在数码管中，7 段发光二极管加上一个小数点位共计 8 段，因此段码为 8 位二进制数，即一个字节。

9.2.2   LED 显示器接口技术

LED 显示器有静态显示与动态显示两种方式。

1. LED 静态显示方式

LED 显示器工作在静态显示方式下，共阴极点或共阳极点连接在一起接地或 +5V，每位的段选线（a～dp）与一个 8 位并行口（或锁存器）相连。如图 9-9 所示，该图表示了一个 4 位静态 LED 显示器电路。该电路每一位可独立显示，只要在该位的段选线上保持段选码电平，该位就能保持相应的显示字符。由于每一位由一个 8 位输出口控制段选码，故在同一时间里每一位显示的字符可以各不相同。

静态显示方式用的器件较多，因此电路较为复杂；由于所有 LED 位一直同时发光，故功耗较大。但数据显示仅需要 CPU 一次写入，不需要反复刷新，故节省 CPU 资

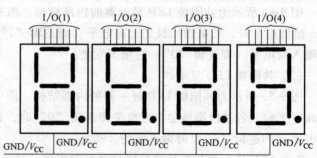

图 9-9   4 位静态 LED 显示器电路

源。

图 9-10 所示是外接 8 位移位寄存器 74HC164，通过串行接口扩展 8 位 LED 显示器的静态驱动电路，在 TXD（P3.1）给出时钟信号，将显示数据由 RXD（P3.0）串行输出，串行接口工作在移位寄存器方式（方式0）。

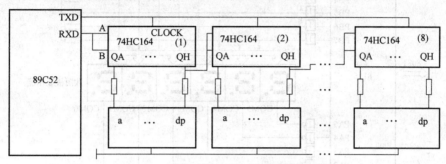

图 9-10　串行扩展 8 位 LED 显示器静态驱动电路

图 9-10 所示的是共阴极数码管，因而各数码管的公共极 COM 端接地，要显示某字段，则相应的移位寄存器 74HC164 的输出线必须是高电平。

显然，要显示某字符，首先要把这个字符转换成相应的字形码，然后再通过串行接口发送到 74HC164。74HC164 把串行接口收到的数变为并行输出加到数码管上。如要显示字符 6，查表 9-1 可知 6 的字形码为 0x7d，把 0x7d 送到 8 位移位寄存器 74HC164 即可。

[例 9-1]　按照图 9-10 显示电路编写显示驱动程序。

```
void display（void）                /＊显示 0，1，…，7＊/
{
uchar code LEDValue［8］ = {0x3f，0x06，0x5b，0x4f，0x66，0x6d，0x7d，0x07}
uchar i；
  TI = 0；
  for（i = 0；i < 8；i ++）{        /＊8 位数码管依次显示 0，1，…，7＊/
        SBUF = LEDValue［7-i］；
        while（TI = = 0）；
        TI = 0；
    }
}
```

2. LED 动态显示方式

LED 动态显示的基本做法在于分时轮流选通数码管的公共端，使得各数码管轮流导通，在选通相应 LED 后，即在显示字段上得到显示字形码。这种方式不但能提高数码管的发光效率，而且由于各个数码管的字段线是并联使用的，从而大大简化了硬件线路。

动态扫描显示接口是单片机系统中应用最为广泛的一种显示方式。其接口电路是把所有显示器的 8 个笔画段 a ~ dp 同名端并联在起，而每一个显示器的公共极 com 是各自独立地受 I/O 接口线控制。CPU 向字段输出口送出字形码时，所有显示器由于同名端并连接收到相同的字形码，但究竟是哪个显示器亮，则取决于 com 端，而这一端是由 I/O 接口线控制的，所

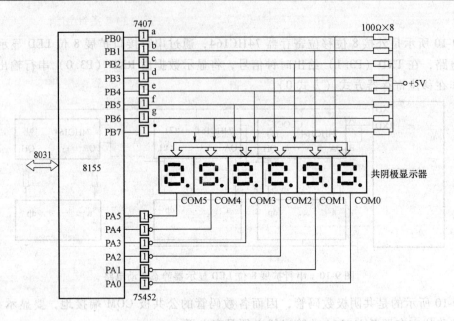

图 9-11　6 位动态 LED 显示器接口

以就可以自行决定何时显示哪一位了。而所谓动态扫描是指采用分时的方法，轮流控制各个显示器的 com 端，使各个显示器轮流点亮。

　　在轮流点亮扫描过程中，每位显示器的点亮时间是极为短暂的（约 1ms），但由于人的视觉暂留现象及发光二极管的余辉效应，尽管实际上各位显示器并非同时点亮，但只要扫描的速度足够快，给人的印象就是一组稳定的显示数据，不会有闪烁感。

　　6 位共阴极 LED 显示器和 8155 的接口逻辑如图 9-11 所示。8155 的 A 接口作为扫描接口，经反相驱动器 75452 接显示器公共极，B 接口作为段数据接口，经同相驱动器 7407 接显示器的各个段。

　　假设 6 个 LED 数码管的显示缓冲区为内部 RAM 的 79～7EH，分别存放 6 位显示器的显示数据。8155 的 A 接口扫描输出总是只有一位为高电平，即 6 位显示器中仅有一位公共阴极为低电平，其他位为高电平。8155 的 B 接口 H 输出相应位（阴极为低）的显示数据的段数据，使某一位显示出一个字符，其他位为暗。依次地改变 A 接口输出为高的位，B 接口输出对应的段数据，6 位显示器就显示出由缓冲器中显示数据所确定的字符。图 9-12 所示是根据图 9-11 所示电路显示子程序的程序框图。

　　汇编语言程序：

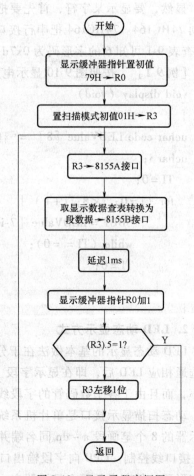

图 9-12　显示子程序框图

```
DIR：   MOV     R0,#79H                       ;置缓冲器指针初值
        MOV     R3,#01H
        MOV     A,R3
LD0：   MOV     DPTR,#7F01H                   ;模式→8155A 接口
        MOVX    @DPTR,A
        INC     DPTR
        MOV     A,@R0                         ;取显示数据
        ADD     A,0DH                         ;加偏移量
        MOVC    A,@A+PC                       ;查表取段数据
DIR1：  MOVX    @DPTR,A                       ;段数据→8155B 接口
        ACALL   DL1                           ;延迟 1ms
        INC     R0
        MOV     A,R3
        JB      ACC.5,LD1
        RL      A
        MOV     R3,A
        SJMP    LD0
LD1：   RET
DSEG：  DB      3FH,06H,5BH,4FH,66H,6DH       ;段数据表
DSEG1：DB      7DH,07H,7FH,6FH,77H,7CH       ;段数据表
DSEG2：DB      39H,5EH,79H,71H,73H,3EH       ;段数据表
DSEG3：DB      31H,6EH,1CH,23H,40H,03H       ;段数据表
DSEG4：DB      18H,00,00,00
DL1：   MOV     R7,#02H                       ;延时子程序

DL：    MOV     R6,#0FFH
DL6：   DJNZ    R6,DL6
        DJNZ    R7,DL
        RET
```

C 语言程序：

```c
#include  < reg51. h >
#include  < absacc. h >          //定义绝对地址访问
#define uchar unsigned char
#define uint unsigned int
void delay( uint );              //声明延时函数
void display( void) j            //声明显示函数
uchar disbuffer[ 6 ] = {0,1,2,3,4,5};   //定义显示缓冲区
void main( void)
    {
```

```
    while(1)
      {display( );                              //显示函数
      }
    }
//＊＊＊＊＊＊＊＊＊＊＊＊＊＊＊＊延时函数＊＊＊＊＊＊＊＊＊＊＊＊＊＊＊＊
void delay(uint i)                             //延时函数
{uint j;
for (j=0; j<i ; j++){}
}
//＊＊＊＊＊＊＊＊显示函数＊＊＊＊＊＊＊＊＊＊＊＊
void display(void)                             //定义显示函数
{uchar codevalue[16] = {0x3f,0x06,0x5b,0x4f,0x66,0x6d,0x7d,0x07,
    0x7f,0x6f,0x77,0x7c,0x39,0x5e,0x79,0x71);   //0~F 的字段码表
uchar chocode[6] = {0x01,0x02,0x04,0x08,0x10,0x20};     //位选码表
uchar i,p,temp;
for (i=0;i<6; i++)
    {
    p = disbuffer[i];                          //取当前显示的字符
    temp = codevalue[p];                       //查得显示字符的字段码
    XBYTE[0x7f02] = temp;                       //送出字段码
    temp = chocode[i];                          //取当前的位选码
    XBYTE[0x7f01] = temp;                       //送出位选码
    delay(20);                                  //延时
    }
}
```

9.3　MCS-51 单片机与字符型 LCD 的接口

在日常生活中，液晶显示器并不陌生。液晶显示模块已作为很多电子产品的通用器件，如在计算器、万用表、电子表及很多家用电子产品中都可以看到，显示的主要是数字、专用符号和图形。

在单片机系统中应用液晶显示器作为输出器件有以下几个优点：

1）显示质量高：由于液晶显示器每一个点在收到信号后就一直保持那种色彩和亮度，恒定发光，而不像阴极射线管显示器（CRT）那样需要不断刷新亮点。因此，液晶显示器画质高且不会闪烁。

2）数字式接口：液晶显示器都是数字式的，和单片机系统的接口更加简单可靠，操作更加方便。

3）体积小、重量轻：液晶显示器通过显示屏上的电极控制液晶分子状态来达到显示的目的，在重量上比相同显示面积的传统显示器要轻得多。

4）功耗低：相对而言，液晶显示器的功耗主要消耗在其内部的电极和驱动化上，因而耗电量比其他显示器要少得多。

9.3.1　液晶显示概述

1. 液晶显示原理

液晶显示的原理是利用液晶的物理特性，通过电压对其显示区域进行控制，有电就有显示，这样就可以显示出图形。液晶显示器具有厚度薄、适用于大规模集成电路直接驱动、易于实现全彩色显示的特点，目前已经被广泛应用在便携式计算机、数字摄像机、PDA 移动通信工具等众多领域。

2. 液晶显示器的分类

液晶显示的分类方法有很多种，通常可按其显示方式分为段式、字符式、点阵式等。除了黑白显示外，液晶显示器还有多灰度彩色显示等。如果根据驱动方式来分，可以分为静态驱动（Static）、单纯矩阵驱动（Simple Matrix）和主动矩阵驱动（Active Matrix）三种。

3. 液晶显示器各种图形的显示原理

1）线段的显示：点阵图形式液晶由 M × N 个显示单元组成。假设 LCD 显示屏有 64 行，每行有 128 列，每 8 列对应 1 字节的 8 位，即每行由 16 字节，共 $16 \times 8 = 128$ 个点组成，屏上 64×16 个显示单元与显示 RAM 区 1024 字节相对应，每一字节的内容和显示屏上相应位置的亮暗对应。例如，屏的第一行的亮暗由 RAM 区的 000H ~ 00FH 的 16 字节的内容决定，当（000H）= FFH 时，则屏幕的左上角显示一条短亮线，长度为 8 个点；当（3FFH）= FFH 时，则屏幕的右下角显示一条短亮线；当（000H）= FFH，（001H）= 00H，（002H）= FFH，…，（00EH）= FFH，（00FH）= 00H 时，则在屏幕的顶部显示一条由 8 段亮线和 8 条暗线组成的虚线。这就是 LCD 显示的基本原理。

2）字符的显示：用 LCD 显示一个字符时比较复杂，因为一个字符由 6 × 8 或 8 × 8 点阵组成，既要找到和显示屏幕上某几个位置对应的显示 RAM 区的 8 字节，还要使每字节的不同位为 "1"，其他的为 "0"，为 "1" 的点亮，为 "0" 的不亮。这样一来就组成某个字符。但对于内带字符发生器的控制器来说，显示字符就比较简单了，可以让控制器工作在文本方式，根据在 LCD 上开始显示的行列号及每行的列数找出显示 RAM 对应的地址，设立光标，在此送上该字符对应的代码即可。

3）汉字的显示：汉字的显示一般采用图形的方式，事先从单片机中提取要显示的汉字的点阵码（一般用字模提取软件），每个汉字占 32B，分左右两半，各占 16B，左边为 1、3、5…，右边为 2、4、6…，根据在 LCD 上开始显示的行列号及每行的列数可找出显示 RAM 对应的地址，设立光标，送上要显示的汉字的第 1 个字节，光标位置加 1，送第 2 个字节，换行按列对齐，送第 3 个字节…，直到 32B 显示完就可以在 LCD 上得到一个完整汉字。

9.3.2　1602 字符型 LCD 简介

字符型液晶显示模块是一种专门用于显示字母、数字、符号等点阵式 LCD。目前，常用的有 16 × 1，16 × 2，20 × 2 和 40 × 2 行等的模块。下面以某公司的 1602 字符型液晶显示器为例，介绍其用法。一般 1602 字符型液晶显示器实物如图 9-13 和图 9-14 所示。外形尺寸如图 9-15 所示。

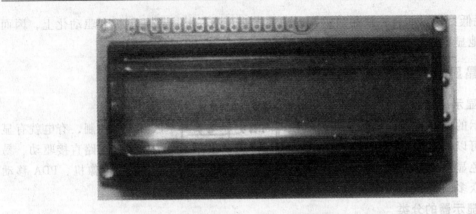

图 9-13　1602 液晶屏正面

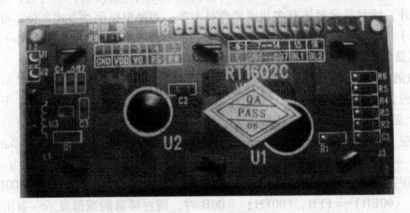

图 9-14　1602 液晶屏反面

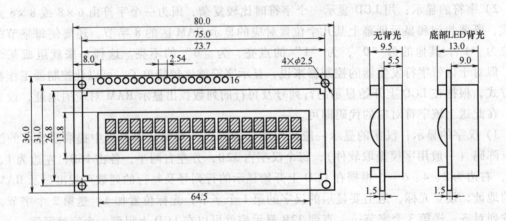

图 9-15　1602 液晶屏尺寸标准

1. 1602 LCD 主要技术参数

显示容量为 16×2 个字符；

芯片工作电压为 4.5~5.5V；

工作电流为 2.0mA（5.0V）；

模块最佳工作电压为 5.0V；

字符尺寸为 2.95 ×4.35（W×H）mm。

2. 接口、信号说明

1602LCD 采用标准的 14 引脚（无背光）或 16 引脚（带背光）接口，各引脚接口说明见表 9-2。

表 9-2　1602 液晶屏接口引脚定义

引脚号	符号	引脚说明	引脚号	符号	引脚说明
1	V_{SS}	电源地	9	D2	数据
2	V_{DD}	电源正极	10	D3	数据
3	V_L	液晶显示偏压	11	D4	数据
4	RS	数据/命令选择	12	D5	数据
5	R/W	读/写选择	13	D6	数据
6	E	使能信号	14	D7	数据
7	D0	数据	15	BLA	背光源正极
8	D1	数据	16	BLK	背光源负极

引脚 1：V_{SS} 为地电源。

引脚 2：V_{DD} 接 5V 正电源。

引脚 3：V_L 为液晶显示器对比度调整端。接正电源时对比度最低，接地时对比度最高。对比度过高时会产生"鬼影"，使用时可以通过一个 $10k\Omega$ 的电位器调整对比度。

引脚 4：RS 为寄存器选择。高电平时选择数据寄存器、低电平时选择指令寄存器。

引脚 5：R/W 为读写信号线。高电平时进行读操作，低电平时进行写操作。当 RS 和 R/W 共同为低电平时可以写入指令或者显示地址。当 RS 为低电平 R/W 为高电平时可以读忙信号，当 RS 为高电平 R/W 为低电平时可以写入数据。

引脚 6：E 为使能端，当 E 由高电平跳变成低电平时，液晶模块执行命令。

引脚 7～14：D0～D7 为 8 位双向数据线。

引脚 15：背光源正极。

引脚 16：背光源负极。

3. 控制器接口说明（以 HD44780 及兼容芯片为例）

（1）基本操作时序见表 9-3。

表 9-3　基本操作时序

读状态	输入	RS = L, R/W = H, E = H		输出	D0～D7 = 状态字
写指令	输入	RS = L, R/W = L, D0～D7 = 指令码, E = 高脉冲		输出	无
读数据	输入	RS = H, R/W = H, E = H		输出	D0～D7 = 数据
写数据	输入	RS = H, R/W = L, D0～D7 = 数据, E = 高脉冲		输出	无

读写操作时序分别如图 9-16 和图 9-17 所示。

（2）RAM 地址映射

液晶显示模块是一个慢显示器件，所以在执行每条指令之前一定要确认模块的忙标志为

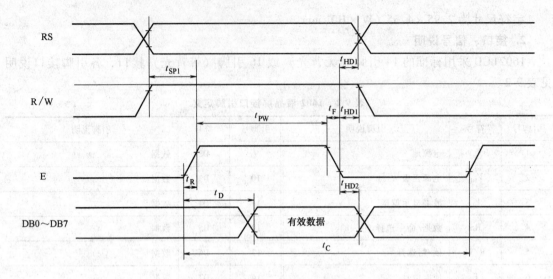

图 9-16 读操作时序

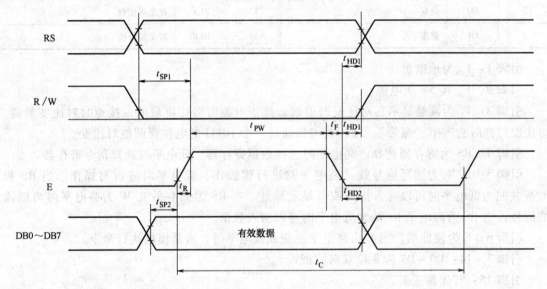

图 9-17 写操作时序

低电平（表示不忙），否则此指令失效。
要显示字符时要先输入显示字符地址，
也就是告诉模块在哪里显示字符，1602
的内部显示地址如图 9-18 所示。

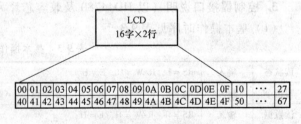

图 9-18 RAM 地址映射

　　例如，第 2 行第一个字符的地址是
40H，那么是否直接写入 40H 就可以将
光标定位在第 2 行第 1 个字符的位置呢？
这样不行，因为写入显示地址时要求最高位 D7 恒定为高电平 1，所以实际写入的数据应该
是 01000000B（40H）＋10000000B（80H）＝11000000B（C0H）。

　　程序在开始时对液晶模块功能进行了初始化设置，约定了显示格式。注意显示字符时光

标是自动右移的，无需人工干预，每次输入指令都先调用判断液晶模块是否忙的子程序 DE-LAY，然后输入显示位置的地址 0C0H，最后输入要显示的字符 A 的代码 41H。

4. 指令说明

1602 液晶模块内部的控制器共有 11 条控制指令，见表 9-4。

表 9-4　1602 液晶屏指令说明

序号	指　　令	RS	R/W	D7	D6	D5	D4	D3	D2	D1	D0
1	清显示	0	0	0	0	0	0	0	0	0	1
2	光标返回	0	0	0	0	0	0	0	0	1	*
3	置输入模式	0	0	0	0	0	0	0	1	I/D	S
4	显示开/关控制	0	0	0	0	0	1	D	C	B	
5	光标或字符移位	0	0	0	0	1	S/C	R/L	*	*	
6	置功能	0	0	0	0	1	DL	N	F	*	*
7	置字符发生存储器地址	0	0	0	1	字符发生存储器地址					
8	置数据存储器地址	0	0	1	显示数据存储器地址						
9	读忙标志或地址	0	1	BF	计数器地址						
10	写数到 CGRAM 或 DDRAM	1	0	要写的数据内容							
11	从 CGRAM 或 DDRAM 读数	1	1	读出的数据内容							

它的读写操作、屏幕和光标的操作都是通过指令编程来实现的。（说明：1 为高电平、0 为低电平）

指令 1：清显示，指令码 01H，光标复位到地址 00H 位置。

指令 2：光标复位，光标返回到地址 00H。

指令 3：光标和显示模式设置。I/D 为光标移动方向，高电平右移，低电平左移。S 为屏幕上所有文字是否左移或者右移。高电平表示有效，低电平则无效。

指令 4：显示开关控制。D 为控制整体显示的开与关，高电平表示开显示，低电平表示关显示。C 为控制光标的开与关，高电平表示有光标，低电平表示无光标。B 为控制光标是否闪烁，高电平闪烁，低电平不闪烁。

指令 5：光标或显示移位。S/C 为高电平时移动显示的文字，低电平时移动光标。

指令 6：功能设置命令。DL 为高电平时为 4 位总线，低电平时为 8 位总线。N 为低电平时为单行显示，高电平时双行显示。F 为低电平时显示 5×7 的点阵字符，高电平时显示 5×10 的点阵字符。

指令 7：字符发生器 RAM 地址设置。

指令 8：DDRAM 地址设置。

指令 9：读忙信号和光标地址。BF 为忙标志位，高电平表示忙，此时模块不能接收命令或者数据，如果为低电平表示不忙。

指令 10：写数据。

指令 11：读数据。

5. 标准字库表

1602 液晶模块内部的字符发生存储器（CGROM）已经存储了 160 个不同的点阵字符图

形，如图 9-19 所示。这些字符有：阿拉伯数字、英文字母的大小写、常用的符号和日文假名等，每一个字符都有一个固定的代码，比如大写的英文字母"A"的代码是 01000001B（41H），显示时模块把地址 41H 中的点阵字符图形显示出来，就能看到字母"A"

高位 低位	0000	0010	0011	0100	0101	0110	0111	1010	1011	1100	1101	1110	1111
×××0000	CGRAM (1)		0	ə	P	＼	p		―	タ	ミ	α	ρ
×××0001	(2)	！	1	A	Q	a	q	。	ア	チ	ム	～	q
×××0010	(3)	″	2	B	R	b	r	Γ	イ	川	メ	β	θ
×××0011	(4)	＃	3	C	S	c	s	」	ウ	ラ	モ	ε	∞
×××0100	(5)	＄	4	D	T	d	t	＼	エ	ト	セ	μ	Ω
×××0101	(6)	％	5	E	U	e	u	ロ	オ	ナ	ユ	B	⦿
×××0110	(7)	＆	6	F	V	f	v	テ	カ	ニ	ヨ	ρ	Σ
×××0111	(8)	＞	7	G	W	g	w	ア	キ	ヌ	ラ	g	π
×××1000	(1)	（	8	H	X	h	x	イ	ク	ネ	リ		X
×××1001	(2)	）	9	I	Y	i	y	ウ	ケ	j	ル	-1	y
×××1010	(3)	＃	：	J	Z	j	z	エ	コ	リ	レ	j	千
×××1011	(4)	＋	：	K	[	k	{	オ	サ	ヒ	ロ	x	万
×××1100	(5)	フ	＜	L	¥	l	｜	セ	シ	フ	ワ	¢	円
×××1101	(6)	―	＝	M	]	m	}	ユ	ス	へ	ソ	キ	÷
×××1110	(7)	・	＞	N	＾	n	￣	ヨ	セ	ホ	ハ	ñ	+
×××1111	(8)	／	？	O	―	o	←	ツ	ソ	マ	ロ	Ö	

图 9-19　字符代码与字符图形的对应关系

6. 一般初始化（复位）过程

延时 15ms

写指令 38H（不检测忙信号）

延时 5ms

写指令 38H（不检测忙信号）

延时 5ms

写指令 38H（不检测忙信号）

以后每次写指令、读/写数据操作均需要检测忙信号

写指令 38H：显示模式设置

写指令 08H：显示关闭

写指令 01H：显示清屏

写指令 06H：显示光标移动设置

写指令 0CH：显示开及光标设置

7. 1602 LCD 应用

（1）硬件原理

1602 液晶显示模块可以和单片机 AT89C51 直接接口，电路原理如图 9-20 所示。

（2）软件功能

在 1602LCD 第 1 行显示 "How are you?"，在第 2 行显示 "Fine!"。软件流程如图 9-21 所示。

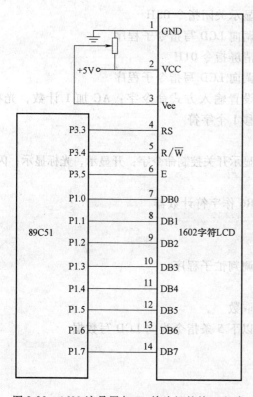

图 9-20　1602 液晶屏与 51 单片机的接口电路

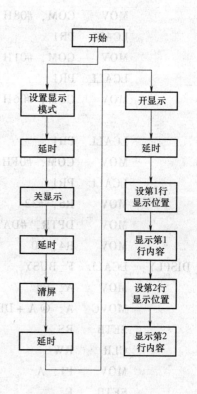

图 9-21　软件流程图

（3）程序代码

汇编语言程序：

```
        ORG 0H
RS      EQU     P3.3            ; 寄存器选择信号
RW      EQU     P3.4            ; 读/写控制信号
E       EQU     P3.5            ; 使能信号
COM     EQU     20H             ; 命令字暂存单元
        CLR     RS
        CLR     RW"
        MOV     P1, #38H         ; 向 LCD 写入 3 条 30H 指，使之复位
        MOV     R7, #03H
```

```
INT:      SETB    E                    ; 使 E 产生下降沿
          CLR     E
          LCALL   DELAY                ; 延时大于 5ms
          DJNZ    R7, INT
          MOV     P1, #38H             ; 工作方式设置命令字：设置 8 位数据总线，5×
                                         8 点阵
          SETB    E                    ; 使 E 产生下降沿
          CLR     E
          MOV     COM, #08H            ; 显示关闭指令 08H
          LCALL   PR1                  ; 调向 LCD 写指令子程序
          MOV     COM, #01H            ; 清屏指令 01H
          LCALL   PR1                  ; 调向 LCD 写指令子程序
          MOV     COM, #06H            ; 设置输入方式命令字：AC 加 1 计数，光标右
                                         移 1 个字符
          LCALL   PR1
          MOV     COM, #0FH            ; 显示开关控制命令字：开显示，光标显示；闪烁
          LCALL   PR1
          MOV     R6, #32              ; R6 作字符计数器
          MOV     DPTR, #DATA1
          MOV     R4, #0
DISPLY:   LCALL   F_BUSY               ; 调判忙子程序
          MOV     A, R4
          MOVC    A, @A+DPTR           ; 取数
          SETB    RS                   ; 以下 5 条指令为向 LCD 写数据
          CLR     RW
          MOV     P1, A
          SETB    E
          CLR     E
          INC     R4
          CJNE    R4, #10H, NEXT       ; 第一行没有显示完则跳转
          MOV     COM, #0C0H           ; 设置地址 40H 至 AC，调整显示位置为 9
          LCALL   PR1
NEXT:     DJNZ    R6, DISPLY
          SJMP    $
PR1:      LCALL   F_BUSY               ; 写指令子程序
          CLR     RW
          MOV     P1, COM
          SETB    E
          CLR     E
```

```asm
                RET
F_BUSY:  CLR    RS              ; 判忙子程序
         SETB   RW
F_BY1:   MOV    P1, #0FFH
         SETB   E
         MOV    A, P1
         CLR    E
         JB     ACC.7, F_BY1    ; 忙转
         RET
DELAY:   MOV    R0, #8H         ; 延时子程序
DLY0:    MOV    R1, #0C8H
DLY1:    DJNZ   R1, DLY1
         DJNZ   R0, DLY0
         RET
DATA1:   DB     20H, 20H, 'How are you?', 20H, 20H
         DB     20H, 20H, 20H, 20H, 20H, 'Fine!', 20H, 20H, 20H, 20H,
                20H, 20H
         END
```

C 语言程序:

```c
#include "reg51.h"
sbit   RS = P3^3;                /* 寄存器选择信号 */
sbit   RW = P3^4;                /* 读/写控制信号 */
sbit   E = P3^5;                 /* 使能信号 */
sbit   Acc_b = ACC^7;            /* 定义累加器的第七位 */
void Busy ( )                    /* 判忙子程序 */
{
  RS = 0;                        /* RS = 0, RW = 1 读入状态寄存器 */
  RW = 1;
  for ( ; Acc_ b = = 1; )
    {
      P1 = 0x0ff;
      E = 1;
      ACC = P1;
      E = 0;
    }
    return;
}
void Print( )                    /* 写指令子程序 */
{
```

```
    unsigned char j;
    RW = 0;                             /* RW = 0，写指令 */
    E = 1;
    E = 0;
    for (j = 0; j ++ < 100; );          /* 延时 */
    return;
}
main ( )
{
    unsigned int i, j, k;
    char LcdStr [32] = { " How are you? Fine! "};        /* 定义数组并初始化 */
    RS = 0;                             /* 向 LCD 写入 3 条 38H，使之复位 */
    RW = 0;
    P1 = 0x38;
    for (i = 3; i > 0; i - - )
    {
        E = 1;
        E = 0;
        for (j = 0; j ++ < 100; );      /* 延时 */
    }
P1 = 0x38;                              /* 设置 8 位数据总线方式 */
Print( );                               /* 调用 LCD 写指令子程序 */
P1 = 8;                                 /* 显示关闭指令 01H */
Print( );
P1 = 1;                                 /* 清屏指令 01H */
Print( );
P1 = 6;                                 /* 设置输入方式：AC 加 1 计数，光标右移 1 个
                                           字符 */
Print( );                               /* 设置显示方式：开显示，光标显示；闪烁 */
P1 = 0x0f;
Print( );
E = 1;
E = 0;
j = 0;                                  /* 显示计数器 */
for (i = 0; i < 16; i ++)               /* 显示字母 */
    {
    busy( );                            /* 判忙 */
    RS = 1;                             /* 送出一个字母 */
    RW = 0;
```

```
        E = 1;
        P1 = LcdStr [i];
        for (k = 0; k ++ < 100; );          / *延时 * /
        E = 0;
        j ++;                                / *显示计数器加 1 * /
        if (j = = 16)                        / *第一行没有显示完则跳转 * /
        {
            for (k = 0; k ++ < 100; );
            RS = 0;
            P1 = 0x0C0;                       / *设置地址 40H 至 AC，调整显示位置为第二行 * /
            Print 0;
        }
    }
    for ( ; ; );
}
```

9.4　MCS-51 单片机与 ADC 的接口

当单片机用于实时控制和智能仪表等应用系统中时，经常会遇到连续变化的模拟量，如温度、压力、速度等物理量。这些模拟量必须先转换成数字量才能送给单片机处理，当单片机处理后，也常常需要把数字量转换成模拟量后再送给外围设备。若输入的是非电信号，还需要经过传感器转换成模拟电信号。实现模拟量转换成数字量的器件称为模数转换器（ADC），数字量转换成模拟量的器件称为数模转换器（DAC）。

9.4.1　A/D 转换器概述

1. A/D 转换器的类型及原理

A/D 转换器（ADC）的作用是把模拟量转换成数字量，以便于计算机进行处理。

随着超大规模集成电路技术的飞速发展，现在有很多类型的 A/D 转换器芯片，不同的芯片其内部结构不一样，转换原理也不同。各种 A/D 转换芯片根据转换原理可分为计数型 A/D 转换器、逐次逼近型、双重积分型和并行式 A/D 转换器等；按转换方法可分为直接 A/D 转换器和间接 A/D 转换器；按其分辨率可分为 4 ~ 16 位的 A/D 转换器。

（1）计数型 A/D 转换器

计数型 A/D 转换器由 D/A 转换器、计数器和比较器组成。工作时，计数器由零开始计数，每计一次数后，计数值送往 D/A 转换器进行转换，并将它生成的模拟信号与输入的模拟信号在比较器内进行比较。若前者小于后者，则计数值加 1，并不断重复 D/A 转换及比较过程。依此类推，直到当 D/A 转换后的模拟信号与输入的模拟信号相同时，则停止计数。这时，计数器中的当前值就是输入模拟量对应的数字量。这种 A/D 转换器结构简单、原理清楚，但它的转换速度与准确度之间存在矛盾，当提高准确度时，转换的速度就慢，当提高速度时，转换的准确度就低，所以在实际中很少使用。

（2）逐次逼近型 A/D 转换器

逐次逼近型 A/D 转换器由一个比较器、D/A 转换器、寄存器及控制电路组成。它与计数型相同，也要进行比较以得到转换的数字量，但逐次逼近型 A/D 转换器是用一个寄存器从高位到低位依次开始逐位试探比较。转换过程如下：开始时，寄存器各位清 0。转换时，先将最高位置 1，送 D/A 转换器转换，转换结果与输入的模拟量比较，如果转换的模拟量比输入的模拟量小，则 1 保留；如果转换的模拟量比输入的模拟量大，则 1 不保留。然后，从第 2 位依次重复上述过程直至最低位。最后，寄存器中的内容就是输入模拟量对应的数字量。一个 n 位的逐次逼近型 A/D 转换器转换只需要比较 n 次，转换时间只取决于位数和时钟周期。逐次逼近型 A/D 转换器转换速度快，在实际中广泛使用。

（3）双重积分型 A/D 转换器

双重积分型 A/D 转换器将输入电压先变换成与其平均值成正比的时间间隔，然后再把此时间间隔转换成数字量，它属于间接型转换器。它的转换过程分为采样和比较两个过程。采样即用积分器对输入模拟电压进行固定时间的积分，输入模拟电压值越大，采样值越大。比较就是用基准电压对积分器进行反向积分，直至积分器的值为 0。由于基准电压值固定，所以采样值越大，反向积分时积分时间越长，积分时间与输入电压值成正比，最后把积分时间转换成数字量，则该数字量就为输入模拟量对应的数字量。由于在转换过程中进行了两次积分，因此称为双重积分型。双重积分型 A/D 转换器转换准确度高、稳定性好，测量的是输入电压在一段时间的平均值，而不是输入电压的瞬间值，因此它的抗干扰能力强，但是转换速度慢，双重积分型 A/D 转换器在工业上应用也比较广泛。

2. A/D 转换器的主要性能指标

（1）分辨率

分辨率是指 A/D 转换器能分辨的最小输入模拟量。通常用转换的数字量的位数来表示，如 8 位、10 位、12 位、16 位等。一般位数越高，分辨率越高。

（2）转换时间

转换时间是指 A/D 转换完成一次所需要的时间，指从启动 A/D 转换器开始到转换结束并得到稳定的数字输出量为止的时间。一般来说，转换时间越短，转换速度越快。

（3）量程

量程是指所能转换的输入电压范畴。

（4）转换准确度

分为绝对准确度和相对准确度。绝对准确度是指实际需要的模拟量与理论上要求的模拟量之差。相对准确度是指当满刻度值校准后，任意数字量对应的实际模拟量（中间值）与理论值（中间值）之差。

9.4.2　ADC 0809 芯片

ADC 0809 是 8 位 8 模拟量输入通道的逐次逼近型 A/D 转换器，采用 CMOS 工艺制造。包括 8 位 A/D 转换器、8 通道多路选择器及与单片机兼容的控制逻辑。8 通道多路转换器能直接连通 8 个单端模拟信号中的任何一个，输出 8 位二进制数字量。ADC 0809 适用于实时测试和过程控制。

1. ADC 0809 的内部结构

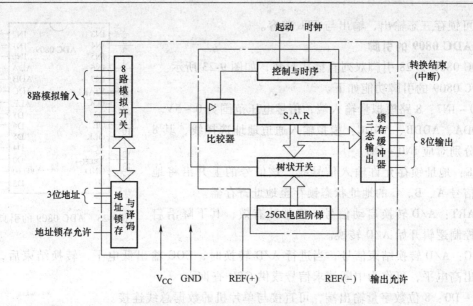

图 9-22　ADC 0809 的内部结构

ADC 0809 的内部结构如图 9-22 所示。内部由具有锁存功能的 8 路模拟多路开关、8 位逐次逼近式 A/D 转换器、三态输出锁存器及地址锁存与译码电路组成。可对 8 路 0 ~ 5V 的输入模拟电压信号分时进行转换。8 路模拟通道共用一个 8 位逐次逼近式 A/D 转换器进行 A/D 转换，转换后的数据送入三态输出数据的锁存器，可直接与单片机的数据总线相连。并同时给出转换结束信号。通道地址选择见表 9-5。内部具有多路开关的地址译码器和锁存电路、比较器、256R 电阻 T 型网络、树状电子开关、逐次逼近数码寄存器 SAR、控制与时序电路等。

表 9-5　通道地址选择表

ADDC	ADDB	ADDA	选择的通道
0	0	0	IN0
0	0	1	IN1
0	1	0	IN2
0	1	1	IN3
1	0	0	IN4
1	0	1	IN5
1	1	0	IN6
1	1	1	IN7

2. ADC 0809 的主要特性

- 分辨率为 8 位。
- 最大不可调误差小于 ±1LSB。
- 当 CLK = 500kHz 时，转换时间为 128μs。
- 不必进行零点和满刻度调整。
- 功耗为 15mW。
- 采用单一 +5V 供电，模拟输入范围为 0 ~ 5V。
- 具有锁存控制的 8 路模拟开关。

● 可锁存三态输出，输出与 TTL 兼容。

3. ADC 0809 的引脚

ADC 0809 为 28 引脚双列直插式封装，如图 9-23 所示。

ADC 0809 的引脚功能如下。

IN0 ~ IN7：8 路模拟量输入端，信号电压范围为 0 ~ 5V。

ADDA、ADDB、ADDC：模拟输入通道地址选择线，其 8 种编码分别对应 IN0 ~ IN7。

ALE：地址锁存允许输入信号线，该信号的上升沿将地址选择信号 A、B、C 的地址状态锁存至地址寄存器。

START：A/D 转换启动信号，正脉冲有效，其下降沿启动内部控制逻辑开始 A/D 转换。

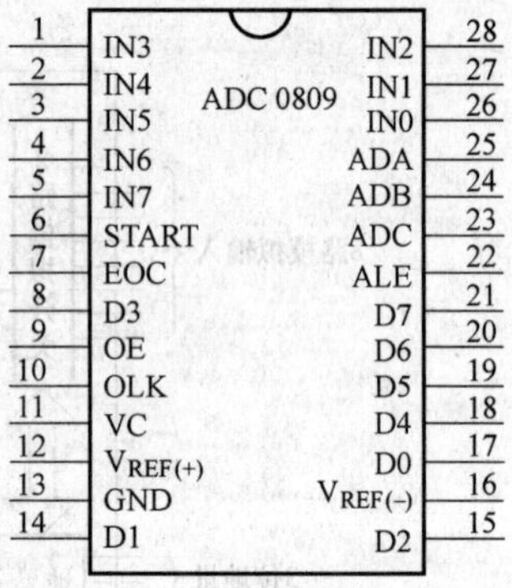

EOC：A/D 转换结束信号，当进行 A/D 转换时，EOC 输出低电平，转换结束后，EOC 引脚输出高电平，可作为中断请求信号或供 CPU 查询。

D7 ~ D0：8 位数字量输出端，可直接与单片机的数据总线连接。

OE：输出允许控制端，高电平有效。高电平时将 A/D 转换后的 8 位数据送出。

CLK：时钟输入端，它决定 A/D 转换器的转换速度，其频率范围为 10 ~ 1280kHz，典型值为 640kHz，对应转换速度等于 100μs。

$V_{REF(+)}$、$V_{REF(-)}$：内部 D/A 转换器的参考电压输入端。

V_{CC}：+5V 电源输入端，GND 为接地端。一般 $V_{REF(+)}$ 与 V_{CC} 连接在一起，$V_{REF(-)}$ 与 GND 连接在一起。

ADDA、ADDB、ADDC 为 8 路模拟开关的 3 位地址选通输入端，用于选择对应的输入通道进行 A/D 转换。其对应关系如表 9-5 所示，时序图如图 9-24 所示。

图 9-23 ADC 0809 的引脚图

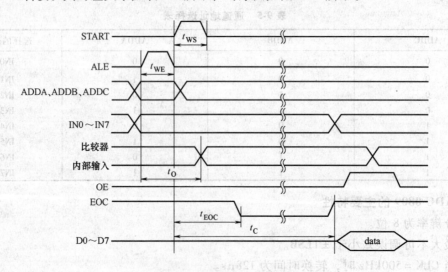

图 9-24 ADC 0809 的时序图

9.4.3 ADC 0809 与 MCS-51 单片机的接口设计

ADC 0809 与 MCS-51 单片机的硬件接口有 3 种方式，即查询方式、中断方式和延时方式。

1. 查询方式

由于 ADC 0809 内部无时钟，可利用 8051 单片机提供的地址锁存允许信号 ALE 经过 D 触发器二分频后获得。ALE 引脚的频率是 8051 单片机时钟频率的 1/6。如果单片机时钟频率采用 6MHz，则 ALE 引脚的输出频率为 1MHz，再经二分频后为 500kHz，正好符合 ADC 0809 对时钟频率的要求。地址译码引脚 ADDA、ADDB、ADDC 分别与地址总线的低 3 位 A0、A1、A2（图 9-25 所示 74LS373 的 2、5、6 引脚）相接，以选通 IN0 ~ IN7 中的某一通道。将 P2.0（地址总线最高位 A8）作为片选信号。在启动 A/D 转换时，由输出指令 "MOVX @ DPTR，A" 或 "MOVX @ Ri，A" 产生写信号，$\overline{WR}$ 和 R2.0 都为零，经过或非门后控制 ADC

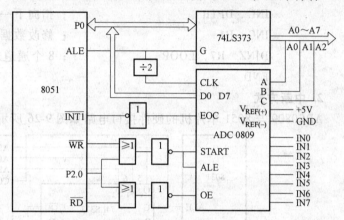

图 9-25　ADC 0809 与 8051 查询方式的接口电路

0809 所需要的启动转换信号 START 和地址锁存允许信号 ALE。由于 START 和 ALE 连在一起，因此在地址解锁的同时便启动转换。大约经过 $125\mu s$ 的转换时间后转换结束，由读指令 "MOVX A，@ DPTR" 或 "MOVX A，@ Ri" 产生的 $\overline{RD}$ 和 P2.0 都为 0，经过或非门后，产生的正脉冲作为输出允许 OE 信号，用以打开三态输出锁存器，就可将转换出来的数字信号读入 CPU 的 A 中。可知，P2.0 与 ADC 0809 的 ALE、START 和 OE 之间有如下关系：

$$ALE = START = \overline{\overline{WR} + P2.0}$$

$$OE = \overline{\overline{RD} + P2.0}$$

可见，P2.0 应置为低电平。P2.0 = A8 = 0

由以上分析可知，在软件编写时，应令 P2.0 = A8 = 0；A0、A1、A2 给出被选择的模拟通道的地址。由于通过 8051 单片机的 P2.0 和 $\overline{WR}$ 启动转换，因而其端口地址为 FEF8H ~ FFFFH，转换结束信号 EOC 经过反相后接入，作为查询标志。此接口电路也可用等待延时方式工作。执行一条输出指令，可启动 A/D 转换；执行一条输入指令，可读取 A/D 转换结果。

下面的程序是采用查询的方法分别对 8 路模拟信号轮流采样一次，并依次把结果转存到数据存储区的采样转换程序。

程序：

```
        ORG   0000H
        MOV   R1, #data        ; 置存放结果首地址
        MOV   DPTR, #0FEF8H     ; P2.0 = 0 且指向通道 0
        MOV   R7, #08H          ; 置通道数
LOOP:   MOVX  @ DPTR, A        ; 启动 A/D 变换
        MOV   R6, #0AH          ; 软件延时
```

```
DLAY：NOP
      NOP
      DJNZ  R6, DLAY
      MOVX  A, @ DPTR        ; 读取数据
      MOV   @ R1, A          ; 存储数据
      INC   DPTR             ; 指向下一个通道
      INC   R1               ; 修改数据区地址
      DJNZ  R7, LOOP         ; 8 个通道未采样完，循环
      END
```

2. 中断方式

ADC0809 与 8051 单片机的硬件接口电路如图 9-26 所示。

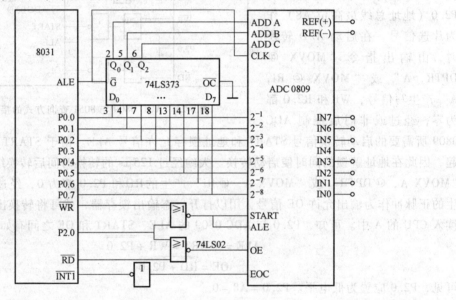

图 9-26 ADC 0809 中断方式硬件接口电路

这里将 ADC 0809 作为一个外部扩展的并行 I/O 接口，直接由 8051 单片机的 P2.0 和 $\overline{WR}$ 脉冲进行启动，用中断方式读取转换结果的数字量，模拟量输入通道选择端 ADDA、ADDB、ADDC 分别与 8051 单片机的 P0.0、P0.1、P0.2 直接相连。因此，其端口地址范围为 FEF8H ~ FEFFH，CLK 由 8051 的 ALE 提供。下面的程序分别对 8 路模拟信号轮流采样一次，并依次把结果存放在 20H 开始的内部数据存储区。

参考程序如下：

```
      ORG   0000H
      AJMP  START
      ORG   0013H
      AJMP  PINT1
      ORG   2000H
START：MOV   R1, #20H        ; 置存放结果首地址
```

```
        MOV     DPTR, #0FEF8H      ; P2.0 = 0 且指向通道 0
        MOV     R7, #08H           ; 置通道数
LOOP:   SETB    IT1                ; 选择INT1边沿触发方式
        SETB    EA                 ; 开中断
        SETB    EXI                ; 开INT1中断
        MOVX    @DPTR, A           ; 启动 A/D 变换
        SJMP    $                  ; 等待中断
;  * * * * * * * * 中断服务程序 * * * * * * * * * * * *
PINT:   MOVX    A, @DPTR           ; 读取数据
        MOV     @R1, A             ; 存储数据
        INC     R1                 ; 修改数据区地址
        INC     DPTR               ; 指向下一个通道
        DJNZ    R7, NEXT           ; 8 个通道未采样完，循环
DONE:   SJMP    DONE               ; 结束
NEXT:   RETI
        END
```

3. 延时方式

图 9-27 所示为 ADC 0809 电路。其中，采用了延时方式，没有利用 EOC 引脚的功能。单片机主频取 6MHz，ALE 输出可直接作为 0809 时钟信号。ADC 0809 的地址译码引脚 AD-DA、ADDB、ADDC 端可分别接到单片机地址总线的低 3 位 A0、A1、A2（P0.0、P0.1、P0.2），以便选通 IN0~IN7 中的某一通道（由于 0809 内部具有地址锁存器，故地址信号无需锁存）；ADC 0809 的片选信号选用 P2.7，模拟信号的通道 0 地址为 7FF8H。

由单片机的 $\overline{\text{WR}}$ 与 P2.7 经过或非门后，产生正脉冲接到 ADC 0809 的 START 端，只要单

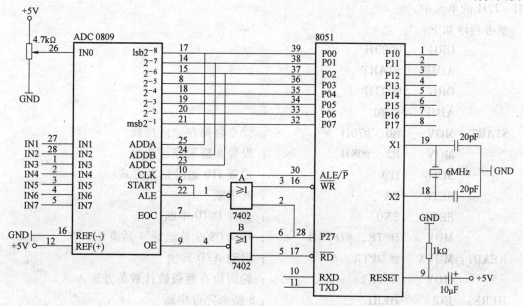

图 9-27　ADC 0809 延时方式接口电路

片机执行写指令，即可启动转换开始。在读取转换结果时，由单片机的$\overline{RD}$与P2.7经过或非门后，产生正脉冲，接到 ADC 0809 的 OE 端，用以打开三态输出锁存器，将转换数据读出。程序执行后，旋转电位器以改变输入电压大小，结果送至 P1 接口，由发光二极管指示转换后的数字量。

参考程序如下：

```
            ORG     0000H
STA:        MOV     A, #00H         ; A 中可为任意值
            MOV     DPTR, #7FF8H    ; 置 0809 通道 0 的地址
            MOVX    @DPTR, A        ; 启动转换
            CALL    DELAY           ; 转换等待（实际应用时可调用显示子程序）
            MOVX    A, @DPTR        ; 取转换结果
            CPL     A
            MOV     P1, A           ; 转换结果送至 P1 接口，由发光二极管指示
            AJMP    STA
DELAY:      MOV     R7, #0FFH
DEL:        DJNZ    R7, DEL
            RET
            END
```

4. ADC 0809 轮回检测转换

利用 ADC 0809 可实现对 8 路模拟信号进行轮回转换。将图 9-25 中 ADC 0809 的 EOC 引脚通过一个反相器接至单片机的 INT0 引脚即可采用中断方式编程进行 A/D 转换。当 A/D 转换后，EOC 为高电平，经过反相$\overline{INT0}$端变为低电平，向 CPU 申请中断，在中断服务程序中读取转换结果并启动下一通道的转换。下面的程序将 8 路模拟信号转换结果分别存于内部70H ~ 77H 的单元中。

参考程序如下：

```
            ORG     0000H
            AJMP    START
            ORG     0003H
            AJMP    INT0
START:      MOV     R0, #70H        ; 设立数据存储区指针
            MOV     R2, #08H        ; 设置 8 路采样计数值
            SETB    IT0             ; 设置 IT0 边沿触发方式
            SETB    EA              ; 开中断
            SETB    EX0             ; 允许 INT0 中断
            MOV     DPTR, #7FF8H    ; 指向 0809 首地址（通道 0）
READ1:      MOVX    @DPTR, A        ; 启动 A/D 转换
            MOV     A, R2           ; 轮回检查通道数计数值并送入 A
HERE:       JNZ     HERE            ; 8 路未完等中断
            CLR     EX0             ; 8 路采集完，关中断
```

```
          SJMP    S
INT0：    MOVX    A，@DPTR            ;启动转换
          MOV     @R0，A              ;存结果
          INC     DPTR               ;指向下一个模拟通道
          INC     R0                 ;指向下一个数据存储单元
          MOVX    @DPTR，A            ;启动下一个通道
          DEC     R2                 ;通道数减1
          MOV     A，R2
          DJNZ    R2，INT0            ;8路未转换完，则继续
          CLR     EA                 ;已转换完，则关中断
          CLR     EX0                ;禁止外部中断0中断
          RETI                       ;中断返回
          END
```

9.5　MCS-51 单片机与 DAC 的接口

D/A 转换器实现把数字量转换成模拟量，在单片机应用系统设计中经常用到它。单片机处理的是数字量，而单片机应用系统中控制的很多控制对象都是通过模拟量控制，单片机输出的数字信号必须经 D/A 转换器转换成模拟信号后，才能送给控制对象进行控制。

D/A 转换器可以直接从 MCS-51 输入数字量，并转换成模拟量，以控制被控对象的工作过程。这需要 D/A 转换器的输出模拟量随着输入数字量正比地变化，使用输出模拟量 V_{OUT}，则能直接反映数字量 D 的大小。实际上，D/A 转换器输出的电信号不能真正连续可调，而是以所用 D/A 转换器的绝对分辨率为单位增减，所以这实际是准模拟量输出。

9.5.1　D/A 转换器的主要特点与技术指标

1. 不同的 D/A 转换器芯片有不同的特点和指标

从接口的角度考虑，D/A 转换器有以下特点：

1）输入数据位数很多。D/A 转换器芯片有 8 位、10 位、12 位、16 位，分为 8 位和大于 8 位的 D/A 转换器。

2）D/A 转换器的输出有电流输出和电压输出之分。不同型号的 D/A 转换器的输出电平相差较大。一般输出电压范围为 0~5V、0~10V、-5~5V、-10~10V 等，有时高达 21~30V。对于电流输出的 DAC，则需外加电流-电压转换器电路（运算放大器），其输出电流有时为几毫安到几十毫安，有时高达 3A。

3）输出电压极性有单极性和双极性之分，如 0~5V、0~10V 为单极性输出，±5V、±10V 为双极性输出。

4）由于单片机的接口电平与 74 系列逻辑电路的电平均为 TTL 电平，因此应用 D/A 转换器芯片时，应选用 TTL 接口电平的芯片。

2. D/A 转换器的主要指标

（1）分辨率

它表示 D/A 转换器对微小输入量变化的敏感程度，通常用数字量的数位表示，如 8 位、12 位、16 位等。这里指最小输出电压（对应的输入数字量只有最低有效位为"1"）与最大输出电压（对应的数字输入信号所有有效位全为"1"）之比。例如，分辨率为 10 位的 D/A 转换器，表示它可以对满量程的 $1/(2^{10}-1)=1/1023=0.001$ 的增量作出反应。分辨率越高，转换时对应数字输入信号最低位的模拟信号电压数值越小，也就越灵敏。有时，也用数字输入信号的有效位数来给出分辨率。

（2）转换准确度

转换准确度以最大的静态转换误差的形式给出。这个转换误差包含非线性误差、比例系数误差以及漂移误差等综合误差。应该注意，准确度和分辨率是两个不同的概念。准确度是指转换后所得的实际值对于理想值的接近程度，而分辨率是指能够对转换结果发生影响的最小输入量，分辨率很高的 D/A 转换器并不一定具有很高的准确度。

（3）相对准确度

相对准确度是指在满刻度已校准的前提下，在整个刻度范围内，对应于任一数码的模拟量输出与它的理论值之差。通常用偏差几个 LSB 来表示和该偏差相对满刻度的百分比表示。

（4）转换时间

转换时间是指当数字变化量为满刻度时，达到终值 + LSB/2 时所需的时间，通常为几十纳秒至几微秒。

（5）线性度

通常用非线性误差的大小表示 D/A 转换器的线性度，输入/输出特性的偏差与满刻度输出之比的百分数表示非线性误差。一定温度下的最大非线性误差一般为 0.01% ~ 0.03%。

9.5.2　DAC 0832 芯片

DAC 0832 系列为美国 National Semiconductor 公司生产的具有两个数据寄存器的 8 位分辨率的 D/A 转换芯片。此芯片与微处理器完全兼容，可以完全相互代换，并且价格低廉，接口简单，转换控制容易，在单片机应用系统中得到了广泛的应用。

1. DAC 0832 的主要特性

- 分辨率为 8 位；
- 转换时间为 1μs；
- 可单缓冲、双缓冲或直接数字转换；
- 只需在满量程下调整其线性度；
- 逻辑电平输入与 TTL 兼容；
- 单一电源供电（5～15V）；
- 低功耗（0.2mW）；
- 基准电压的范围为 -10～10V。

2. DAC 0832 的内部结构

DAC0832 的内部结构如图 9-28 所示。它由 8 位输入锁存器、8 位 DAC 寄存器、8 位 D/A 转换器电路及转换控制电路构成，通过两个输入寄存器构成两级数据输入锁存。

使用时，数据输入可以采用两级锁存（双锁存）、单级锁存（一级锁存，一级直通形式）或直接输入（两级直通）形式。

在图 9-28 中，3 个与门电路组成寄存器输出控制逻辑电路，该逻辑电路的功能是进行数据锁存控制，当 $\overline{LE1}$（$\overline{LE2}$）= 0 时，输入数据被锁存；当 $\overline{LE1}$（$\overline{LE2}$）= 1 时，寄存器的输出跟随输入数据变化。

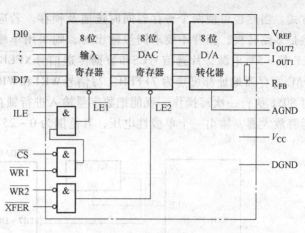

图 9-28　DAC 0832 的内部结构

3. DAC 0832 的引脚

DAC 0832 转换器采用 20 引脚双列直插式封装，其引脚排列如图 9-29 所示。

其引脚功能如下。

DI0 ~ DI7：8 位数据输入线。

$\overline{CS}$：片选信号输入，低电平有效。

ILE：数据锁存允许控制信号，高电平有效。输入锁存器的锁存信号 LE1 由 ILE、$\overline{CS}$、$\overline{WR1}$ 的逻辑组合产生。当 ILE = 1，$\overline{CS}$ = 0，$\overline{WR1}$ 输入负脉冲时，LE1 上产生正脉冲。当 LE1 = 1 时，输入锁存器的状态随数据输入线的状态变化，LE1 的负跳变将数据输入线上的信息锁入输入锁存器。

$\overline{WR1}$：输入寄存器写选通输入信号，低电平有效。

上述两个信号控制输入寄存器是数据直通方式还是数据锁存方式，当 ILE = 1 和 $\overline{WR1}$ = 0 时，为输入寄存器直通方式；当 ILE = 1 和 $\overline{WR1}$ = 1 时，为输入寄存器锁存方式。

$\overline{WR2}$：DAC 寄存器写选通信号（输入），低电平有效。

$\overline{XFER}$：数据传送控制信号（输入），低电平有效。上述两个信号控制 DAC 寄存器是数据直通方式还是数据锁存方式，当 $\overline{WR2}$ = 0 和 $\overline{XFER}$ = 0 时，为 DAC 寄存器直通方式；当 $\overline{WR2}$ = 1 或 $\overline{XFER}$ = 1 时，为 DAC 寄存器锁存方式。

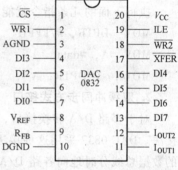

图 9-29　DAC 0832 的引脚排列

I_{OUT1}、I_{OUT2}：电流输出，I_{OUT1} + I_{OUT2} = 常数。

R_{FB}：反馈电阻输入端。内部接反馈电阻，外部通过该引脚接运放输出端。为了取得电压输出，需要在电压输出端接运算放大器，R_{FB} 即为运算放大器的反馈电阻端。

V_{REF}：基准电压，其值为 – 10 ~ 10V。

AGND：模拟信号地。

DGND：数字信号地，为工作电源地和数字逻辑地，可在基准电源处进行单点共地。

V_{CC}：电源输入端，其值为 5 ~ 15V。

9.5.3　DAC 0832 与 MCS-51 的接口设计

DAC 0832 根据控制信号的接法可分为 3 种工作方式：直通方式、单缓冲方式、双缓冲方式。

1. 单缓冲方式接口

单缓冲应用方式即两个 8 位输入寄存器有一个处于直通方式，而另一个处于受控的锁存方式。当然也可使两个寄存器同时选通及锁存。若应用系统中只有一路 D/A 转换，或者虽然是多路转换，但并不要求同步输出时，则采用单缓冲器方式接口，如图 9-30 所示。图中 ILE 接 +5V 电源，片选信号$\overline{CS}$和数据传送信号$\overline{XFER}$都与地址线 P2.7 相连，输入锁存器和 DAC 寄存器地址都可选为 7FFFH。写信号$\overline{WR1}$和$\overline{WR2}$都和 8051 的写信号$\overline{WR}$相连，当 CPU 对 8051 执行一次写操作，就能把数字量输入进行锁存和 DAC 转换输出，图中 I_{OUT}经过 F007 运算放大器，输出一个单极性电压，其范围为 0 ~ 25V。

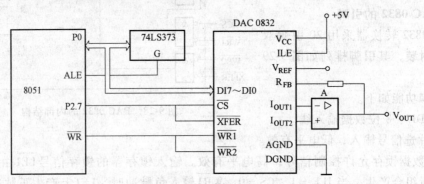

图 9-30　DAC 0832 单缓冲方式接口电路

执行下面的几条指令就能完成一次 D/A 转换：

```
MOV    DPTR, #7FFFH        ;指向 DAC 0832
MOV    A, #data            ;数字量装入 A
MOVX   @DPTR, A            ;完成一次 D/A 输入与转换
```

2. 双缓冲同步方式接口

对于多路 D/A 转换接口，要求同步进行 D/A 转换输出时，必须采用多缓冲器同步方式接法。DAC 0832 采用这种接法时，数字量的输入和 D/A 转换输出是分两步完成的，即 CPU 的数据总线分时地向各路 D/A 转换器输入要转换的数字量并锁存在各自的输入寄存器中，然后 CPU 对所有的 D/A 转换器发出控制信号，将各 D/A 转换器输入锁存器中的数据送入 DAC 寄存器，实现同步转换输出。

双缓冲方式就是把 DAC 0832 的两个锁存器都连接成受控锁存方式，如图 9-31 所示。由于两个锁存器分别占据两个地址，因此在程序中需要使用两条传送指令才能完成一个数字量

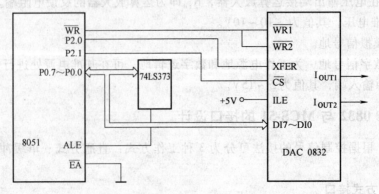

图 9-31　DAC 0832 双缓冲接口方式

的模拟转换。假设输入寄存器地址为 FEFFH。DAC 寄存器地址为 FDFFH，则完成一次 D/A 转换的程序段如下：

```
MOV   A, #DATA          ；转换数据送入 A
MOV   DPTR. #0FEFFH     ；指向输入寄存器
MOVX  @ DPTR, A         ；转换数据送入输入寄存器
MOV   DPTR, #0FDFFH     ；指向 DAC 寄存器
MOVX  @ DPTR, A         ；数据进入 DAC 寄存器并进行 D/A 转换
```

9.5.4 DAC 0832 应用电路

1. DAC0832 与单片机的应用电路（见图 9-32）

在 P2.7 为低电平时，CPU 对 DAC 寄存器执行一次写操作，输入数字量直接写入 DAC 寄存器，经过 D/A 转换后输出相应的模拟量。芯片地址可设为 7FFFH（只要 P2.7 为 0，即可选中该芯片完成 D/A 转换）。

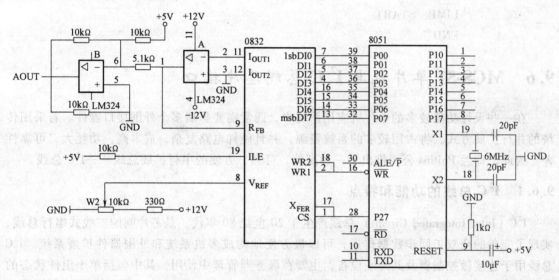

图 9-32 DAC 0832 与单片机的应用电路

2. 程序设计

利用该电路可产生各种输出信号，如锯齿波、三角波、方波、阶梯波等。

锯齿波程序如下：

```
         ORG   0000H
START:   MOV   DPTR, #7FFFH    ；DAC 0832 地址送入 DPTR
         MOV   A, #00H         ；置数字量初值
.LOOP:   MOVX  @ DPTR, A       ；送数并转换
         INC   A
         NOP                   ；延时（延时时间决定锯齿波的斜率）
         SJMP  LOOP
         END
```

三角波程序如下：

```
        ORG   0000H
START:  MOV   DPTR, #7FFFH        ; DAC 0832 地址送入 DPTR
        MOV   A, #00H             ; 置数字量初值
LOOP1:  MOVX  @DPTR, A            ; 送数并转换
        INC   A
        ORL   A, #00H
        JNZ   LOOP1
        MOV   A, #0FFH
LOOP2:  MOVX  @DPTR, A
        DEC   A
        ORL   A, #00H
        JNZ   LOOP2
        LJMP  START
        END
```

9.6　MCS-51 单片机与 I²C 总线芯片接口

在一些设计功能较多的单片机应用系统中，通常需要扩展多个外围接口器件。若采用传统的并行扩展方式，将占用较多的系统资源，并且硬件电路复杂，成本高，功耗大，可靠性差。为此，荷兰 Philips 公司推出了一种高效、可靠、方便的串行扩展总线——I²C 总线。

9.6.1　I²C 总线的功能和特点

I²C（Inter Integrated Circuit）总线产生于 20 世纪 80 年代，是芯片间的二线式串行总线，实现了完善的全双工同步数据传送，可以极方便地构成多机系统和外围器件扩展系统。I²C 总线用于连接微控制器及其外围设备，主要在服务器管理中使用，其中包括单个组件状态的通信。I²C 总线采用了器件地址的硬件设置方法，通过软件寻址完全避免了器件的片选线寻址方法，使硬件系统具有简单而灵活的扩展方法。

采用 I²C 总线后简化了电路结构，增加了硬件的灵活性，缩短了产品开发周期，降低了成本，提高了系统的安全性和可靠性。I²C 总线实际上已经成为一个国际标准，其速度也从原来的 100kbit/s 发展到 3.4Mbit/s。

I²C 总线由于接口直接在组件之上，并且通个两根线连接，占用空间非常小，减少了电路板的空间和芯片引脚的数量，降低了互联成本，因此广泛用于微控制器与各种功能模块的连接。I²C 总线的长度可高达 25ft[⊙]，并且能够以 10kbit/s 的最大传输速率支持 40 个组件。I²C 总线的另一个优点是支持多主控，其中，任何能够进行接收和发送的设备都可以成为主控制器，一个主控能够控制信号的传输和时钟频率。

目前，已有多家公司生产具有 I²C 总线的单片机，如荷兰 Philips 公司、美国 Motorola 公

⊖　1ft＝0.3048m。

司、韩国三星公司、日本三菱公司等。这类单片机在工作时，总线状态由硬件监测，无须用户介入，应用非常方便。对于不具有 I^2C 总线接口的 MCS-51 单片机，在单主机应用系统中可以通过软件模拟 I^2C 总线的工作时序。在使用时，只需正确调用子程序就可以很方便地实现扩展 I^2C 总线接口器件。

9.6.2 I^2C 总线的构成及工作原理

I^2C 总线有两根信号线，如图 9-33 所示，其中，SCL 是时钟线，SDA 是数据线，两者构成的串行总线可发送和接收数据。总线上的各器件都采用漏极开路结构与总线相连，因此 SCL、SDA 均需连接上拉电阻，总线在空闲状态下均保持高电平。

在 CPU 与被控 IC 之间，以及 IC 与 IC 之间进行双向传送时，最高传送速率达 100kbit/s。各种被控制电路均并联在这条总线上。工作时就像电话机一样只有拨通各自的号码才能工作，所以每个电路和模块都有惟一的地址。在信息的传输过程中，I^2C 总线支持多主和主从两种工作方式，通常为主从工作方式。I^2C 总线上的并接的每一模块电路既是

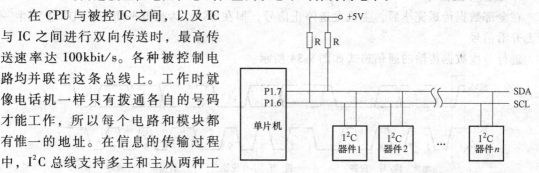

图 9-33 I^2C 总线系统结构图

主控器（或被控器），又是发送器（或接收器），这取决于它所要完成的功能。在主从工作方式中，系统中只有一个主器件（单片机），总线上的其他器件都是具有 I^2C 总线的外围从器件。在主从工作方式中，主器件启动数据的发送（发出启动信号），产生时钟信号，发出停止信号。为了实现通信，每个从器件均有惟一一个器件地址，具体地址由 I^2C 总线分配。

CPU 发出的控制信号分为地址码和控制量两部分，地址码用来选址，即接通需要控制的电路，确定控制的种类；控制量决定该调整的类别（如对比度、亮度等）及需要调整的量。这样，各控制电路虽然挂在同一条总线上，却彼此独立、互不相关。

9.6.3 I^2C 总线的工作方式

1. 发送启动（开始）信号

在利用 I^2C 总线进行一次数据传输时，首先由主机发出启动信号，启动 I^2C 总线，在 SCL 为高电平期间，如果 SDA 出现上升沿则为启动信号。此时具有 I^2C 总线接口的从器件会检测到该信号。

2. 发送寻址信号

主机发送启动信号后，再发出寻址信号。器件地址有 7 位和 10 位两种，这里只介绍 7 位地址寻址方式。寻址信号由一个字节构成，高 7 位为地址位，最低位为读写位，用以表明主机与从器件的数据传送方向。读写位为"0"时，表明主机对从器件写操作；读写位为"1"时，表明主机对从器件读操作。

3. 应答信号

I^2C 总线协议规定，每传送一个字节数据（含地址及命令字）后，都要有一个应答信

号，以确定数据传送是否正确。应答信号由接收设备产生，在 SCL 信号为高电平期间，接收设备将 SDA 拉为低电平，表示数据传输正确，产生应答。

4. 数据传输

主机发送寻址信号并得到从器件应答后，便可进行数据传输，每次传输一个字节，但每次传输都应在得到应答信号后再进行下一字节的传送。

5. 非应答信号

当主机为接收设备时，主机对最后一个字节不作应答，以向发送设备表示数据传送结束。

6. 发送停止信号

在全部数据传送完毕后，主机发送停止信号，即在 SCL，为高电平期间，SDA 上产生一个上升沿信号。

进行一次数据传输的通信格式如图 9-34 所示。

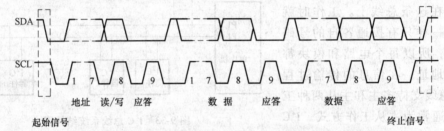

图 9-34 I^2C 总线上进行一次数据传输的通信格式

9.6.4 I^2C 总线、E^2PROM 芯片与 MCS-51 单片机接口

具有 I^2C 总线接口的 E^2PROM 类型产品很多。AT24C02 是美国 Atmel 公司生产的低功耗 CMOS 串行 E^2PROM，主要型号有 AT24C01/02/04/08/16，对应的存储容量分别为 $128 \times 8/256 \times 8/512 \times 8/1024 \times 8/2048 \times 8bit$，这类芯片功耗小，具有工作电压宽（2.5V ~ 6.0V），工作电流约为 3mA，静态电流随电源电压不同为 30 ~ 110μA，写入速度快，在系统中始终为从器件。采用这类芯片可解决数据掉电保护问题，可对所存数据保存 100 年左右，擦写次数可达 10 万次左右。

对 AT24C02 的操作主要有字节读/写、页面读/写，首先发送起始信号，其中，起始信号后面必须是控制字。

控制字的格式如下：

1	0	1	0	A2	A1	A0	$\overline{W}/R$

其中，高 4 位为器件类型识别符（不同的芯片类型有不同的定义，E^2PROM 一般应为 1010），接着 3 位为片选，也就是 3 个地址位，最后一位为读写控制位，当为 1（Input）时为读操作，为 0（Output）时为写操作。

1. AT24CXX 的写操作

（1）字节写

图 9-35 所示为 AT24C01/02/04/08/16 字节写时序图。在字节写模式下，主器件首先发

送起始命令和从器件地址信息（$\overline{W}/R$ 位置 0）给从器件，然后等待从器件送回应答信号。当主器件收到从器件发出的应答信号后，主器件再发送 1 个 8 位字节的器件内单元地址写入从器件的地址指针，从器件收到后写入再向主器件发送一个应答信号，主器件在收到该应答信号后，再发送数据到从器件的相应存储单元。从器件收到后再次发送应答信号，并在主器件产生停止信号后开始内部数据的擦写，在内部擦写过程中，从器件不再应答主器件的任何请求。

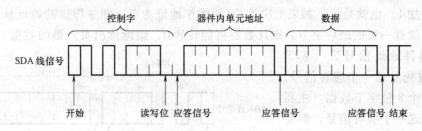

图 9-35　AT24C01/02/04/08/16 字节写时序图

（2）页写

图 9-36 所示为 AT24C01/02/04/08/16 页写时序图。页写模式下，AT24C01/02/04/08/16 一次可写入 8/8/16/16/16 个字节数据。页写操作的启动和字节写一样，不同的是在于传送了一个字节数据后并不产生停止信号，而是继续传送下一个字节。每发送一个字节数据后AT24CXX 产生一个应答位，且内部低 3/3/4/4/4 位地址加 1，高位保持不变。如果在发送停止信号之前主器件发送数据超过一页字节，地址计数器将自动翻转，先前写入的数据被覆盖。接收到一页字节数据和主器件发送的停止信号后，AT24C01/02/04/08/16 启动内部写周期将数据写到数据区。接收的数据在一个写周期内写入 AT24C01/02/04/08/16。

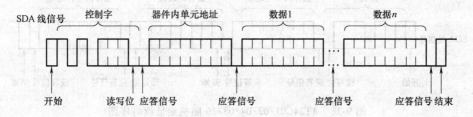

图 9-36　AT24C01/02/04/08/16 页写时序图

（3）应答查询

可以利用内部写周期时禁止数据输入这一特性。一旦主器件发送停止位指示主器件操作结束时，AT24CXX 启动内部写周期，应答查询立即启动，包括发送一个起始信号和进行写操作的从器件地址。如果 AT24CXX 正在进行内部写操作，不会发送应答信号。如果AT24CXX 已经完成了内部自写周期，将发送一个应答信号，主器件可以继续进行下一次读写操作。

（4）写保护

写保护操作特性可使用户避免由于不当操作而造成对存储区域内部数据的改写，当 WP引脚接高电平时，整个寄存器区全部被保护起来而变为只可读取。AT24CXX 可以接收从器件地址和字节地址，但是装置在接收到第一个数据字节后不发送应答信号从而避免寄存器区域被编程改写。

2. AT24CXX 的读操作

对 AT24CXX 读操作的初始化方式和写操作时一样，仅把 $\overline{W}/R$ 位置为 1，有 3 种不同的读操作方式：当前地址读、随机地址读和顺序地址读。

（1）当前地址读

图 9-37 所示为 AT24CXX 当前地址读时序图。AT24CXX 的地址计数器内容为最后操作字节的地址加 1。也就是说，如果上次读/写的操作地址为 N，则立即读的地址从地址 N + 1 开始。如果读到一页的最后字节，则计数器将翻转到 0，继续读出页开始的数据。AT24CXX 接收到从器件地址信号后（$\overline{W}/R$ 位置 1），首先发送一个应答信号，然后发送一个 8 位字节数据。主器件不需要发送一个应答信号，但要产生一个停止信号。

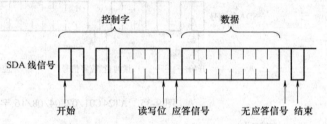

图 9-37　AT24CXX 当前地址读时序图

（2）随机地址读

图 9-38 所示为 AT24C01/02/04/08/16 随机地址读时序图。随机读操作允许主器件对从器件的任意字节进行读操作，主器件首先通过发送起始信号、从器件地址（$\overline{W}/R$ 位置 0）和它想读取的字节数据的地址执行一个写操作。在 AT24C01/02/04/08/16 应答之后，主器件重新发送起始信号和从器件地址，此时 $\overline{W}/R$ 位置 1，AT24C01/02/04/08/16 响应并发送应答信号，然后输出所要求的一个 8 位字节数据，主器件不发送应答信号但产生一个停止信号。

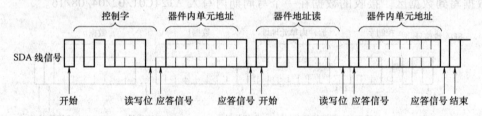

图 9-38　AT24C01/02/04/08/16 随机地址读时序图

（3）顺序地址读

图 9-39 所示为 AT24CXX 顺序地址读时序图。顺序读操作可通过当前地址读或随机地址读操作启动。在 AT24CXX 发送完一个 8 位字节数据后，主器件产生一个应答信号来响应，告知 AT24CXX 器件要求更多的数据，对应每个主机产生的应答信号 AT24CXX 将再发送一个 8 位数据字节。当主器件不发送应答信号而发送停止位时结束此操作。

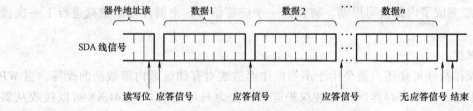

图 9-39　AT24CXX 顺序地址读时序图

3. AT24CXX 与单片机的接口与编程

图 9-40 所示是 8051 单片机与串行 EEPROM 芯片 AT24CXX 的接口电路。图中用的 EEPROM 芯片为 AT24C04，其他芯片与单片机的连接与它相同。8051 的 P1.0、P1.1 作为 I^2C 总线与 AT24C04 的 SDA 和 SCL 相连，连接时注意 I^2C 总线须通过电阻接电源。P1.3 与 WP 相连。AT24C04 的地址线 A2、A1、A0 直接接地。片选编码为 000，AT24C04 的器件地址码的高 7 位为 1010000。

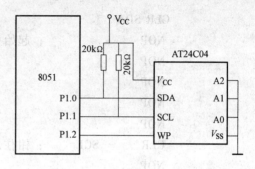

图 9-40　8051 与 AT24C04 的接口电路

编程，这里只给出针对图 9-38 中 AT24C04 的读写驱动程序。

汇编语言编程如下：

```
; 程序占用内部资源：R0，R1，R2，R3，ACC，Cy
; 在你的程序里要做以下定义：
; 使用前须定义变量：SLA：器件从地址，SUBA：器件子地址
; NUMBYTE：读/写的字节数，ACK：位变量
; 使用前须定义常量：SDA：数据线，SCL：时钟线
; MTD：发送数据缓冲区首址，MRD：接收数据缓冲区首址
; (ACK 为调试/测试位，ACK 为 0 时表示无器件应答)
; * * * * * * * * * * * * * * * * * * * * * * * * * * * * * * * * * * * * * *
SCL         BIT   P1.0          ; I²C 总线定义
SDA         BIT   P1.1
WP          BIT   P1.2          ; 定义写保护位
MTD         EQU   30H           ; 发送数据缓冲区首址 (缓冲区 30H—3FH)
MRD         EQU   40H           ; 接收数据缓冲区首址 (缓冲区 40H—4FH)
SLA         EQU   10100000B     ; 定义器件地址
SUBA        EQU   10H           ; 定义器件子地址
NUMBYTE EQU   n              ; 读/写的字节数变量
ACK         BIT   F0
; - - - - - - - - - - - - - - - - - - - - - - - - - - - - - - - - - - - - - -
; 开始信号子程序，启动 I²C 总线子程序
START：  SETB SDA
            NOP
            SETB SCL          ; 起始条件建立时间大于 4.7μs
            NOP
            NOP
            NOP
            NOP
            NOP
```

```
          CLR SDA
          NOP                      ;起始条件锁定时大于 4μs
          NOP
          NOP
          NOP
          NOP
          CLR        SCL           ;钳住总线，准备发数据
          NOP
          RET
;  - - - - - - - - - - - - - - - - - - - - - - - - - - - - - - - - - -
;发结束信号子程序
STOP：    CLR        SDA
          NOP
          SETB       SCL           ;发送结束条件的时钟信号
          NOP                      ;结束总线时间大于 4μs
          NOP
          NOP
          NOP
          NOP
          SETB       SDA           ;结束总线
          NOP                      ;保证一个终止信号和起始信号的空闲时间大于 4.7μs
          NOP
          NOP
          NOP
          RET
;  - - - - - - - - - - - - - - - - - - - - - - - - - - - - - - - - - -
;发送应答信号子程序
MACK：    CLR        SDA    ;将 SDA 置 0
          NOP
          NOP
          SETB       SCL
          NOP                      ;保持数据时间，即 SCL 为高时间大于 4.7μs
          NOP
          NOP
          NOP
          NOP
          CLR        SCL
          NOP
          NOP
```

```
              RET
;   - - - - - - - - - - - - - - - - - - - - - - - - - - - - - - -
;  发送非应答信号子程序
MNACK:  SETB     SDA       ;将 SDA 置 1
        NOP
        NOP
        SETB     SCL
        NOP
        NOP                 ;保持数据时间，即 SCL 为高时间大于 4.7μs
        NOP
        NOP
        NOP
        CLR      SCL
        NOP
        NOP
        RET
;   - - - - - - - - - - - - - - - - - - - - - - - - - - - - - - -
;  检查应答位子程序
;  返回值，ACK = 1 时表示有应答
CACK:   SETB     SDA
        NOP
        NOP
        SETB     SCL
        CLR      ACK
        NOP
        NOP
        MOV      C，SDA
        JC       CEND
        SETB     ACK       ;判断应答位
CEND:   NOP
        CLR      SCL
        NOP
        RET
;   - - - - - - - - - - - - - - - - - - - - - - - - - - - - - - -
;  发送字节子程序
;  字节数据放入 ACC
;  每发送一个字节要调用一次 CACK 子程序，取应答位
WRBYTE: MOV   R0，#08H
WLP:    RLC      A         ;取数据位
```

```
              JC        WR1
              SJMP      WR0        ；判断数据位
WLP1：        DJNZ      R0，WLP
              NOP
              RET
WR1：         SETB      SDA        ；发送 1
              NOP
              SETB      SCL
              NOP
              NOP
              NOP
              NOP
              NOP
              CLR       SCL
              SJMP      WLP1
WR0：         CLR       SDA        ；发送 0
              NOP
              SETB      SCL
              NOP
              NOP
              NOP
              NOP
              NOP
              CLR       SCL
              SJMP      WLP1
```

```
;  - - - - - - - - - - - - - - - - - - - - - - - - - - - - - -
；读取字节子程序
；读出的值在 ACC
；每取一个字节要发送一个应答/非应答信号
RDBYTE：MOV  R0，#08H
RLP：         SETB      SDA
              NOP
              SETB      SCL        ；时钟线为高，接收数据位
              NOP
              NOP
              MOV       C，SDA      ；读取数据位
              MOV       A，R2
              CLR       SCL        ；将 SCL 拉低，时间大于 4.7μs
              RLC       A          ；进行数据位的处理
```

```
                MOV      R2, A
                NOP
                NOP
                NOP
                DJNZ     R0, RLP              ; 未够 8 位, 再来一次
                RET
; 器件当前地址写字节数据
; 入口参数: 数据为 ACC、器件从地址 SLA
; 占用: A、R0、CY
IWRBYTE: PUSH   ACC
IWBLOOP: LCALL  START                        ; 起动总线
                MOV      A, SLA
                LCALL    WRBYTE              ; 发送器件从地址
                LCALL    CACK
                JNB      ACK, RETWRB         ; 无应答则跳转
                POP      ACC                 ; 写数据
                LCALL    WRBYTE
                LCALL    CACK
                LCALL    STOP
                RET
RETWRB: POP     ACC
                LCALL    STOP
                RET
; - - - - - - - - - - - - - - - - - - - - - - - - - - - - - - - - - -
; 器件当前地址读字节数据
; 入口参数: 器件从地址 SLA
; 出口参数: 数据为 ACC
; 占用 A、R0、R2、CY
IRDBYTE: LCALL  START
                MOV      A, SLA              ; 发送器件从地址
                INC      A
                LCALL    WRBYTE
                LCALL    CACK
                JNB      ACK, RETRDB
                LCALL    RDBYTE              ; 进行读字节操作
                LCALL    MNACK               ; 发送非应信号
RETRDB: LCALL   STOP                         ; 结束总线
                RET
; - - - - - - - - - - - - - - - - - - - - - - - - - - - - - - - - - -
```

```
        ; 向器件指定地址写 N 个数据
        ; 入口参数：器件从地址 SLA、器件子地址 SUBA、发送数据缓冲区 MTD、发送字节数
NUMBYTE
        ; 占用：A、R0、R1、R3、CY
        IWRNBYTE:   MOV     A, NUMBYTE
                    MOV     R3, A
                    LCALL   START               ; 起动总线
                    MOV     A, SLA
                    LCALL   WRBYTE              ; 发送器件从地址
                    LCALL   CACK
                    JNB     ACK, RETWRN         ; 无应答则退出
                    MOV     A, SUBA            ; 指定子地址
                    LCALL   WRBYTE
                    LCALL   CACK
                    MOV     R1, #MTD
        WRDA:       MOV     A, @R1
                    LCALL   WRBYTE              ; 开始写入数据
                    LCALL   CACK
                    JNB     ACK, IWRNBYTE
                    INC     R1
                    DJNZ    R3, WRDA            ; 判断写完没有
        RETWRN: LCALL   STOP
                    RET
        ; — — — — — — — — — — — — — — — — — — — — — — — — — — —
        ; 从器件指定地址读取 N 个数据
        ; 入口参数：器件从地址 SLA、器件子地址 SUBA、接收字节数 NUMBYTE
        ; 出口参数：接收数据缓冲区 MTD
        ; 占用：A、R0、R1、R2、R3、CY
        IRDNBYTE:   MOV     R3, NUMBYTE
                    LCALL   START
                    MOV     A, SLA
                    LCALL   WRBYTE              ; 发送器件从地址
                    LCALL   CACK
                    JNB     ACK, RETRDN
                    MOV     A, SUBA            ; 指定子地址
                    LCALL   WRBYTE
                    LCALL   CACK
                    LCALL   START              ; 重新起动总线
                    MOV     A, SLA
```

```
                INC        A                  ; 准备进行读操作
                LCALL      WRBYTE
                LCALL      CACK
                JNB        ACK, IRDNBYTE
                MOV        R1, #MRD
RDN1:           LCALL      RDBYTE             ; 读操作开始
                MOV        @R1, A
                DJNZ       R3, SACK
                LCALL      MNACK              ; 最后一字节发非应答位
RETRDN: LCALL   STOP                          ; 并结束总线
                RET
SACK: LCALL     MACK
                INC        R1
                SJMP       RDN1
```

C 语言编程:

```c
#include   < reg51. h >
#include   < intrins. h >
#define uchar unsigned char
#define uint unsigned int
#define  _Nop ()  _nop ()              //定义指令
sbit   SDA = P1^0  ;                    //定义数据线
sbit   SCL = P1^1;                      //定义时钟线
sbit   WP = P1^2;                       //定义写保护线
bit   ack;                              //定义应答位
/* * * * * * * * * * * * * * * * * * * * * * * * * * * * * * * * * * *
开始信号函数
函数原型 void  Start_i2c ();
启动 I²C 总线, 即发送 I²C 开始信号
* * * * * * * * * * * * * * * * * * * * * * * * * * * * * * * * * * * */
void   Start_I2C ()
{
  SDA = 1;                             //发送开始信号的数据信号
  _Nop ();
  SCL = 1;
  _Nop();_Nop();_Nop();_Nop();_Nop();//开始信号建立时间大于4.7μs, 延时
  SDA = 0;                            //发送开始信号
  _Nop();_Nop();_Nop();_Nop();_Nop();//开始信号锁定时间大于4μs
  SCL = 0;                            //钳住 I²C 总线, 准备发送或接收数据
  _Nop ();_Nop ();
```

```
}
/ * * * * * * * * * * * * * * * * * * * * * * * * * * * * * * * * * *
结束信号函数
函数原型 void  Stop_i2c ( );
结束 I²C 总线，即发送 I²C 结束信号
 * * * * * * * * * * * * * * * * * * * * * * * * * * * * * * * * * * * * /
void  Stop_I2C ( )
{
  SDA = 0;                              //发送结束信号的数据信号
  _Nop ( );
  SCL = 1;                              //发送结束信号的时钟信号
  _Nop ( );_Nop ( );_Nop ( );_Nop ( );_Nop ( );    //结束信号建立时间大于 4μs
SDA = 1;                               //发送 I²C 总线结束信号
  _Nop ( );_Nop ( );_Nop ( );_Nop ( );
}
/ * * * * * * * * * * * * * * * * * * * * * * * * * * * * * * * * * *
  写一个字节函数
  函数原型 void SendByte ( uchar i );
  送出 8 位信息，返回应答位 ACK，如正常，ACK = 1，异常，ACK = 0
 * * * * * * * * * * * * * * * * * * * * * * * * * * * * * * * * * * * * /
void SendByte ( uchar C )
{
  uchar BitCnt;
  for ( BitCnt = 0；BitCnt < 8；BitCnt + + )    //循环传送 8 位
    {
    if ( ( c < < BitCnt ) &0x80) SDA = 1；   //取当前发送位
      else SDA = 0;
    _Nop ( );
    SCL = 1;                          //发送到数据线上
    _Nop ( );_Nop ( );_Nop ( );_Nop ( );_Nop ( );
    SCL = 0;
    }
    _Nop ( );_Nop ( );
    SDA = 1;                          //8 位发送完，准备接收应答信号
    _Nop ( );_Nop ( ); SCL = 1;_Nop ( );_Nop ( );_Nop ( );
    if ( SDA = =1) ack = 0;
      else ack = 1;                    //接收到应答信号，ACK = 1，否则，ACK = 0
    SCL = 0,
    _Nop ( );_Nop ( );
```

```
}
/* * * * * * * * * * * * * * * * * * * * * * * * * * * * * * * * *
    接收一个字节函数
    函数原型 void RcvByte ( );
    返回接收的 8 位数据
 * * * * * * * * * * * * * * * * * * * * * * * * * * * * * * * * */
uchar RcvByte ( )
{
    uchar retc;
    uchar BitCnt;
    retc = 0;
    SDA = 1;                                    //置数据线为输入方式
    for ( BitCnt = 0; BitCnt < 8; BitCnt ++ )
        {
        _Nop ( );
        SCL = 0;                                //置时钟线为低电平，准备接收数据
        _Nop ( ); _Nop ( ); _Nop ( ); _Nop ( ); _Nop ( );
        SCL = 1;                                //置时钟线为高电平，数据线上数据有效
        _Nop ( ); _Nop ( );
        retc = retc << 1;
        if ( SDA = = 1 ) retc = retc + 1;       //接收当前数据位，接收内容放入 retc 中
        _Nop ( ); _Nop ( );
        }
    SCL = 0;
    _Nop ( );
    _Nop ( );
    return ( retc );                            //返回接收的 8 位数据
}
/* * * * * * * * * * * * * * * * * * * * * * * * * * * * * * * * *
    应答函数
    函数原型 void Ack_I2C ( bit a );
    参数 a 为 1，发应答信号，为 0 发非应答信号
 * * * * * * * * * * * * * * * * * * * * * * * * * * * * * * * * */
void Ack_I2C ( bit a )
{
    if ( a = = 0 ) SDA = 0;                     //发应答信号
        else SDA = 1;
    _Nop ( ); _Nop ( ); _Nop ( );
    SCL = 1;
```

```
   _Nop ( ) ; _Nop ( ) ; _Nop ( ) ; _Nop ( ) ; _Nop ( ) ;
 SCL = 0 ;
   _Nop ( ) ; _Nop ( ) ;
}
/* * * * * * * * * * * * * * * * * * * * * * * * * * * * * * * * * * *
向器件当前地址写一个字节函数
函数原型 bit ISendByte（uchar sla，ucahr c）；入口参数器件地址码和传送的数据
返回一位，1 表示成功，否则有误，使用后必须结束总线
* * * * * * * * * * * * * * * * * * * * * * * * * * * * * * * * * * */
bit ISendByte（uchar sla，uchar c）
{
   Start_I2C ( ) ;                  //发开始信号
   SendByte (sla) ;                 //写器件地址码到 I²C 总线
     if（ack = =0）return（0）;
   SendByte (c) ;                   //如果接收应答信号，则发送一个字节数据
     if（ack = =0）return（0）;     //发有误，则返回 0
   Stop_I2C ( ) ;                   //正常结束，送结束信号，返回 1
   return（1）;
}
/* * * * * * * * * * * * * * * * * * * * * * * * * * * * * * * * * * *
向器件指定地址按页写函数
函数原型 bit ISendStr（uchar sla，uchar suba，ucahr * s，uchar no）；
入口参数有 4 个：器件地址码、器件单元地址、写入的数据串、写入的字节个数
定入成功，返回 1，不成功，返回 0，使用后必须结束总线
* * * * * * * * * * * * * * * * * * * * * * * * * * * * * * * * * * */
bit ISendStr（uchar sla，uchar suba，uchar * s，uchar no）
{
   uchar I；
   Start_I2C ( ) ;                  //发送开始信号，启动 I²C 总线
   SendByte (sla) ;                 //发送器件地址码
     if（ack = =0）return（0）;     //无应答，返回 0
   SendByte (suba) ;                //有应答，发送器件单元地址
     if（ack = =0）return（0）;     //无应答，返回 0
 for（i = 0；i < no；i + +）        //连续传发送数据字节
     {
   SendByte（* s）;                 //发送数据字节
     if（ack = =0）return（0）;     //无应答，返回 0
   s + + ；
     }
```

```
    Stop_I2C ();                        //正常结束，送结束信号，返回1
    return (1);
}
/* * * * * * * * * * * * * * * * * * * * * * * * * * * * * * *
读器件当前地址单元数据函数
函数原型 bit IRcvByte (uchar sla, ucahr * c);
入口参数 2 个：器件地址码、读入位置，读成功返回1，否则返回0
 * * * * * * * * * * * * * * * * * * * * * * * * * * * * * * */
bit IRcvByte (uchar sla, uchar * c)
{
    Start_I2C ();                       //发送开始信号，启动 I²C 总线
    SendByte (sla);                     //发送器件地址码
      if (ack = =0) return (0);         //无应答，返回0
    * c = RcvByte ();                   //读入字节送目的位置
    Ack_I2C (1);                        //送非应答信号
    Stop_I2C ();                        //正常结束，送结束信号，返回1
  return (1);
}
/* * * * * * * * * * * * * * * * * * * * * * * * * * * * * * *
从器件指定地址读多个字节
函数原型 bit ISendStr (uchar sla, uchar, suba, ucahr * s, uchar no);
入口参数有 4 个：器件地址码、器件单元地址、写入的数据串、写入的字节个数
定入成功，返回1，不成功，返回0，使用后必须结束总线
 * * * * * * * * * * * * * * * * * * * * * * * * * * * * * * */
bit IRcvStr (uchar sla, uchar suba, uchar * s, uchar no)
{
    uchar I;
    Start_I2C ();                       //发送开始信号，启动 I²C 总线
    SendByte (sla);                     //发送器件地址码
      if (ack = =0) return (0);         //无应答，返回0
    SendByte (suba);                    //有应答，发送器件单元地址
      if (ack = =0) return (0);         //无应答，返回0
    Start_I2C ();                       //有应答，重发送开始信号，启动 I²C 总线
    SendByte (sla);                     //发送器件地址码
      if (ack = =0) return (0);         //无应答，返回0
for (i =0; i < no -1; i ++)             //连续读入字节数据
    {
    * s = RcvByte ();                   //读当前字节送目的位置
    Ack_I2C (0);                        //送应答信号
```

```
    s ++;
    }
    * s：RcvByte ();
    Ack_I2C (1);                    //送非应答信号
    Stop_I2C ();                    //正常结束，送结束信号，返回1
    return (1);
}
```

9.7 MCS-51 单片机与 DS18B20 单总线数字温度传感器的接口

由美国 DALLAS 半导体公司生产的 DS18B20 单总线智能温度传感器，属于新一代适配单片机的智能温度传感器，可广泛用于工业、民用、军事等领域的温度测量及控制仪器、测控系统和大型设备中。它具有体积小、接口方便、传输距离远等特点。

9.7.1 DS18B20 的特点

① 采用单总线专用技术，DS18B20 在与单片机连接时仅需要一条口线即可实现单片机与 DS18B20 的双向通信。

② 温度传感器可编程的分辨率为 9～12 位，温度转换为 12 位数字格式时，最大转换时间为 750ms。

③ 测温范围为 －55～125℃，准确度为 ±0.5℃。

④ 内含 64 位经过激光修正的只读存储器 ROM。

⑤ 适用于各种单片机或系统机。

⑥ 支持多点组网功能，多个 DS18B20 可以并联在惟一的三线上，实现多点测温，用户可分别设定各路温度的上、下限。

⑦ 可工作于寄生电源模式。工作电源为 3～5V/DC，在使用中不需要任何外围元器件。

⑧ 适用于 DN 15～25 和 DN40～DN250 各种介质工业管道和狭小空间设备测温。

⑨ 使用 PVC 电缆直接出线或德式球型接线盒出线，便于与其他电器设备连接。

9.7.2 DS18B20 封装形式及引脚功能

DS18B20 有 3 种封装形式。

① 采用 3 引脚 TO-92 的封装形式。

② 采用 6 引脚的 TSOC 封装形式。

③ 采用 8 引脚的 SOIC 封装形式，如图 9-41 所示。

DS18B20 芯片各引脚功能如下。

① GND：电源地。

② DQ：数字信号输入输出端。

③ V_{DD}：外接供电电源输入端。采用寄生电源方式时该引脚接地。

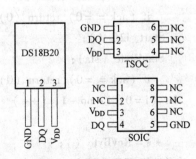

图 9-41 DS18B20 封装形式

9.7.3 DS18B20 内部结构

温度传感器 DS18B20 的内部结构如图 9-42 所示。主要由 64 位 ROM、温度传感器、非易失性的温度报警触发器、及高速缓存器这 4 部分组成。

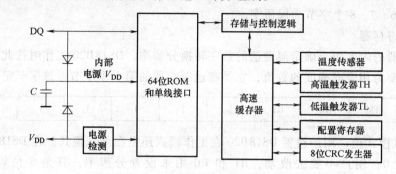

图 9-42　DS18B20 内部结构

下面对 DS18B20 内部相关部分进行简单的描述。

（1）64 位 ROM

64 位 ROM 是由厂家使用激光刻录的一个 64 位二进制 ROM 代码，是该芯片的标识号，如图 9-43 所示。

第 1 个 8 位表示产品分类编号，DS18B20 的分类号为 10H；接着为 48 号序列号，它是一个大于 281×10^{12} 的十进数编码，作为该

8位循环冗余检验		48位序列号		8位分类编号(10H)	
MSB	LSB	MSB	LSB	MSB	LSB

图 9-43　64 位 ROM 结构

芯片的惟一标识代码；最后 8 位为前 56 位的 CRC 循环冗余校验码（$CRC = X^8 + X^5 + X^4 + 1$）。由于每个芯片的 64 位 ROM 代码不同，因此在单总线上能够并挂多个 DS18B20 进行多点温度实时检测。

（2）温度传感器

温度传感器是 DS18B20 的核心部分，该功能部件可完成对温度的测量。通过软件编程可将 –55 ~ 125℃ 范围内的温度值按 9 位、10 位、11 位、12 位的分辨率进行量化，以上的分辨率都包括一个符号位，因此对应的温度量化值分别是 0.5℃、0.25℃、0.125℃、0.0625℃，即最高分辨率为 0.0625℃。芯片出厂时默认为 12 位的转换准确度。当接收到温度转换命令（44H）后，开始转换，转换完成后的温度以 16 位带符号扩展的二进制补码形式表示，存储在高速缓存器 RAM 的第 0、1 字节中，二进制数的前 5 位是符号位。如果测得的温度大于 0，这 5 位为 0，只要将测到的数值乘上 0.0625 即可得到实际温度；如果温度小于 0，这 5 位为 1，测到的数值需要取反加 1 再乘上 0.0625 即可得到实际温度。

例如，125℃ 的数字输出为 07D0H，25.0625℃ 的数字输出为 0191H，–25.0625℃ 的数字输出为 FF6FH，–55℃ 的数字输出为 FC90H。

（3）高速缓存器

DS18B20 内部的高速缓存器包括一个高速暂存器 RAM 和一个非易失性可电擦除的 EEPROM。非易失性可电擦除 EEPROM 用来存放高温触发器 TH、低温触发器 TL 和配置寄存器

中的信息。

高速暂存器 RAM 是一个连续 8 字节的存储器，前 2 个字节是测得的温度信息，第 1 个字节的内容是温度的低 8 位，第 2 个字节是温度的高 8 位。第 3 个和第 4 个字节是 TH、TL 的易失性拷贝，第 5 个字节是配置寄存器的易失性拷贝，以上字节的内容在每一次上电复位时被刷新。第 6、7、8 个字节为保留字。

（4）配置寄存器

配置寄存器的内容用于确定温度值的数字转换分辨率。DS18B20 工作时按此寄存器的分辨率将温度转换为相应准确度的数值，它是高速缓存器的第 5 个字节，该字节定义如下：

TM	R0	R1	1	1	1	1	1

TM 是测试模式位，用于设置 DS18B20 在工作模式还是在测试模式。在 DS18B20 出厂时该位被设置为 0，用户不要去改动，R1 和 R0 用来设置分辨率，其余 5 位均固定为 1。DS18B20 分辨率的设置见表 9-6。

表 9-6 DS18B20 分辨率的设定

R1	R0	分辨率	最大转换时间/ms
0	0	9 位	93.75
0	1	10 位	187.5
1	0	11 位	375
1	1	12 位	750

9.7.4 DS18B20 测温原理

DS18B20 的测温原理如图 9-44 所示。从图中看出，其主要由斜率累加器、温度系数振荡器、减法计数器、温度寄存器等功能部分组成。斜率累加器用于补偿和修正测温过程中的非线性，其输出用于修正减法计数器的预置值；温度系数振荡器用于产生减法计数脉冲信号，其中低温度系数的振荡频率受温度的影响很小，用于产生固定频率的脉冲信号送给减法计数器 1；高温度系数振荡器受温度的影响较大，随着温度的变化其振荡频率明显改变，产生的信号作为减法计数器 2 的脉冲输入。减法计数器是对脉冲信号进行减法计数；温度寄存器暂存温度数值。

在图中还隐含着计数门，当计数门打开时，DS18B20 就对低温度系数振荡器产生的时钟脉冲进行计数，从而完成温度测量。计数门的开启时间由高温度系数振荡器决定，每次测量

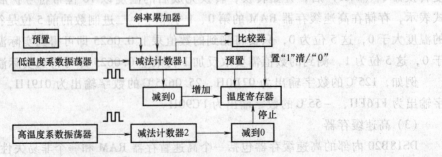

图 9-44 DS18B20 工作原理图

前，首先将 –55℃ 所对应的基数分别置入减法计数器 1 和温度寄存器中，减法计数器 1 和温度寄存器被预置在 –55℃ 所对应的一个基数值。

减法计数器 1 对低温度系数振荡器产生的脉冲信号进行减法计数，当减法计数器 1 的预置值减到 0 时，温度寄存器的值将加 1。之后，减法计数器 1 的预置将重新被装入，减法计数器 1 重新开始对低温度系数晶振产生的脉冲信号进行计数，如此循环直到减法计数器 2 计数到 0 时，停止温度寄存器值的累加，此时温度寄存器中的数值即为所测温度。斜率累加器不断补偿和修正测温过程中的非线性，只要计数门仍未关闭就重复上述过程，直至温度寄存器值达到被测温度值。

由于 DS18B20 是单总线芯片，在系统中若有多个单总线芯片时，每个芯片的信息交换是分时完成的，均有严格的读写时序要求。CPU 对 DS18B20 的访问流程是：先对 DS18B20 初始化，再进行 ROM 操作命令，最后才能对存储器操作，以完成数据操作。DS18B20 每一步操作都要遵循严格的工作时序和通信协议。例如，主机控制 DS18B20 完成温度转换这一过程，根据 DS18B20 的通信协议，必须经 3 个步骤：每一次读写之前都要对 DS18B20 进行复位，复位成功后发送一条 ROM 指令，最后发送 RAM 指令，这样才能对 DS18B20 进行预定的操作。

9.7.5　DS18B20 的 ROM 命令

DS18B20 有多个 ROM 命令，现对其进行简单讲述。

（1）read ROM（读 ROM）

命令代码 33H，允许主设备读出 DS18B20 的 64 位二进制 ROM 代码。该命令只适用于总线上存在单只 DS18B20。

（2）match ROM（匹配 ROM）

命令代码 55H，若总线上有多个从设备时，使用该命令可选中某一指定的 DS18B20，即只有和 64 位二进制 ROM 代码完全匹配的 DS18B20 才能响应其操作。

（3）skip ROM（跳过 ROM）

命令代码 CCH，在启动所有 DS18B20 转换之前或系统只有一个 DS18B20 时，该命令将允许主设备不提供 64 位二进制 ROM 代码就使用存储器操作命令。

（4）search ROM（搜索 ROM）

命令代码 F0H，当系统初次启动时，主设备可能不知总线上有多少个从设备或它们的 ROM 代码，使用该命令可确定系统中的从设备个数及其 ROM 代码。

（5）alarm ROM（报警搜索 ROM）

命令代码 ECH，该命令用于鉴别和定位系统中超出程序设定的报警温度值。

（6）write scratchpad（写暂存器）

命令代码 4EH，允许主设备向 DS18B20 的暂存器写入两个字节的数据，其中第 1 个字节写入 TH 中，第 2 个字节写入 TL 中。可以在任何时刻发出复位命令中止数据的写入。

（7）read scratchpad（读暂存器）

命令代码 BEH，允许主设备读取暂存器中的内容。从第 1 个字节开始直到读完第 9 个字节 CRC 读完。也可以在任何时刻发出复位命令中止数据的读取操作。

（8）copy scratchpad（复制暂存器）

命令代码 48H，将温度报警触发器 TH 和 TL 中的字节复制到非易失性 EEPROM。若主机在该命令之后又发出读操作，而 DS18B20 又忙于将暂存器的内容复制到 EEPROM 时，DS18B20 就会输出一个 "0"，若复制结束，则 DS18B20 输出一个 "1"。如果使用寄生电源，则主设备发出该命令之后，立即发出强上拉并至少保持 10ms 以上的时间。

（9）convert T（温度转换）命令代码 44H

启动一次温度转换，若主机在该命令之后又发出其他操作，而 DS18B20 又忙于温度转换，DS18B20 就会输出一个 "0"。若转换结束，则 DS18B20 输出一个 "1"。如果使用寄生电源，则主设备发出该命令之后，立即发出强上拉并至少保持 500ms 以上的时间。

（10）recall E^2（拷回暂存器）命令代码 B8H

将温度报警触发器 TH 和 TL 中的字节从 EEROM 中拷回到暂存器中。该操作是在 DS18B20 上电时自动执行，若执行该命令后又发出读操作，DS18B20 会输出温度转换忙标识：0 为忙，1 完成。

（11）read power supply（读电源使用模式）命令代码 B4H

主设备将该命令发给 DS18B20 后发出读操作，DS18B20 会返回它的电源使用模式：0 为寄生电源，1 为外部电源。

9.7.6 DS18B20 的工作时序

DS18B20 的单总线工作协议流程是：初始化→执行 ROM 操作指令→执行存储器操作指令→数据传输。其工作时序包括初始化时序、写时序和读时序，如图 9-45 所示。

（1）DS18B20 的初始化

① 先将数据线置为高电平 "1"。

② 延时（对该时间要求不是很严格，但是尽可能短一点）。

③ 将数据线拉到低电平 "0"。

④ 延时 750μs（该时间的时间范围是 480~960μs）。

⑤ 数据线拉到高电平 "1"。

⑥ 延时等待。如果初始化成功，则在 15~60ms 时间之内产生一个由 DS18B20 所返回的低电平 "0"。据该状态可以用来确定它的存在，但是应注意不能无限地进行等待，不然会使程序进入死循环，所以要进行超时控制。

⑦ 若 CPU 读到了数据线上的低电平 "0" 后，还要进行延时，其延时的时间从发出的高电平算起最少要 480μs。

⑧ 将数据线再次拉高到高电平 "1" 后结束。

（2）DS18B20 的写操作

① 数据线先置低电平 "0"。

② 延时时间为 15μs。

③ 按从低位到高位的顺序发送字节（一次只发送一位）。

④ 延时时间为 45μs。

⑤ 将数据线拉到高电平。

⑥ 重复以上操作直到所有的字节全部发送完为止。

⑦ 最后将数据线拉到高电平。

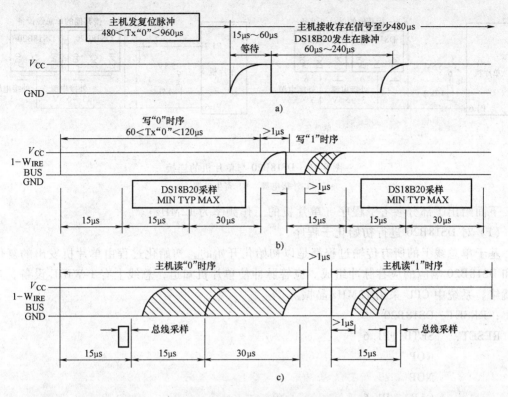

图 9-45 DS18B20 的工作时序图

a）初始化时序 b）写时序 c）读时序

（3）DS18B20 的读操作

① 将数据线拉到高电平。

② 延时时间为 $2\mu s$。

③ 将数据线拉到低电平。

④ 延时时间为 $15\mu s$。

⑤ 将数据线拉到高电平。

⑥ 延时时间为 $15\mu s$。

⑦ 读数据线的状态，得到 1 个状态位，并进行数据处理。

⑧ 延时时间为 $30\mu s$。

9.7.7 DS18B20 与单片机的典型接口设计

DS18B20 可以采用外部电源供电和寄生电源供电两种模式。外部电源供电模式是将 DS18B20 的 GND 直接接地，DQ 与单总线相连作为信号线，V_{DD} 与外部电源正极相连。如图 9-46a 所示。

寄生电源供电模式如图 9-46b 所示，从图中可以看出，DS18B20 的 GND 和 V_{DD} 均直接接地，DQ 与单总线连接，单片机 P1.6 与 DS18B20 的 DQ 相连。为保证在有效的 DS18B20 时钟周期内能提供充足的电流，使用一个 MOSFET 和单片机 P1.7 来完成对总线的上拉。当 DS18B20 处于写存储器操作和温度转换操作时，总线必须有强的上拉，上拉开启时间最大为 $10\mu s$。

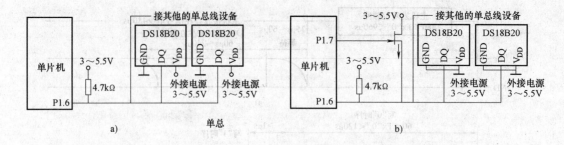

图 9-46　DS18B20 与单片机的连接

a）外接电源　b）寄生电源

下面给出了部分参考子程序（单片机的工作频率为 12MHz）。

（1）对 DS18B20 进行初始化子程序

基于单总线上的所有传输过程都是以初始化开始的，初始化过程由单片机发出的复位脉冲和 DS18B20 响应的应答脉冲组成。应答脉冲使单片机知道，总线上有 1-WIRE 设备，且准备就绪。系统中 CPU 采用 12MHz 晶振。

```
        ; RESET   DS18B20
RESET：  SETB   P1.6
         NOP
         NOP
         CLR    P1.6
         MOV    R7, #01H
DELA1：  MOV    R6, #0A0H       ; 延时 480μs
         DJNZ   R6, $
         DJNZ   R7, DELA
         SETB   P1.6            ; 释放总线
         MOV    R7, #35         ; 延时 70μs
         DJNZ   R7, $
         CLR    C
         MOV    C, P1.6         ; 数据线是否变为低电平
         JC     C, RESET        ; 不是, 未准备好, 重新初始化
         MOV    R7, #80
LOOP1：  MOV    C, P1.6
         JC     EXIT            ; 数据线变为高电平, 初始化成功
         DJNZ   R7, LOOP1       ; 数据线低电平持续时间 3×80 = 240μs
         SJMP   RESET           ; 初始化失败, 继续初始化
EXIT：   MOV,   R6, #240        ; 初始化成功, 给出应答时间 2×240 = 480μs
         DJNZ   R6, $
         RET
```

在对 DS18B20 进行 ROM 或功能命令字的写入及对其进行读出操作时，都要求按照严格的 1-WIRE 通信协议（时序），以保证数据的完整性。其中有写 0、写 1、读 0 和读 1 操作。

在这些时序中，都由单片机发出同步信号。并且所有的命令字和数据在传输的过程中都是字节的 LSB 在前。这一点于基于其他总线协议的串行通信格式（比如 SPI、IIC 等）不同，它们通常是字节的 MSB 在前。

（2）从 DS18B20 中读出一个字节的子程序

```
; READ    DS18B20
READ:    MOV   R7, #08              ; 读完一个字节需进行 8 次
         SETB  P1.6
         NOP
         NOP
READ1:   CLR   P1.6                 ; 低电平需持续一定的时间
         NOP
         NOP
         NOP
         SETB  P1.6                 ; 口线设为输入
         MOV   R6, #07H             ; 等待 15μs
         DJNZ  R6, $
         MOV   C, P1.6              ; 主设备按位依次读 DS18B20
         MOV   R6, #60              ; 延时 120μs
         DJNZ  R6, $
         RRC   A                    ; 读取的数据移入 A 中
         SETB  P1.6
         DJNZ  R7, READ1            ; 保证读完一个字节
         MOV   R6, #60
         DJNZ  R6, $
         RET
```

（3）向 DS18B20 写入 1B 长度的数据

```
; WRITE   DS18B20
WRITE:   MOV   R7, #08H             ; 写一个字节需循环 8 次
WRITE1:  SETB  P1.6
         MOV   R6, #08
         RRC   A                    ; 写入位从 A 中移入 CY 中
         CLR   P1.6
         DJNZ  R6, $                ; 延时 16μs
         MOV   P1.6, C              ; 按位写入 DS18B20 中
         MOV   R6, #30              ; 保证写入持续时间
         DJNZ  R6, $
         DJNZ  R7, WRITE1           ; 保证一个字节全部写完
         SETB  P1.6
         RET
```

（4）DS18B20 温度转换子程序

DS18B20 完成温度转换必须经过初始化、ROM 操作和存储器操作 3 个步骤。

```
;CONVERSION    DS18B20
CONV:      LCALL    RESET               ;复位
           MOV      A，#0CCH            ;跳过 ROM
           LCALL    WRITE
           MOV      A，#44H             ;开始转换
           LCALL    WRITE
           MOV      R6，#60             ;延时
           DJNZ     R6，$
           RET
```

（5）读转换温度值子程序

若系统中只使用了一片 DS18B20，且 DS18B20 外接电源，使用默认的 12 位转换准确度。

```
;READ         TMEPERATURE DS18B20
READTEM:   LCALL RESET                  ;复位
           MOV   A，#0CCH              ;跳过 ROM
           LCALL WRITE
           MOV   A，#0BEH              ;读存储器
           LCALL WRITE
           LCALL READ                  ;读出温度的低字节存 30H
           MOV   30H，A
           LCALL READ                  ;读出温度的高字节存 31H
           MOV   31H，A
           RET
```

如果总线上并挂多个 DS18B20、采用寄生电源连接方式、需进行转换准确度配置、高低限报警时，则还需编写相关的子程序，如 CRC 校验子程序等。30H 和 31H 单元中的内容需进行温度转换运算才能得到真实的温度值。

习　题

1. 键盘按结构形式分为哪两种？

2. 键盘如何去抖动？

3. 共阴极和共阳极 LED 有何区别？LED 有哪两种显示方式？

4. 试用 DAC0832 数模转换芯片，编程产生 1 个周期为 100ms 方波输出信号。

5. I^2C 总线器件地址与子地址的含义是什么？

6. 在一对 I^2C 总线上可否挂接多个 I^2C 总线器件？为什么？

7. MCS-51 系列单片机能够自动识别 I^2C 总线器件吗？在该系统中如何使用 I^2C 总线器件？

8. 简述 AT24Cxx 芯片的性能特点，并编写相应的读写程序。

9. 简述 DS18B20 性能特点及控制方法。

附　　录

附录 A　Proteus 软件电路设计快速入门

Proteus 软件是英国 Labcenter electronics 公司研发的 EDA 工具软件。Proteus 软件不仅是模拟电路、数字电路、模/数混合电路的设计与仿真平台，更是目前世界上十分先进和完整的多种型号微控制器（单片机）系统的设计与仿真平台。它实现了在计算机上完成从原理图设计、电路分析与仿真、单片机代码级调试与仿真、系统测试与功能验证到形成 PCB 的完整的电子设计和研发过程。Proteus 从 1989 年问世至今，经过了 20 多年的使用、发展和完善，功能越来越强、性能越来越好。

使用 Proteus 软件仿真的基础是要绘制准确的原理图，并进行合理的设置。绘制原理图使用 ISIS 原理图输入系统。下面以一个实际的 MCS-51 仿真实验为例，介绍如何快速使用 Proteus 软件进行电路设计。

（1）从"开始"菜单启动 ISIS 原理图工具，打开设计文档（默认模板）原理图编辑界面，如图 A-1 所示。默认绘图格点为 100th（1th = 0.001in⊖）。

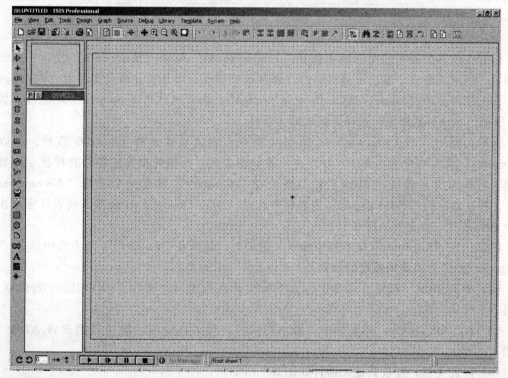

图 A-1　原理图编辑界面

⊖　1in = 2.54cm。

还可以选择菜单"File→New Design"，进行模板选择。弹出的对话框如图 A-2 所示。

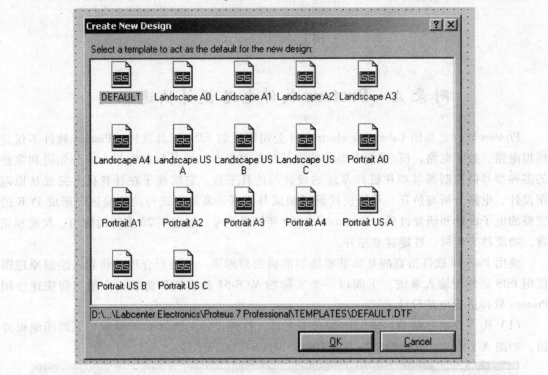

图 A-2　选择模板

（2）在图 A-2 所示的对话框中选择"Landscape A4"模板，单击"OK"按钮，新设计如图 A-3 所示。然后，单击工具栏中的"保存"按钮保存设计，并命名文件为"mydesign"。

（3）选择菜单"Library→Pick Devices/Symbol"，会弹出"Pick Devices"对话框，如图 A-4 所示。在该对话框中，选择要摆放的元器件。

选取元器件（Pick Devices）对话框功能齐全。比如要选择 LPC2106 芯片，可以在"Keywords"文本框中输入 AT89C51，在元器件列表区、元器件预览区等会直接显示元器件信息。若不知道元器件的具体名称，则可在"Category"列表框中选择"Microprocessor ICs"，并在对应的"Sub-category"列表框中选择"8051 Family"，在元器件列表区中会出现 8051 系列芯片，再选择 AT89C51。

注意：在"Keywords"文本框中输入关键词时，最好在"Category"列表框中选择"All Categories"，因为关键词搜索的依据是"Category"中的类别。

（4）单击"OK"按钮，元器件名 AT89C51 出现在窗口左侧的"DEVICES"列表框中，如图 A-5 所示。

（5）在"DEVICES"列表框中选择 AT89C51，然后在绘图区域单击摆放该 AT89C51，如图 A-6 所示。

（6）以此类推，摆放其他元器件如图 A-7 所示。

（7）默认情况下，摆放的元器件方向是固定的。可以使用窗口左下角的旋转与翻转命令，改变元器件的方向。若元器件已经摆放在了原理图中，例如 RP1，可右击该元器件，选择逆时针旋转命令，旋转该元器件，如图 A-8 所示。

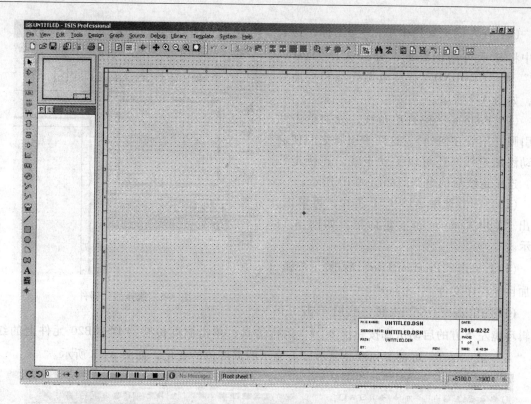

图 A-3 添加模板

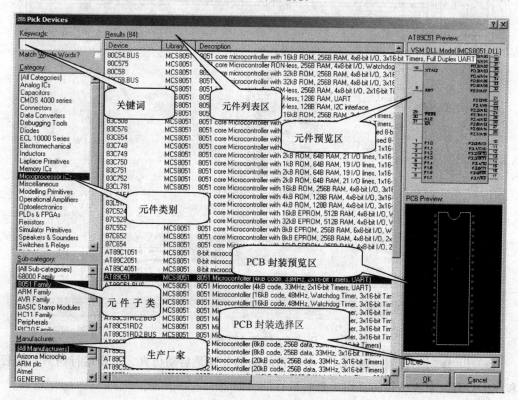

图 A-4 选取元器件

（8）在左侧工具栏中单击 ![]图标，列表框中将显示可用的终端，分别选择"POWER"和"GROUND"摆放电源终端和接地终端，如图 A-9 所示。

（9）Proteus 支持自动布线，分别单击两个引脚（不管在何处），这两个引脚之间便会自动添加走线，还可以手动走线。连接走线后，连接走线后的电路图如图 A-10 所示。

（10）右击选中 AT89C51 芯片，再单击，弹出"Edit Component"对话框，如图 A-11 所示。

（11）单击"Program File"后的 ![]按钮，添加目标程序文件"DS. hex"。

图 A-5　选择的元器件

（12）单击"OK"按钮，然后单击 ISIS 编辑环境左下方的启动仿真按钮 ![]，运行仿真；单击温度传感器 DS18B20 元件上的红色"＋"或"－"，可观察到液晶显示屏上显示的温度值的变化，如图 A-12 所示。

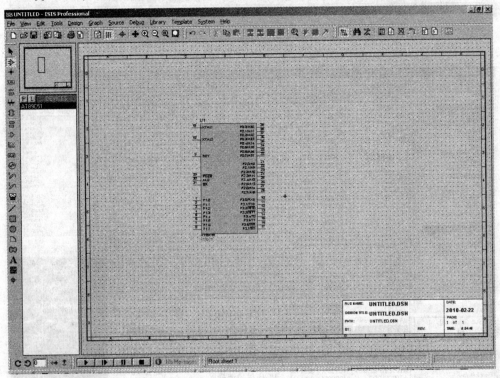

图 A-6　摆放 AT89C51

![] ![] ![] ![] 这 4 个按钮的功能分别是启动仿真、单步运行仿真、暂停仿真和停止仿真。单步运行仿真用于查看运行情况。

（13）单击停止仿真按钮停止运行。

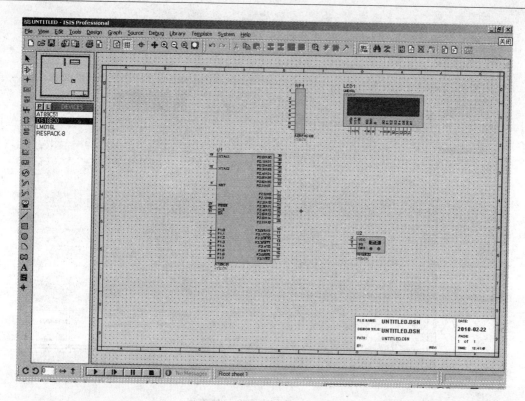

图 A-7　摆放其他元器件

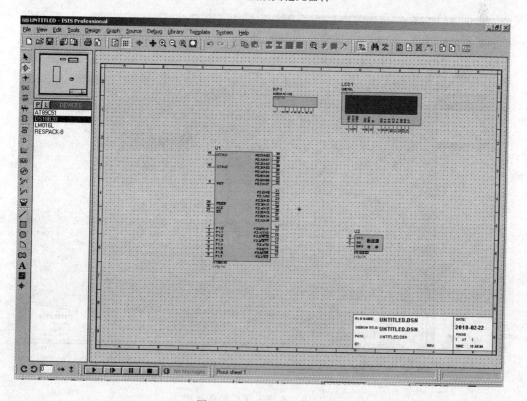

图 A-8　改变元器件方向

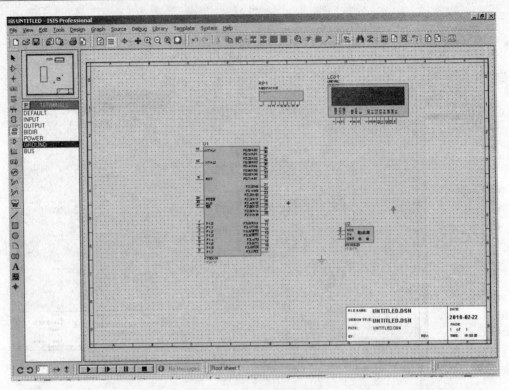

图 A-9　添加电源和接地终端

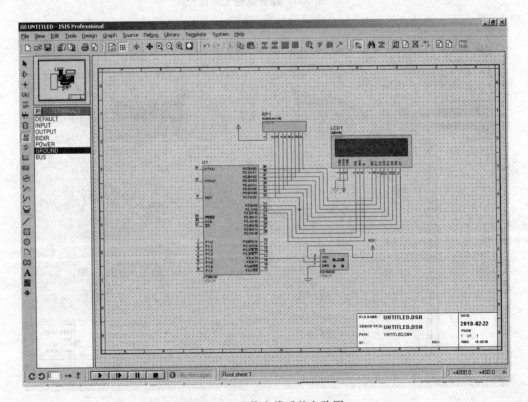

图 A-10　连接走线后的电路图

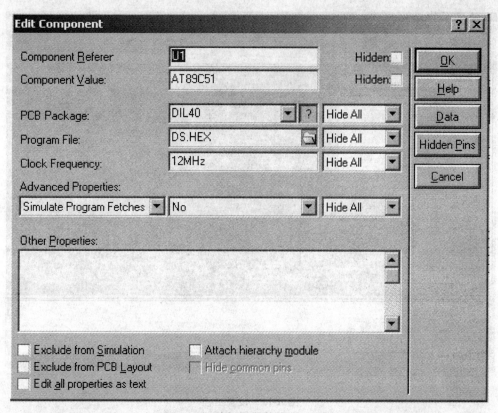

图 A-11　编辑元器件特性对话框

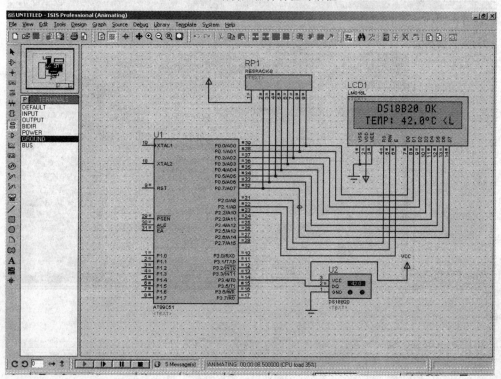

图 A-12　仿真结果

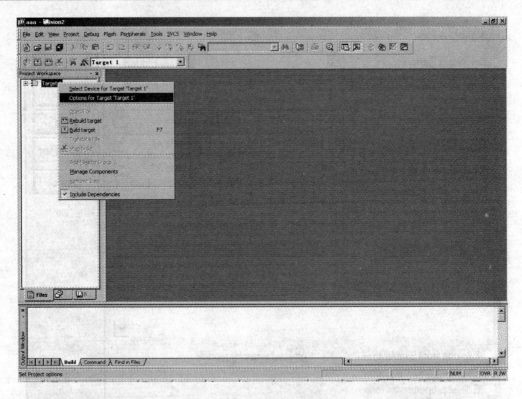

图 A-13　设置工程

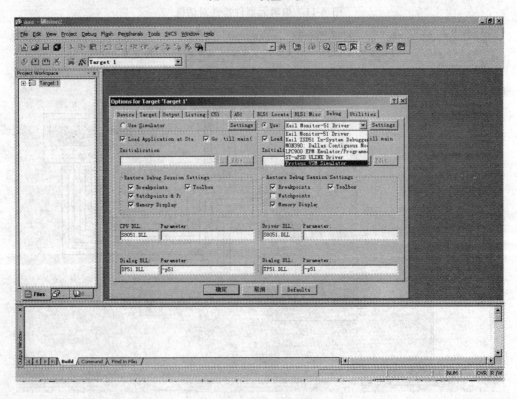

图 A-14　选择 Proteus 作为仿真器

（14）如果使用 C 语言编写程序，则需要在 Keil 下调试程序，将 Proteus 看作是仿真器，具体方法为，首先下载 Proteus VSM Keil Debugger Driver，安装该驱动；运行 Keil 软件并新建工程，如图 A-13 设置所建立的工程，在"Debug"选项下选择使用"Proteus VSM Simulator"，如图 A-14。

（15）在 Proteus 的 ISIS 编辑环境中，单击"Debug"菜单中的"Use Remote Debug Monitor"，使之前面有个勾，这样 Proteus 才能允许 Keil 对其进行调试，如图 A-15 所示。

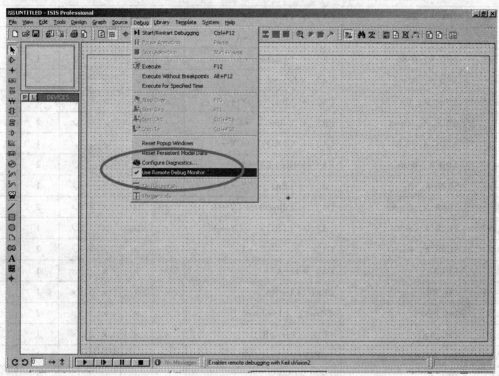

图 A-15　Proteus 中的设置

附录 B MCS-51 系列单片机指令表

十六进制代码	助记符	功能	对标志影响 P	OV	AC	CY	字节数	周期数
			算 术 运 算 指 令					
28 ~ 2F	ADD A, Rn	(A) + (Rn) →A	✓	✓	✓	✓	1	1
25	ADD A, direct	(A) + (direct) →A	✓	✓	✓	✓	2	1
26, 27	ADD A, @ Ri	(A) + ((Ri)) →A	✓	✓	✓	✓	1	1
24	ADD A, #data	(A) + data→A	✓	✓	✓	✓	2	1
38 ~ 3F	ADDC A, Rn	(A) + (Rn) +CY→A	✓	✓	✓	✓	1	1
35	ADDC A, direct	(A) + (direct) +CY→A	✓	✓	✓	✓	2	1
36, 37	ADDC A, @ Ri	(A) + ((Ri)) +CY→A	✓	✓	✓	✓	1	1
34	ADD A, #data	(A) + data + CY→A	✓	✓	✓	✓	2	1
98 ~ 9F	SUBB A, Rn	(A) − (Rn) −CY→A	✓	✓	✓	✓	1	1
95	SUBB A, direct	(A) − (direct) −CY→A	✓	✓	✓	✓	2	1
96, 97	SUBB A, @ Ri	(A) − ((Ri)) −CY→A	✓	✓	✓	✓	1	1
94	SUBB A, #data	(A) − data − CY→A	✓	✓	✓	✓	2	1
04	INC A	(A) +1→A	✓	×	×	×	1	1
08 ~ 0F	INC Rn	(Rn) +1→Rn	×	×	×	×	1	1
05	INC direct	(direct) +1→direct	×	×	×	×	2	1
06, 07	INC @ Ri	(Ri) +1→ (Ri)	×	×	×	×	1	1
A3	INC DPTR	(DPTR) +1→DPTR					1	2
14	DEC A	(A) −1→A	✓	×	×	×	1	1
18 ~ 1F	DEC Rn	(Rn) −1→Rn	×	×	×	×	1	1
15	DEC direct	(direct) −1→direct	×	×	×	×	2	1
16, 17	DEC @ Ri	((Ri)) −1→ (Ri)	×	×	×	×	1	1
A4	MUL AB	(A) * (B) →AB	✓	✓	×	✓	1	4
84	DIV AB	(A) / (B) →AB	✓	✓	×	✓	1	4
D4	DA A	对 A 进行十进制调整	✓	✓	✓	✓	1	1
			逻 辑 运 算 指 令					
58 ~ 5F	ANL A, Rn	(A) ∧ (Rn) →A	✓	×	×	×	1	1
55	ANL A, direct	(A) ∧ (direct) →A	✓	×	×	×	2	1
56, 57	ANL A, @ Ri	(A) ∧ ((Ri)) →A	✓	×	×	×	1	1
54	ANL A, #data	(A) ∧ data→A	✓	×	×	×	2	1
52	ANL direct, A	(direct) ∧ (A) →direct	×	×	×	×	2	1
53	ANL direct, #data	(direct) ∧ data→direct	×	×	×	×	3	2
48 ~ 4F	ORL A, Rn	(A) ∨ (Rn) →A	✓	×	×	×	3	2

（续）

十六进制代码	助 记 符	功 能	对标志影响				字节数	周期数
			P	OV	AC	CY		
45	ORL A, direct	(A) ∨ (direct) →A	✓	×	×	×	1	1
46, 47	ORL A, @Ri	(A) ∨ ((Ri)) →A	✓	×	×	×	2	1
44	ORL A, #data	(A) ∨ data→A	✓	×	×	×	1	1
42	ORL direct, A	(direct) ∨ (A) →direct	×	×	×	×	2	1
43	ORL direct, #data	(direct) ∨ data→direct	×	×	×	×	2	1
68 ~ 6F	XRL A, Rn	(A) ⊕ (Rn) →A	✓	×	×	×	3	2
65	XRL A, direct	(A) ⊕ (direct) →A	✓	×	×	×	1	1
66, 67	XRL A, @Ri	(A) ⊕ ((Ri)) →A	✓	×	×	×	2	1
64	XRL A, #data	(A) ⊕data→A	✓	×	×	×	1	1
62	XRL direct, A	(direct) ⊕ (A) →direct	×	×	×	×	2	1
63	XRL direct, #data	(direct) ⊕data→direct	×	×	×	×	2	1
E4	CLR A	0→A	✓	×	×	×	3	2
F4	CPL A	$\overline{(A)}$ →A	×	×	×	×	1	1
23	RL A	A 循环左移 1 位	×	×	×	×	1	1
33	RLC A	A 带进位循环左移 1 位	✓	×	×	✓	1	1
03	RR A	A 循环右移 1 位	×	×	×	×	1	1
13	RRC A	A 带进位循环右移 1 位	✓	×	×	×	1	1
C4	SWAP A	A 半字节交换	×	×	×	×	1	1
		数 据 传 送 指 令						
E8 ~ EF	MOV A, Rn	(Rn) →A	✓	×	×	×	1	1
E5	MOV A, direct	(direct) →A	✓	×	×	×	2	1
E6, E7	MOV A, @Ri	((Ri)) →A	✓	×	×	×	1	1
74	MOV A, #data	data→A	✓	×	×	×	2	1
F8 ~ FF	MOV Rn, A	(A) →Rn	×	×	×	×	1	1
A8 ~ AF	MOV Rn, direct	(direct) →Rn	×	×	×	×	2	2
78 ~ 7F	MOV Rn, #data	data→Rn	×	×	×	×	2	1
F5	MOV direct, A	(A) →direct	×	×	×	×	2	1
88 ~ 8F	MOV direct, Rn	(Rn) →direct	×	×	×	×	2	1
85	MOV direct1, direct2	(direct2) →direct1	×	×	×	×	2	2
86, 87	MOV direct, @Ri	((Ri)) →direct	×	×	×	×	3	2
75	MOV direct, #data	data→direct	×	×	×	×	2	2
F6, F7	MOV @Ri, A	(A) → ((Ri))	×	×	×	×	3	2
A6, A7	MOV @Ri, direct	(direct) → (Ri)	×	×	×	×	1	1
76, 77	MOV@Ri, #data	data → (Ri)	×	×	×	×	2	2
90	MOV DPTR, #data 16	data 16 →DPTR	×	×	×	×	2	1

（续）

十六进制代码	助 记 符	功 能	对标志影响				字节数	周期数
			P	OV	AC	CY		
93	MOVC A，@ A + DPTR	((A) + (DPTR)) →A	✓	×	×	×	3	2
83	MOVC A，@ A + PC	((A) + (PC)) →A	✓	×	×	×	1	2
E2，E3	MOVX A，@ Ri	((Ri) + (P2)) →A	✓	×	×	×	1	2
E0	MOVX A，@ DPTR	((DPTR)) →A	✓	×	×	×	1	2
F2，F3	MOVX@ Ri，A	(A) → (Ri) + (P2)	×	×	×	×	1	2
F0	MOVX @ DPTR，A	(A) → (DPTR)	×	×	×	×	1	2
C0	PUSH direct	(SP) +1→SP (direct) → (SP)	×	×	×	×	2	2
D0	POP direct	((SP)) →direct (SP) −1→SP	×	×	×	×	2	2
C8 ~ CF	XCH A，Rn	(A) ↔ (Rn)	✓	×	×	×	1	1
C5	XCH A，direct	(A) ↔ (direct)	✓	×	×	×	2	1
C6，C7	XCH A，@ Ri	(A) ↔ ((Ri))	✓	×	×	×	1	1
D6，D7	XCHD A，@ Ri	(A) 0 ~3↔ ((Ri)) 0 ~3	✓	×	×	×	1	1
位 操 作 指 令								
C3	CLR C	0 →cy	×	×	×	✓	1	1
C2	CLR bit	0 →bit	×	×	×		2	1
D3	SETB C	1 →cy	×	×	×	✓	1	1
D2	SETB bit	1 →bit	×	×	×		2	1
B3	CPL C	$\overline{cy}$ →cy	×	×	×		1	1
B2	CPL bit	$\overline{bit}$ →bit	×	×	×		2	1
82	ANL C，bit	(cy) ∧ (bit) →cy	×	×	×	✓	2	2
B0	ANL C，/bit	(cy) ∧ ($\overline{bit}$) →cy	×	×	×	✓	2	2
72	ORL C，bit	(cy) ∨ (bit) →cy	×	×	×	✓	2	2
A0	ORL C，/bit	(cy) ∨ ($\overline{bit}$) →cy	×	×	×	✓	2	2
A2	MOV C，bit	(bit) →cy	×	×	×	✓	2	1
92	MOV bit，C	cy →bit	×	×	×		2	2
控 制 转 移 指 令								
1	ACALL addrll	(PC) +2 →PC,(SP) +1 →SP (PC)L →(CP) (SP) +1 →SP,(PC)H →(SP) addrll →PC10 ~0	×	×	×	×	2	2
12	LCALL addr16	(PC) +2 →PC,(SP) +1 →SP (PC)L →(CP),(SP) +1 →SP (PC)H →(SP),addr16 →PC	×	×	×	×	3	2
22	RET	((SP)) →PCH,(SP) −1 →SP ((SP)) →PCL,(SP) −1 →SP	×	×	×	×	1	2

（续）

十六进制代码	助记符	功　能	P	OV	AC	CY	字节数	周期数
32	RETI	$((SP))\rightarrow$PCH,$(SP)-1\rightarrow$SP $((SP))\rightarrow$PCL,$(SP)-1\rightarrow$SP 从中断返回	×	×	×	×	1	2
1	AJMP addr11	addr11$\rightarrow$PC10~0	×	×	×	×	2	2
02	LJMP addr16	addr16$\rightarrow$PC	×	×	×	×	3	2
80	SJMP rel	(PC)+(rel)$\rightarrow$PC	×	×	×	×	2	2
73	JMP@ A + DPTR	(A)+(DPTR)$\rightarrow$PC	×			×	1	2
60	JZ rel	(PC)+2$\rightarrow$PC,若(A)=0,则 (PC)+(rel)$\rightarrow$PC	×	×	×	×	2	2
70	JNZ rel	(PC)+2$\rightarrow$PC,若(A)$\neq$0,则 (PC)+(rel)$\rightarrow$PC	×	×	×	×	2	2
40	JC rel	(PC)+2$\rightarrow$PC,若cy=1,则 (PC)+(rel)$\rightarrow$PC	×	×	×	×	2	2
50	JNC rel	(PC)+2$\rightarrow$PC,若cy=0,则 (PC)+(rel)$\rightarrow$PC	×	×	×	×	2	2
20	JB bit,rel	(PC)+3$\rightarrow$PC,若(bit)=1,则 (PC)+(rel)$\rightarrow$PC	×	×	×	×	3	2
30	JNB bit,rel	(PC)+3$\rightarrow$PC,若(bit)=0,则 (PC)+(rel)$\rightarrow$PC	×	×	×	×	3	2
10	JBC bit,rel	(PC)+3$\rightarrow$PC,若(bit)=1,则 0$\rightarrow$bit,(PC)+(rel)$\rightarrow$PC					3	2
B5	CJNE A, direct,rel	(PC)+3$\rightarrow$PC,若(A)不等于 (direct),则(PC)+(rel)$\rightarrow$PC; 若(A)<(direct),则1$\rightarrow$cy	×	×	×	×	3	2
B4	CJNE A, #data,rel	(PC)+3$\rightarrow$PC,若(A)不等于 data,则(PC)+rel$\rightarrow$PC; 若(A)小于data,则1$\rightarrow$cy	×	×	×	×	3	2
B8 ~ BF	CJNE Rn, #data,rel	(PC)+3$\rightarrow$PC,若(Rn)不等于 data,则(PC)+rel$\rightarrow$PC; 若(Rn)小于data,则1$\rightarrow$cy	×	×	×	×	3	2
B6,B7	CJNE @ Ri,#data,red	(PC)+3$\rightarrow$PC,若(Ri)不等于 data,则(PC)+rel$\rightarrow$PC; 若(Rn)小于data,则1$\rightarrow$cy	×	×	×	×	3	2
D8 ~ DF	DJNZ Rn,rel	(PC)+2$\rightarrow$PC,(Rn)-1$\rightarrow$Rn, 若(Rn)不等于0,则 (PC)+rel$\rightarrow$PC	×	×	×	×	2	2
D5	DJNZ direct,rel	(PC)+3$\rightarrow$PC,(direct)-1 $\rightarrow$direct,若(direct)不等于0, 则(PC)+rel$\rightarrow$PC	×	×	×	×	3	2
00	NOP	空操作	×	×	×	×	1	1

附录 C   ASCII 表

ASCII 码字符与编码对照表

低4位 ＼ 高位		0000	0001	0010	0011	0100	0101	0110	0111
		0	1	2	3	4	5	6	7
0000	0	NUL	DEL	SP	0	@	P	`	P
0001	1	SOH	DC1	!	1	A	Q	a	q
0010	2	STX	DC2	"	2	B	R	b	r
0011	3	ETX	DC3	#	3	C	S	c	s
0100	4	EOT	DC4	$	4	D	T	d	t
0101	5	ENQ	NAK	%	5	E	U	e	u
0110	6	ACK	SYN	&	6	F	V	f	v
0111	7	BEL	ETB	'	7	G	W	g	w
1000	8	BS	CAN	(	8	H	X	h	X
1001	9	HT	EM	)	9	I	Y	i	y
1010	A	LF	SUB	*	:	J	Z	j	z
1011	B	VT	ESC	+	;	K	[	k	{
1100	C	FF	FS	,	<	L	\	l	|
1101	D	CR	GS	–	=	M	]	m	}
1110	E	SO	RS	.	>	N	^	n	~
1111	F	SI	US	/	?	O	—	o	DEL

附录 D C51 库函数

C51 软件包的库包含标准的应用程序，每个函数都在相应的头文件（.h）中有原型声明。如果使用库函数，必须在源程序中用预编译指令定义与该函数相关的头文件（包含了该函数的原型声明）。如果省掉头文件，编译器则期望标准的 C 参数类型，从而不能保证函数的正确执行。

1. ctype.h：字符函数

函数名/宏名	原　　型	功　能　说　明
isalpha	extern bit isalpha (char);	检查传入的字符是否在'A'～'Z'和'a'～'z'之间，如果为真，返回值为1，否则为0
isalnum	extern bit isalnum (char);	检查字符是否位于'A'～'Z'、'a'～'z'或'0'～'9'之间，若为真，返回值是1，否则为0
iscntrl	extern bit iscntrl (char);	检查字符是否位于 0x00～0x1F 之间或为 0x7F，为真，返回值是1，否则为0
isdigit	extern bit isdigit (char);	检查字符是否在'0'～'9'之间，若为真，返回值是1，否则为0
isgraph	extern bit isgraph (char);	检查变量是否为可打印字符，可打印字符的值域为 0x21～0x7E。若为可打印字符，返回值是1，否则为0
isprint	extern bit isprint (char);	与 isgraph 函数相同，还接受空格字符（0x20）
ispunct	extern bit ispunct (char);	检查字符是否为标点或空格。如果该字符是个空格或32个标点和格式字符之一（假定使用 ASCII 字符集中的128个标准字符），则返回1，否则返回0
islower	extern bit islower (char);	检查字符变量是否位于'a'～'z'之间，若为真，返回值是1，否则为0
isupper	extern bit isupper (char);	检查字符变量是否位于'A'～'Z'之间，若为真，返回值是1，否则为0
isspace	extern bit isspace (char);	检查字符变量是否为下列之一：空格、制表符、回车、换行、垂直制表符和送纸符。若为真，返回值是1，否则为0
isxdigit	extern bit isxdigit (char)	检查字符变量是否位于'0'～'9'、'A'～'F'或'a'～'f'之间，若为真，返回值是1，否则为0
toascii	Toascii (c); ((c) &0x7F);	该宏将任何整型值缩小到有效的 ASCII 范围内，它将变量和0x7F相与，从而去掉低7位以上的所有数位
toint	extern char toint (char);	将 ASCII 字符转换为十六进制，返回值0～9由 ASCII 字符'0'～'9'得到，10～15由 ASCII 字符'a'～'f'（与大小写无关）得到

（续）

函数名/宏名	原　型	功　能　说　明
tolower	extern char tolower (char);	将字符转换为小写形式，如果字符变量不在'A'～'Z'之间，则不作转换，返回该字符
tolower	tolower (c); (c－'A'＋'a');	该宏将 0x20 参量值逐位相或
toupper	extern char toupper (char);	将字符转换为大写形式，如果字符变量不在'a'～'z'之间，则不作转换，返回该字符
toupper	toupper (c); ((c) －'a'＋'A');	该宏将 c 与 0xDF 逐位相与

2. stdio. h：一般 I/O 函数

C51 编译器包含字符 I/O 函数，它们通过处理器的串行接口操作，为了支持其他 I/O 机制，只需修改 getkey () 和 putchar () 函数，其他所有 I/O 支持函数依赖这两个模块，不需要改动。在使用 8051 串行接口之前，必须将它们初始化。

函数名	原　型	功　能　说　明
getkey	extern char _getkey ();	从 8051 串口读入一个字符，然后等待字符输入，它是改变整个输入接口机制时应作修改的惟一一个函数
getchar	extern char _getchar ();	getchar 函数使用 getkey 函数从串口读入字符，除了读入的字符马上传给 putchar 函数以作响应外，与_getkey 函数相同
gets	extern char * gets (char * s, int n);	通过 getchar 函数从控制台设备读入一个字符，送入由 's'指向的数据组。考虑到 ANSIC 标准的建议，限制每次调用时能读入的最大字符数，函数提供了一个字符计数器 'n'，在所有情况下，当检测到换行符时，放弃字符输入
ungetchar	extern char ungetchar (char);	将输入字符推回输入缓冲区，成功时返回 'char'，失败时返回 EOF，不能用它处理多个字符
ungetchar	extern char ungetchar (char);	将传入的单个字符送回输入缓冲区并将其值返回给调用者，下次使用 getkey 函数时可获得该字符
putchar	extern putchar (char);	通过 8051 串口输出 'char'，和函数 getkey 一样，putchar 是改变整个输出机制时所需修改的惟一一个函数
printf	extern int printf (const char *, …);	以一定格式通过 8051 串口输出数值和串，返回值为实际输出的字符数，参量可以是指针、字符或数值，第一个参数是格式串指针
sprintf	extern int sprintf (char * s, const char *, …);	与 printf 函数相似，但输出不显示在控制台上，而是通过一个指针 S 送入可寻址的缓冲区。它允许输出的参量总字节数与 printf 函数完全相同
puts	extern int puts (const char *, …);	将串 's' 和换行符写入控制台设备，错误时返回 EOF，否则返回非负数
scanf	extern int scanf (const char *, …);	在格式串控制下，利用 getchar 函数由控制台读入数据，每遇到一个值（符号格式串规定），就将它按顺序赋给每个参量，注意每个参量必须都是指针。Scanf 函数返回它所发现并转换的输入项数。若遇到错误则返回 EOF
sscanf	extern int sscanf (const * s, const char *, …);	与 scanf 函数相似，但串输入不是通过控制台，而是通过另一个以空结束的指针

3. string. h：串函数

串函数通常将指针串作输入值。一个串包括 2 个或多个字符。串结束以空字符表示。在函数 memcmp、memcpy、memchr、memccpy、memmove 和 memset 中，串长度由调用者明确规定，使这些函数可工作在任何模式下。

函数名	原 型	功 能 说 明
memchr	extern void ∗ memchr （void ∗ s1, char val, int len）;	顺序搜索 s1 中的 len 个字符，找出字符 val，成功时返回 s1 中指向 val 的指针，失败时返回 NULL
memcmp	extern char memcmp （void ∗ s1, void ∗ s2, int len）;	逐个字符比较串 s1 和 s2 的前 len 个字符。相等时返回 0，如果串 s1 大于或小于 s2，则相应返回一个正数或负数
memcpy	extern void ∗ memcpy （void ∗ dest, void ∗ src, int len）;	由 src 所指内存中复制 len 个字符到 dest 中，返回指向 dest 中的最后一个字符的指针。如果 src 和 dest 发生交迭，则结果是不可预测的
memccpy	extern void ∗ memccpy （void ∗ dest, void ∗ src, char val, int len）;	复制 src 中的 len 个字符到 dest 中，如果实际复制了 len 个字符则返回 NULL。复制过程在复制完字符 val 后停止，此时返回指向 dest 中下一个元素的指针
memmove	extern void ∗ memmove （void ∗ dest, void ∗ src, int len）;	工作方式与 memcpy 函数相同，但复制区可以交迭
memset	extern void ∗ memset （void ∗ s, char val, int len）;	将 val 值填充指针 s 中的 len 个单元
strcat	extern char ∗ strcat （char ∗ s1, char ∗ s2）;	将串 s2 复制到串 s1 的末尾。它假定 s1 定义的地址区足以接受两个串。返回指针指向 s1 串的第一字符
strncat	extern char ∗ strncat （char ∗ s1, char ∗ s2, int n）;	复制串 s2 中的 n 个字符到串 s1 的末尾。如果 s2 比 n 短，则只复制 s2
strcmp	extern char strcmp （char ∗ s1, char ∗ s2）;	比较串 s1 和 s2，如果相等则返回 0，如果 s1 < s2，返回负数，如果 s1 > s2，则返回一个正数
strncmp	extern char strncmp （char ∗ s1, char ∗ s2, int n）;	比较串 s1 和 s2 中的前 n 个字符，返回值与 strcmp 函数相同
strcpy	extern char ∗ strcpy （char ∗ s1, char ∗ s2）;	将串 s2 （包括结束符）复制到 s1，返回指向 s1 的第一个字符的指针
strncpy	extern char ∗ strncpy （char ∗ s1, char ∗ s2, int n）;	与 strcpy 函数相似，但只复制 n 个字符。如果 s2 长度小于 n，则 s1 串以 '0' 补齐到长度 n
strlen	extern int strlen （char ∗ s1）	返回串 s1 的字符个数 （包括结束字符）
strchr	extern char ∗ strchr （char ∗ s1, char c）;	strchr 函数搜索 s1 串中第一个出现的 'c' 字符，如果成功，返回指向该字符的指针，搜索也包括结束符。搜索一个空字符时返回指向空字符的指针，而不是空指针。
strpos	extern int strpos （char ∗ s1, char c）;	strpos 函数与 strchr 相似，但它返回的是字符在串中的位置或 −1，s1 串的第一个字符位置是 0

（续）

函数名	原　型	功能说明
strrchr	extern char * strrchr（char * s1, char c）;	strrchr 函数搜索 s1 串中最后一个出现的 'c' 字符，如果成功，返回指向该字符的指针，否则返回 NULL。对 s1 搜索时也返回指向字符的指针，而不是空指针。strrpos 函数与 strrchr 相似，但它返回的是字符在串中的位置或 –1
strrpos	extern int strrpos（char * s1, char c）;	
strspn	extern int strspn（char * s1, char * set）;	strspn 函数搜索 s1 串中第一个不包含在 set 中的字符，返回值是 s1 中包含在 set 中字符的个数。如果 s1 中所有字符都包含在 set 中，则返回 s1 的长度（包括结束符）；如果 s1 是空串，则返回 0。strcspn 函数与 strspn 类似，但它搜索的是 s1 串中的第一个包含在 set 中的字符
strcspn	extern int strcspn（char * s1, char * set）;	
strpbrk	extern char * strpbrk（char * s1, char * set）;	strpbrk 函数与 strspn 很相似，但它返回指向搜索到字符的指针，而不是个数，如果未找到，则返回 NULL
strrpbrk	extern char * strpbrk（char * s1, char * set）;	strrpbrk 函数与 strpbrk 相似，但它返回 s1 中指向找到的 set 字集中最后一个字符的指针

4. stdlib. h：标准函数

函数名	原型	功能说明
atof	extern double atof（char * s1）;	将 s1 串转换为浮点值并返回它。输入串必须包含与浮点值规定相符的数。C51 编译器对数据类型 float 和 double 相同对待
atol	extern long atol（char * s1）;	将 s1 串转换成一个长整型值并返回它。输入串必须包含与长整型值规定相符的数
atoi	extern int atoi（char * s1）;	将 s1 串转换为整型数并返回它。输入串必须包含与整型数规定相符的数

5. math. h：数学函数

函数名	原型	功能说明
abs	extern int abs（int val）;	求变量 val 的绝对值，如果 val 为正，则不作改变返回；如果为负，则返回相反数。这 4 个函数除了变量和返回值的数据不一样外，它们功能相同
cabs	extern char cabs（char val）;	
fabs	extern float fabs（float val）;	
labs	extern long labs（long val）;	
exp	extern float exp（float x）;	exp 函数返回以 e 为底 x 的幂，log 函数返回 x 的自然数（e = 2.718282），log10 函数返回 x 以 10 为底的数
log	extern float log（float x）;	
log10	extern float log10（float x）;	
sqrt	extern float sqrt（float x）;	返回 x 的平方根
rand	extern int rand（void）;	rand 函数返回一个 0～32767 之间的伪随机数。srand 函数用来将随机数发生器初始化成一个已知（或期望）值，对 rand 函数的相继调用将产生相同序列的随机数
srand	extern void srand（int n）;	
cos	extern float cos（flaot x）;	cos 函数返回 x 的余弦值。sin 函数返回 x 的正弦值。tan 函数返回 x 的正切值，所有函数变量范围为 –π/2 ~ +π/2，变量必须在 ±65535 之间，否则会产生错误
sin	extern float sin（flaot x）;	
tan	extern flaot tan（flaot x）;	

（续）

函数名	原型	功能说明
acos	extern float acos（float x）；	
asin	extern float asin（float x）；	acos 函数返回 x 的反余弦值，asin 函数返回 x 的反正弦值，atan 函数返回 x 的反正切值，它们的值域为 $-\pi/2 \sim +\pi/2$。atan2 函数返回 x/y 的反正切值，其值域为 $-\pi \sim +\pi$
atan	extern float atan（float x）；	
atan2	extern float atan（float y, float x）；	
cosh	extern float cosh（float x）；	cosh 函数返回 x 的双曲余弦值；sinh 函数返回 x 的双曲正弦值；tanh 函数返回 x 的双曲正切值
sinh	extern float sinh（float x）；	
tanh	extern float tanh（float x）；	
fpsave	extern void fpsave（struct FPBUF* p）；	fpsave 函数保存浮点子程序的状态；fprestore 函数将浮点子程序的状态恢复为其原始状态，当用中断程序执行浮点运算时这两个函数很是有用
fprestore	extern void fprestore（struct FPBUF* p）；	

6. absacc. h：绝对地址访问

宏名	原　型	功能说明
CBYTE	#define CBYTE（（unsigned char*）0x50000L）	这些宏用来对 8051 地址空间作绝对地址访问，因此可以字节寻址。CBYTE 函数寻址 code 区，DBYTE 函数寻址 data 区，PBYTE 函数寻址 xdata 区（通过"MOVX@ R0"命令），XBYTE 函数寻址 xdata 区（通过"MOVX@ DPTR"命令）
DBYTE	#define DBYTE（（unsigned char*）0x40000L）	
PBYTE	#define PBYTE（（unsigned char*）0x30000L）	
XBYTE	#define XBYTE（（unsigned char*）0x20000L）	
CWORD	#define CWORD（（unsigned int*）0x50000L）	这些宏与上面的宏相似，只是它们指定的类型为 unsigned int。通过灵活的数据类型，可以访问所有地址空间
DWORD	#define DWORD（（unsigned int*）0x40000L）	
PWORD	#define PWORD（（unsigned int*）0x30000L）	
XWORD	#define XWORD（（unsigned int*）0x20000L）	

7. intrins. h：内部函数

函数名	原　型	功能说明
crol	unsigned char_crol_（unsigned char val, unsigned char n）；	_crol_、_irol_、_lrol_ 函数以位形式将 val 左移 n 位，与 8051 单片机的 RLA 指令相关
irol	unsigned int_irol_（unsigned int val, unsigned char n）；	
lrol	unsigned int_lrol_（unsigned int val, unsigned char n）；	
cror	unsigned char_cror_（unsigned char val, unsigned char n）；	_cror_、_iror_、_lror_ 函数以位形式将 val 右移 n 位，与 8051 单片机的 RRA 指令相关
iror	unsigned int_iror_（unsigned int val, unsigned char n）；	
lror	unsigned int_lror_（unsigned int val, unsigned char n）；	
nop	void_nop_（void）；	产生一个 NOP 指令，该函数可用作 C 程序的时间比较。C51 编译器在_nop_函数工作期间不产生函数调用，即在程序中直接执行 NOP 指令
testbit	bit_testbit_（bit x）；	产生一个 JBC 指令，测试一个位，当置位时返回 1，否则返回 0。如果该位为 1，则将该位复位为 0。8051 单片机的 JBC 指令即用作此目的。此函数只能用于可直接寻址的位，不允许在表达式中使用

8. stdarg. h：变量参数表

C51 编译器允许函数的变量参数（记号为 "…"）。头文件 stdarg. h 允许处理函数的参数表，在编译时它们的长度和数据类型是未知的。为此，定义了下列宏。

宏　　名	功能说明
va＿list	指向参数的指针
va＿stat（va＿list pointer，last＿argument）	初始化指向参数的指针
type va＿arg（va＿list pointer，type）	返回类型为 type 的参数
va＿end（va＿list pointer）	识别表尾的哑宏

9. setjmp. h：全程跳转

setjmp. h 中的函数用作正常的系列数调用和函数结束，它允许从深层函数调用中直接返回。

函数名	原　　型	功能说明
setjmp	int setjmp（jmp＿buf env）；	将状态信息存入 env，供函数 longjmp 使用。当直接调用 setjmp 函数时返回值是 0，当由 longjmp 函数调用时返回非零值，setjmp 函数只能在语句 if 或 switch 语句中调用一次
longjmp	longjmp（jmp＿buf env，int val）；	恢复调用 setjmp 函数时存在 env 中的状态。程序继续执行，似乎函数 setjmp 已被执行过。由 setjmp 函数返回的值是在函数 longjmp 中传送的值 val，由 setjmp 调用的函数中的所有自动变量和未用易失性定义的变量的值要改变

10. regxxx. h：访问 SFR 和 SFR-bit 地址

文件 reg51. h、reg52. h 和 reg552. h 允许访问 8051 系列单片机的 SFR 和 SFR-bit 的地址，这些文件都包含#include 指令，并定义了所需的所有 SFR 名，以寻址 8051 系列单片机的外围电路地址，对于 8051 系列中的其他器件，用户可用文件编辑器容易地产生一个头文件。

下例表明了对 8051 单片机的定时器 T0 和 T1 的访问：

```
#include < reg51. h >
main（）{
if（p0 = =0x10）p1 =0x50；
}
```

参 考 文 献

[1]　孙俊逸，盛秋林，张铮．单片机原理及应用［M］．北京：清华大学出版社，2006．

[2]　丁元杰．单片微机原理及应用［M］．北京：机械工业出版社，2005．

[3]　闫玉德，俞虹．MCS-51 单片机原理与应用：C 语言版［M］．北京：机械工业出版社，2003．

[4]　求是科技．单片机典型模块设计实例导航［M］．北京：人民邮电出版社，2004．

[5]　高红志．MCS-51 单片机原理及应用技术教程［M］．北京：人民邮电出版社，2009．

[6]　陈忠平，等．单片机原理及接口［M］．北京：清华大学出版社，2007．

[7]　杜伟略．80C51 单片机及接口技术［M］．北京：化学工业出版社，2008．

[8]　谢维成，杨加国．单片机原理与应用及 C51 程序设计［M］．北京：清华大学出版社，2006．

[9]　徐玮，徐富军，沈建良．C51 单片机高效入门［M］．北京：机械工业出版社，2007．

[10]　周润景，袁伟亭．基于 PROTEUS 的 ARM 虚拟开发技术［M］．北京：北京航空航天大学出版社，
　　2007．